中国科学技术大学本科教材出版专项经费支持

一流规划教材

一流学科教材
物 理

简明量子物理

QUANTUM PHYSICS IN A NUTSHELL

高 南 龙世兵 编著

中国科学技术大学出版社

内 容 简 介

本书以高中物理和大学微积分的知识为背景，从逻辑上介绍需要用波描述粒子运动的原因，从而引入量子物理的基本原理和概念，并且通过回顾线性代数知识，引入量子力学的线性代数表述。在这些基本概念的基础上，展示典型体系中薛定谔方程的求解，并且选取固体能带理论、全同粒子体系及光电跃迁等与半导体和微电子技术密切相关的例子，分别展示量子物理在实际体系中的运用。

本书可以作为微电子与集成电路等工科专业本科生和研究生的量子物理学教材或自学参考书，也可以作为物理相关专业工作者的参考书。

图书在版编目(CIP)数据

简明量子物理/高南，龙世兵编著. --合肥：中国科学技术大学出版社，2024. 8. --(中国科学技术大学一流规划教材). -- ISBN 978-7-312-06074-8

Ⅰ. O413

中国国家版本馆 CIP 数据核字第 2024AU0560 号

简明量子物理

JIANMING LIANGZI WULI

出版 中国科学技术大学出版社
安徽省合肥市金寨路 96 号，230026
http://press.ustc.edu.cn
https://zgkxjsdxcbs.tmall.com

印刷 安徽国文彩印有限公司

发行 中国科学技术大学出版社

开本 787 mm×1092 mm 1/16

印张 9.75

字数 234 千

版次 2024 年 8 月第 1 版

印次 2024 年 8 月第 1 次印刷

定价 38.00 元

前　言

量子物理是当代科技的基石，它的发展与运用催生了半导体与集成电路、激光、LED、电子显微镜、核磁共振成像等技术。当前我国的高科技产业蓬勃发展，对相关领域原始创新人才的需求也愈加迫切。纵观历史，从晶体管、激光器等革命性器件到扫描隧道显微镜、光学超分辨成像等先进技术的发明，原始创新离不开对基础理论的理解与灵活运用。因此，对于高技术相关专业的学生来说，对量子物理有一定程度的了解是非常有必要的。

然而，一种流行的错误观点认为量子物理包含了大量抽象的概念和理论，是一门非常困难的学科，对于非物理专业背景的学生来说，更是无从下手。实际上，笔者认为量子物理的基本思想非常直接，就是用波的语言去描述粒子的运动。抓住这一主线，就可以较为系统地理解量子物理中的概率、叠加、算符等基本概念，并且进一步运用量子力学原理去理解一些典型的物理体系。

基于这一想法，本书以高中物理和大学微积分的知识为背景，从逻辑上介绍需要用波描述粒子运动的原因，从而引入量子物理的基本原理和概念，并且通过回顾线性代数知识，引入量子力学的线性代数表述。在这些基本概念的基础上，通过典型例子展示薛定谔方程的求解。对于各种物理概念，笔者力图简明但充分地讲清楚其背后的思想、逻辑以及它们之间的联系，而略去冗长的数学推导。另外，本书注重结合实际例子阐述量子物理知识的应用，例如在自由电子、隧穿等典型模型的讨论中，笔者均详细介绍了它们在实际体系中的应用。同时，本书的后半部分还选取了固体能带理论、全同粒子体系及光电跃迁等与半导体和微电子技术密切相关的例子，分别展示量子物理在实际体系中的运用。通过这样的内容安排，笔者希望本书可以成为一本非物理专业的学生能看得懂并且用得上，同时对于物理专业的学生也具有一定参考价值的量子物理教材。

本书是在中国科学技术大学微电子学院“量子物理”课程讲义的基础上扩充完善的，写作过程中参考了周世勋先生的《量子力学教程》、张永德先生的《量子力学》、曾谨言先生的《量子力学》、R. P. Feynman 先生的 *The Feynman's Lec-*

tures on Physics、D.J.Griffiths 先生的 *Introduction to Quantum Mechanics*、黄昆及韩汝琦先生的《固体物理学》、C.Kittel 先生的 *Introduction to Solid State Physics*、汪志诚先生的《热力学·统计物理》等国内外优秀教材，并且得到了吕頔、陈涛、张旭、刘双红等同事的支持和帮助。由于笔者水平有限，书中出现错漏在所难免，欢迎广大读者批评指正。

编　者

2024 年夏

目　　录

第1章　绪　　论

1.1　量子物理的意义

量子物理，顾名思义，是以量子力学为基础的物理学，它是一门精确描述微观粒子运动规律的学科。我们生活中的很多现象都与量子力学有着深刻的关系。例如为什么不同的物质可以具有不同的颜色，为什么不同物质的导电性会有那么大的区别等问题的回答，都需要用到量子力学的知识。

从技术发展的角度来看，半导体技术是第三次工业革命的基础，集成电路的发展带来了当前的移动互联网和数据时代，而半导体技术也是以量子物理为基础发展起来的。例如固态二极管是由德国科学家 Karl Braun 于 1874 年发明的。[1] Karl Braun 提出的二极管是一种点接触式的二极管，它是把平板状的天然晶体如硫化铅放置在导电底座上，并且由铜质的尖针作为另外一个电极与硫化铅的上表面接触，如图 1.1 所示。Karl Braun 发现，如果尖针接触到硫化铅表面的合适位置，当电流的流向不同时，这个结构的电阻是不同的，这个现象就是二极管的单向导电性。二极管的发明标志着半导体学科的建立，它也直接推动了无线电接收器的广泛应用，并且在随后的一战中发挥了重要的作用。

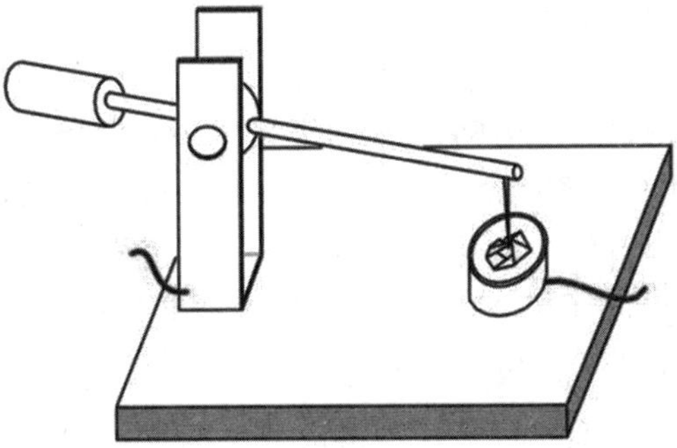

图 1.1　点接触式二极管

然而，当时人们并不能解释清楚点接触式二极管具有单向导电性的原因，直到一战之后的 20 世纪 20 年代，当量子力学的理论建立起来之后，A. Sommerfeld，F. Bloch 等人提出了固体中的电子能带理论，W. H. Schottky，N. F. Mott，H. Bethe 等人进一步基于能带理论，阐释了金属和半导体接触界面的肖特基势垒是这一单向导电性的根本原因。[2-4]

以此为标志，人们基于量子力学的原理，对半导体材料的认识和利用逐步深入。到了二战之后的 20 世纪 40 年代，贝尔实验室的 J. Bardeen，W. Shockley 和 W. Brattain 首次利用半导体材料，制备了点接触式晶体管，如图 1.2 所示。

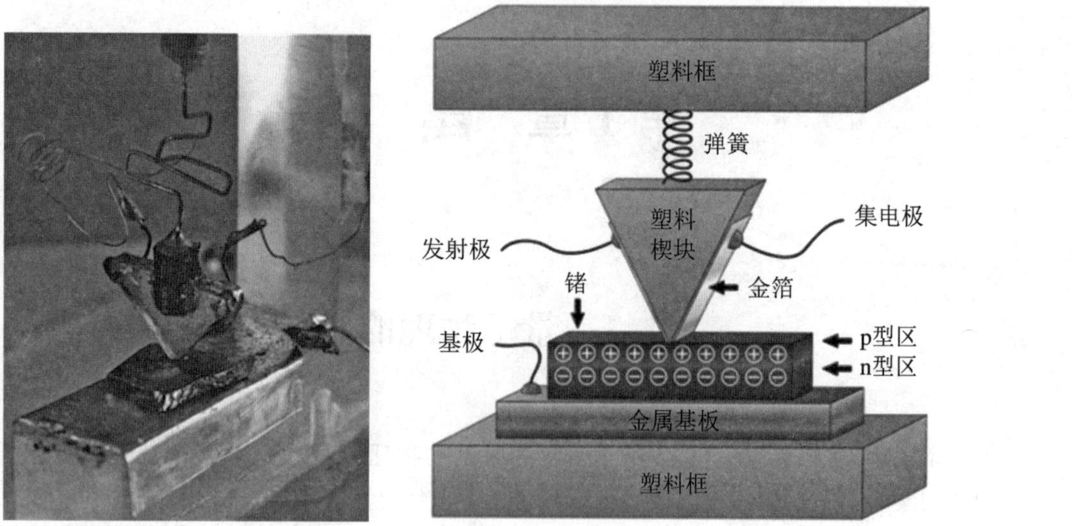

图 1.2　点接触式晶体管及其原理图

与点接触式二极管先有现象后有理论解释不同，点接触式晶体管先有理论构想[5]，后有器件实现[6]，这也体现了物理理论对科技发展的巨大推动作用，人们从一开始的被动认识世界，转变为在理论指导下主动改造世界。点接触式晶体管的结构与点接触式二极管的结构有很大的相似之处：它是将一块锗单晶放置在导电底座上，并且由一个三角形的楔块与这块锗单晶的上表面接触。与点接触式二极管不同的是，这里的楔块不再是整个一块导体，而是在不导电的塑料表面镀上了导电的金箔。在与锗接触的地方，金箔被划开一道很细的狭缝，从而整个结构相当于有了三个电极：锗底部的电极、狭缝左侧的电极和狭缝右侧的电极。由于锗的半导体特性，点接触式晶体管可以实现电流放大功能。

现代集成电路的基本单元——场效应晶体管（MOSFET）可以看作点接触式晶体管的升级版本。如图 1.3 所示，一个典型的 MOSFET 也是由三个电极组成：栅极 G、源极 S 和漏极 D。其中栅极 G 相当于点接触式晶体管中锗底部的电极，而源极 S 和漏极 D 分别相当于点接触式晶体管中狭缝左侧和右侧的金箔电极。在栅极与硅衬底之间有一层氧化物进行电学绝缘，从而栅极和衬底可以看作一种平行板电容器。但是由于硅是一种半导体材料，它与一般的金属平行板电容器有所不同。当这个电容器“放电”时，对于源极 S 和漏极 D 来说，衬底几乎是不导电的，从而 S 和 D 之间处于高电阻的状态；而当这个电容器“充电”时，对于源极 S 和漏极 D 来说，衬底的上表面出现一层薄薄的导电沟道，从而 S 和 D 之间处于低电阻状态。整个晶体管就相当于一个电控的开关元件。而将这种电控开关元件适当地串并联，我们可以实现与门、或门、非门等基本逻辑门，并且进一步用这些基本逻辑门搭建复杂的电路系统。

固态晶体管的发明带来了信息时代。众所周知，最早的电子计算机 ENIAC 是由电子管等非固态电子器件组成的，它的占地面积达到了 167 平方米，重达 27 吨，耗电 150 千瓦。而这样一个庞然大物每秒仅可以完成 5000 次简单的加减操作。随着固态晶体管的广泛使用，以及随后集成电路的发明，现代计算机的体积越来越小，功耗越来越低，计算性能越来越高。图 1.4 是 Intel 2020 年发布的一块 i5 10400 芯片，这块小小的芯片却具有每秒 26 万亿次的浮点运算能力，与此同时，它的功耗仅为65瓦。

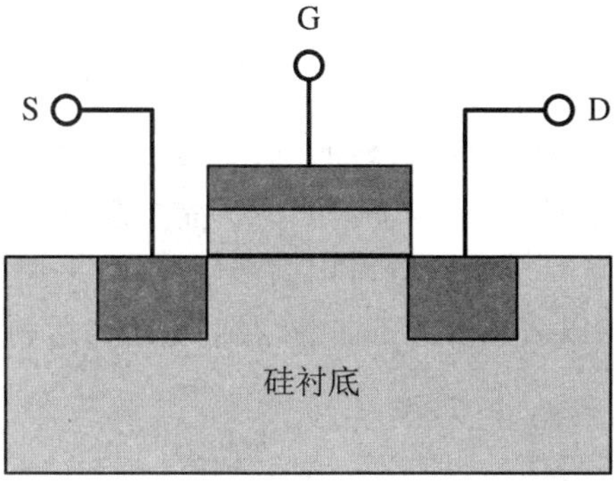

图1.3　场效应晶体管(MOSFET)示意图

图1.4　Intel i5 10400芯片

除了微电子与集成电路技术，量子物理的运用还促成了激光、LED、电子显微镜、核磁共振成像等技术的发明与发展。毫无疑问，量子物理是当代科技的基石。本书旨在简明扼要地阐述量子力学的基本概念，力图使读者建立直观的物理图像，理解不同概念之间的内在联系；在此基础上，掌握典型系统薛定谔方程的求解，并通过对固体能带理论的讨论体会量子物理的运用；进一步，通过对全同粒子统计分布、光电跃迁等知识的讨论，对开放量子体系的问题形成初步的认识，从而理解量子物理与宏观物质世界的联系。

1.2　经典力学与经典光学

量子物理脱胎于经典物理，为了弄清楚为什么需要引入量子物理，我们首先回顾一下经典物理。这里我们关注经典力学和经典光学。

1.2.1 经典力学

1. 牛顿第二定律

经典力学用于描述宏观物体的低速运动。假设我们考虑一个质点，所谓运动即是该质点位置随时间的变化，可以用函数 $r(t)$表示。为了简单起见，进一步假设这个质点只能在一个维度上运动，从而其任意时刻的位置可以由函数 $x(t)$来描述。以时间 t 作为横轴，位置 x 作为纵轴，函数 $x(t)$可以表示为一条曲线，我们称之为运动曲线，如图 1.5 所示。

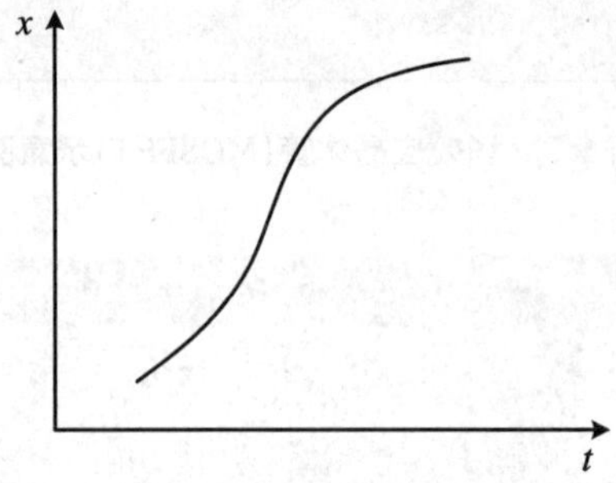

图 1.5　运动曲线示意图

牛顿第二定律告诉我们，质点在任意时刻的加速度 $\ddot{x}$ 等于此时它受到的力 F 除以该质点的质量 m，即

$$\ddot{x} = F/m \tag{1.1}$$

注意到质点受到的力一般是其位置和速度的函数，例如，在地面向上抛出的质点，受力为恒定的重力；无阻尼的弹簧滑块体系，滑块受到的力为 $F = -kx$，其中 k 是弹簧的劲度系数；有阻尼的弹簧滑块体系，滑块受到的力为 $F = -kx - \eta\dot{x}$，其中 η 是阻尼系数；等等。

总而言之，一般情况下，F 可以写成如下形式：

$$F = F(x, \dot{x}) \tag{1.2}$$

其中对于给定的体系，$F(x, \dot{x})$的函数形式一般是不随时间变化的。从而(1.1)式可以改写成

$$\ddot{x} = F(x, \dot{x})/m \tag{1.3}$$

这是一个二阶常微分方程，根据微积分的知识，可知只需要两个定解条件，就可以完全解出函数 $x(t)$。这两个定解条件一般可以选为质点在某个初始时刻 t_0 的位置 x_0 和速度 $\dot{x}_0$。

具体来说，假设 δt 是一个非常小的时间间隔，在只精确到一阶小量的前提下，我们可以按照下面的算法进行 $x(t)$的计算：

(1) 根据速度的定义，可知下一时刻 $t_0 + \delta t$，质点的位置变为 $x(t_0 + \delta t) = x_0 + \dot{x}_0 \delta t$；

(2) 将 x_0 和 $\dot{x}_0$ 代入(1.3)式，得到 $\ddot{x}_0$；

(3) 根据加速度的定义，可知下一时刻 $t_0 + \delta t$，质点的速度变为 $\dot{x}(t_0 + \delta t) = \dot{x}_0 + \ddot{x}_0 \delta t$；

(4) 把 $x(t_0 + \delta t)$和 $\dot{x}(t_0 + \delta t)$作为新的初始条件，重复进行(1)～(3)的操作，不断得到后续时刻 $t_0 + 2\delta t, t_0 + 3\delta t, \cdots$的质点位置，从而得出运动曲线 $x(t)$。

当 δt 趋于零时，上面算法得到的解趋于精确解。

对于多个质点体系的三维运动，上述讨论同样是成立的。假设我们知道了任意两个质

点 i 和 j 之间的相互作用力

$$\boldsymbol{F}_{ij}(\boldsymbol{r}_i(t),\dot{\boldsymbol{r}}_i(t);\boldsymbol{r}_j(t),\dot{\boldsymbol{r}}_j(t))$$

以及任意一个质点 i 受到的外界作用力

$$\boldsymbol{F}_i^{\text{ext}}(\boldsymbol{r}_i(t),\dot{\boldsymbol{r}}_i(t))$$

那么对于任意质点 i，我们有

$$\dot{\boldsymbol{r}}_i(t)=\frac{1}{m_i}\Big(\sum_{j\neq i}\boldsymbol{F}_{ij}(\boldsymbol{r}_i(t),\dot{\boldsymbol{r}}_i(t);\boldsymbol{r}_j(t),\dot{\boldsymbol{r}}_j(t))+\boldsymbol{F}_i^{\text{ext}}(\boldsymbol{r}_i(t),\dot{\boldsymbol{r}}_i(t))\Big)\tag{1.4}$$

(1.4)式实际上是一个二阶常微分方程组，从而我们同样可以通过两组定解条件，即由初始时刻 t_0 所有质点的位置集合$\{\boldsymbol{r}_i(t_0)\}$和速度集合$\{\dot{\boldsymbol{r}}_i(t_0)\}$得到体系的运动曲线$\{\boldsymbol{r}_i(t)\}$。

2. 最小作用量原理

事实上，从(1.3)式和(1.4)式我们可以看出，牛顿第二定律只是要求两个独立的定解条件，但是并没有限定这两个定解条件具体是什么。也可以换一种取法，依然以单质点一维运动为例，假设已知的并不是它的初始位置和初始速度，而是两个不同时刻(我们定义成起始时刻和终止时刻)的位置，从道理上讲，应该也可以求解出质点的运动曲线。但是具体的算法是什么呢?

18 世纪由欧拉、拉格朗日等人发展起来的最小作用量原理给出了回答。[7] 给定起始时刻 t_0 质点的位置 x_0 和终止时刻 t_N 质点的位置 x_N，相当于固定了运动曲线的起点和终点。连接这两个点，我们可以作任意一条假想的运动曲线 C。简单起见，假设质点在一个势场 $V(x)$中运动，此时定义质点的拉格朗日量为质点的动能减去势能，即

$$L(x(t),\dot{x}(t))=T-V=\frac{1}{2}m\dot{x}^2(t)-V(x(t))\tag{1.5}$$

其中 T 和 V 分别代表质点的动能和势能，那么对于给定的假想运动曲线 C，L 是 t 的函数。把这个函数对 t 进行积分，或者说沿着这条假想运动曲线 C 对拉格朗日量积分，将得到一个量 S，我们称为作用量：

$$S[C]=\int_{t_0}^{t_N}L(x(t),\dot{x}(t))\mathrm{d}t\tag{1.6}$$

注意到对于给定的系统，S 的值完全是由一开始的那条假想运动曲线 C 如何取而决定的，因此把 S 写作 C 的函数 $S[C]$。①

最小作用量原理的内容是：当给定了质点起始时刻 t_0 和终止时刻 t_N 的位置后，可以作无数条假想的运动曲线 C，在这无数条假想的运动曲线 C 中，质点实际的运动曲线 C_0 一定是使得 S 取稳定值(即极小值、极大值或者非极值驻点)的那一条或多条，用数学语言表达就是

$$\delta S[C_0]=0\tag{1.7}$$

这个式子的含义是假设在实际运动曲线 C_0 的基础上做一些小的改动，使得运动曲线发生变化，并假设这种改动的幅度是一阶小量，那么这些改动所导致的 S 变化在一阶小量的意义下应该是零(见图 1.6)。②

① 由于 C 本身也是一个函数，而 S 又是 C 的函数，这种函数的函数叫作泛函。

② 这与函数稳定点的定义是类似的。对于函数 $f(x)$来说，如果 x_0 是它的稳定点，那么 $f'(x_0)=0$；或者说当在 x_0 的基础上做一个小的改动，使其变化到 $x_0+\delta x$ 时(假设 δx 是一阶小量)，$f(x)$的值在一阶小量的意义下一定是零，因为这正是 $f'(x_0)=0$ 的含义。

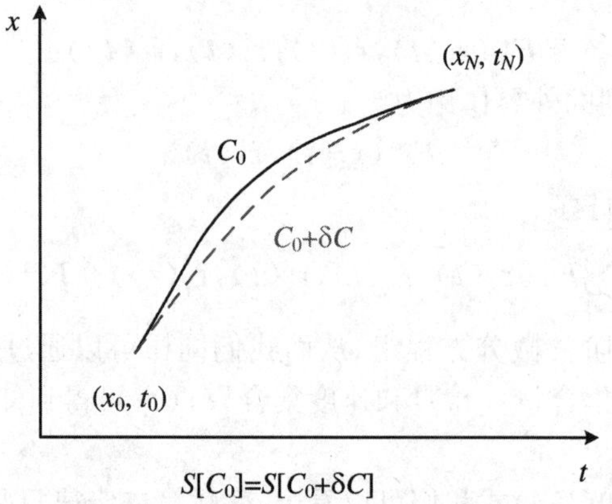

图 1.6　最小作用量原理示意图，在连接起始和终止点的所有运动曲线中，只有满足最小作用量原理的曲线 C_0 才是真实的运动曲线

为了便于理解最小作用量原理，我们可以进一步把时间看成离散的，这样从起始时刻 t_0 到终止时刻 t_N，中间会经历 $t_1, t_2, \cdots, t_{N-1}$ 这些等间隔的时间点（记相邻时刻的间隔为 Δt），运动曲线 C 也就转化为 $x_1 = x(t_1), x_2 = x(t_2), \cdots, x_{N-1} = x(t_{N-1})$ 这些具体位置组成的数列（见图 1.7），$S[C]$ 这样一个泛函也相应地转化为一个多元函数 $S(x_1, x_2, \cdots, x_{N-1})$，(1.6)式也从积分转化为求和：

$$\begin{aligned} S(x_1, x_2, \cdots, x_{N-1}) &= \Delta t \sum_{i=0}^{N-1} L(x_i, \dot{x}_i) \\ &= \Delta t \sum_{i=0}^{N-1} \left(\frac{1}{2} m \dot{x}_i^2 - V(x_i) \right) \\ &= \Delta t \sum_{i=0}^{N-1} \left(\frac{m(x_{i+1} - x_i)^2}{2(\Delta t)^2} - V(x_i) \right) \end{aligned} \tag{1.8}$$

其中 $\dot{x}_i = (x_{i+1} - x_i)/\Delta t$ 为 t_i 时刻质点的速度。

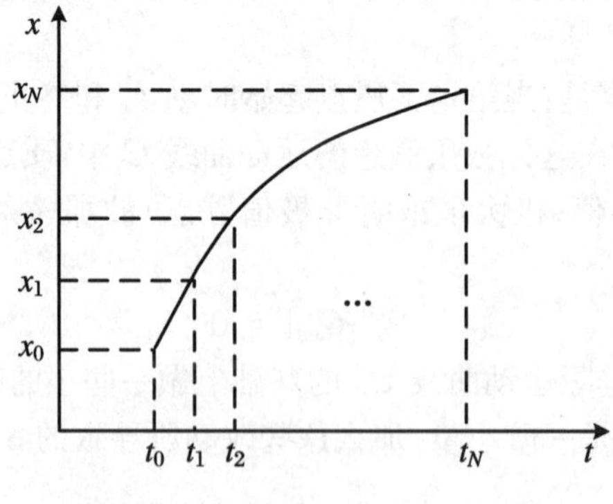

图 1.7　把任意一条连续的曲线转化成数列 $\{x_1, x_2, \cdots, x_{N-1}\}$

当数列 $\{x_1, x_2, \cdots, x_{N-1}\}$ 中的任意一个或者多个元素发生改变时，就对应于运动曲线发生改变。最小作用量原理要求对于实际运动曲线 $\{x_1, x_2, \cdots, x_{N-1}\}$ 来说，S 取稳定值，即

$$\frac{\partial S}{\partial x_i} = 0 \quad (i = 1, 2, \cdots, N-1) \tag{1.9}$$

代入(1.8)式，得到

$$\frac{\partial S}{\partial x_i}=\Delta t\left(\frac{m}{(\Delta t)^2}(2x_i-x_{i+1}-x_{i-1})-\frac{\mathrm{d}V(x_i)}{\mathrm{d}x_i}\right)=0\quad(i=1,2,\cdots,N-1)$$

注意到$\frac{2x_i-x_{i+1}-x_{i-1}}{(\Delta t)^2}=\frac{\dot{x}_{i-1}-\dot{x}_i}{\Delta t}=-\ddot{x}_i$，以及$-\frac{\mathrm{d}V(x_i)}{\mathrm{d}x_i}=\boldsymbol{F}(x_i)$，从而得到了牛顿第二定律(即(1.1)式)。换句话说，最小作用量原理和牛顿第二定律是等价的，正应该如此。

可以证明，对于多质点体系，我们同样可以类似地定义拉格朗日量，得到适用于多质点体系的最小作用量原理，并且它与多质点体系的牛顿第二定律等价。

牛顿第二定律与最小作用量原理是经典力学的两种等价表述。牛顿第二定律是局部视角的表述，它表述了如何从运动曲线上的一点逐步扩展到近邻的其他点；而最小作用量原理是一种整体视角的表述，它告诉我们对于给定的起点和终点，用哪个标准去选择实际的运动曲线。由牛顿第二定律，我们似乎可以认为大自然是一台精密的计算机，它不断地通过质点在一个时刻的运动状态推算出下一个时刻的运动状态；而由最小作用量原理，我们似乎可以认为大自然是一个聪明的决策者，它总是要求质点选择某种意义上“最经济”的运动方式，即作用量取稳定值的运动曲线。

1.2.2 经典光学

1. 几何光学

中学物理的知识告诉我们，当光线经过两个折射率不同的介质的界面时(见图1.8)，会发生反射和折射，并且反射角θ_{r}、折射角θ_{t}与入射角θ_{i}之间满足下述关系：

$$\theta_{\mathrm{r}}=\theta_{\mathrm{i}},\quad n_1\sin\theta_{\mathrm{i}}=n_2\sin\theta_{\mathrm{t}}\tag{1.10}$$

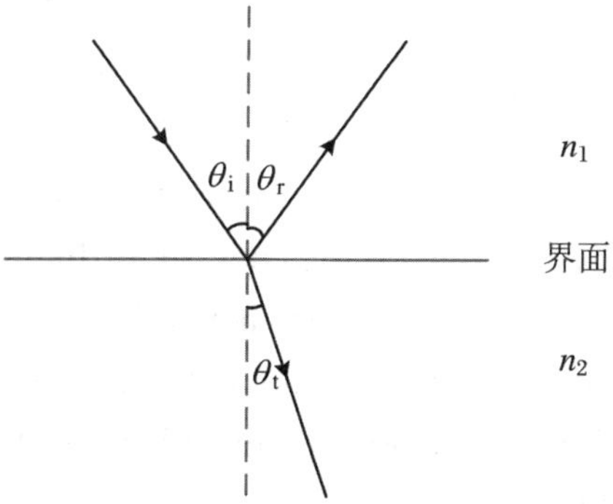

图1.8 反射与折射

一般地，如果光线走过的空间具有不均匀的折射率分布$n(r)$，我们可以利用(1.10)式，逐点推演光线折射传播的轨迹。这类似于经典力学中的牛顿第二定律。

法国科学家费马于1662年提出，光线的传播规律还可以用另外一种方式表述：对于给定的起始位置A和终止位置B，光线总会沿着使得光程取稳定值的路径传播。具体来说，对于连接A,B两点的任意一条路径C，定义其光程为

$$S[C]=\int_C n\mathrm{d}l\tag{1.11}$$

那么在所有路径C中，光线实际走过的路径C_0一定是使得S取极小值、极大值或者非极值驻点的那一条(或者多条)，即

$$\delta S[C_0] = 0 \tag{1.12}$$

类似于经典力学中最小作用量原理与牛顿第二定律的关系，费马原理与反射、折射定律也是等价的，或者说费马原理是反射、折射定律的整体形式。

我们以反射定律为例说明这一点。光线从 A 点传播到 B 点，当在满足反射定律的光线基础上做一个小的扰动，使得光的路径偏离实际的反射光线时，发现这一定会导致光程变长。具体来说，如图 1.9 所示，以界面为对称轴作 B 点的对称点 B'，那么 $APB = APB'$，$AP'B = AP'B'$，而 APB' 是一条直线，具有极短的距离。因为反射光线与入射光线在同一种介质中传播，所以路径极短就意味着光程极短，从而 APB 是光程取极值的路径。这一路径使得反射角与折射角相同。

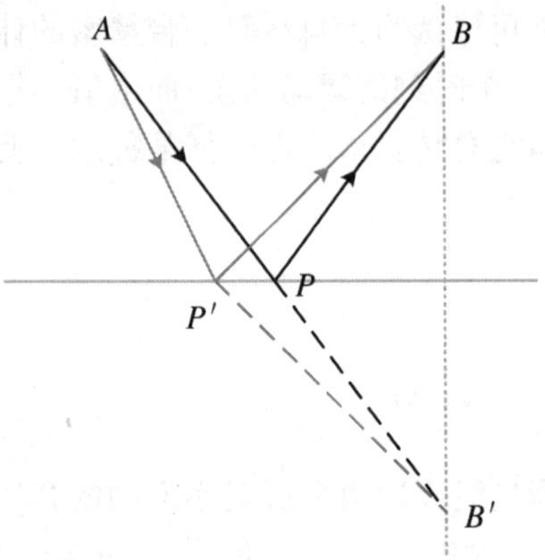

图 1.9　反射光线满足费马原理，满足反射定律的光线实际上等价于连接 A，B' 的直线，具有最短的长度

2. 波动光学

费马原理提出后，立即就遭到了严厉的批评。1662 年（费马原理提出的同一年），笛卡儿主义者 Claude Clearselier（克劳德 · 克莱尔色列）批评说："The principle... is **merely a moral principle** and not a physical one...""when a ray of light must pass from a point in a rare medium to a point in a dense one，is there not reason for nature to **hesitate** if，by your principle，it must choose the straight line as soon as the bent one，since if the latter proves shorter in time，the former is shorter and simpler in length? **Who will decide and who will pronounce**?"[8]这一批评的核心在于，根据费马原理，光线会自动选择光程取极值的路径；但是如果光不事先走过所有的可能路径，它怎么会提前知道哪条路径是使得光程取极值的呢?

惠更斯 1678 年提出的惠更斯原理解决了这一矛盾。[9]费马原理和反射、折射定律都是几何光学理论，它们用光线去描述光，类似于用运动曲线去描述质点。与此不同，惠更斯把光看作一种波，光从 A 点传播到 B 点的过程实际上是波的传播过程：例如图 1.10 中点光源发射球面波，首先是光源处（S 点）的振动（当时还不知道这种振动实际上对应于电磁场）带动了其周围空间的振动，如某一时刻这些振动传播到球面 α 上（振动同时传播到达的这些点所组成的面称为波阵面，球面 α 就是一个波阵面）；α 面上所有被带动的点又各自成为新的次级波源，带动其周围空间的振动；这些新次级波源发射的波叠加在一起，它们的包络构成了新的波阵面 β。这一过程一直持续下去，就是波传播的过程。如图 1.10 所示，平面波的波阵面也同样是次级波源波阵面的包络。惠更斯原理的提出开创了波动光学。

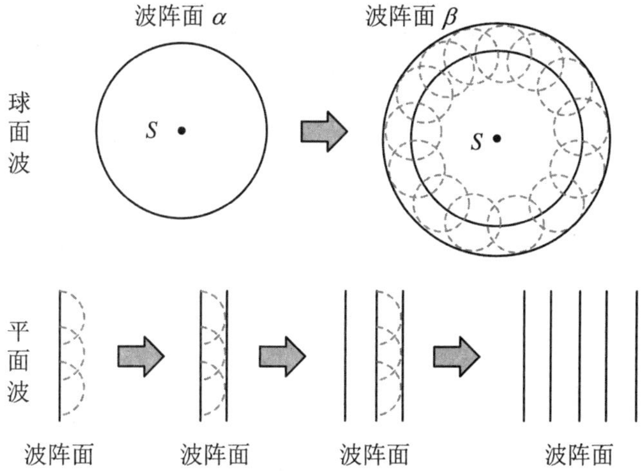

图 1.10 惠更斯原理:球面波及平面波的传播

从惠更斯原理可以导出反射、折射定律。如图 1.11 所示,假设一束平面波倾斜入射到两种介质的界面处,当入射波阵面传播到 B 点并即将在此处发射次级球面波时,A 点早已接收到入射波阵面并且发射出次级球面波。我们首先考虑反射的情况,由于反射波与入射波都在界面的同一侧,即位于同一种介质中,它们的传播速度(光速)相同,因此在图中所示的时刻,A 点发出的次级波阵面的半径应该等于线段 BP 的长度。而反射平面波的波阵面是界面上各点发出的次级球面波在上半平面的包络,所以它一定是从 B 点出发到 A 点次级波阵面的切面。于是根据简单的几何关系,可知入射波阵面与出射波阵面与界面的夹角一定相同,即入射角等于反射角。当考虑折射时,如图 1.12 所示,需要考虑次级波阵面在下半平面的传播。注意到波阵面在介质中的传播速度(即光速)反比于介质的折射率,从而同样考虑入射波阵面刚好传播到 B 点的时刻,A 点发射的波阵面在上半平面和下半平面的半径也分别反比于相应介质的折射率。由于折射平面波的波阵面是界面上各点发出的次级球面波在下半平面的包络,因此它一定是从 B 点出发到 A 点次级波阵面的切面。根据简单的几何关系,可知图 1.12 中的$\angle ABQ$ 就是入射角,$\angle ABQ'$就是折射角,并且它们满足折射定律(参见(1.10)式)。

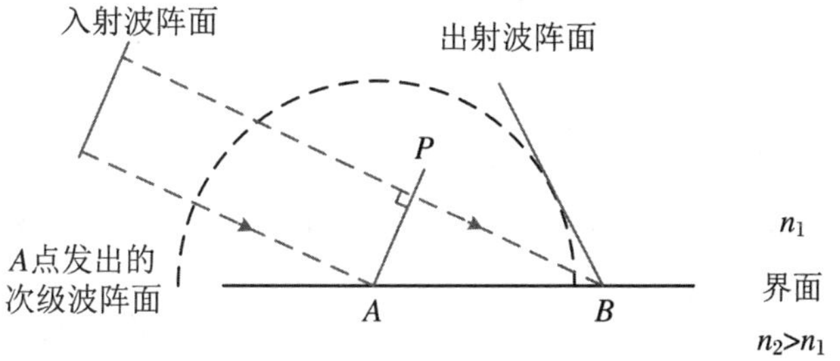

图 1.11 由惠更斯原理得到反射定律

惠更斯原理解决了费马原理在逻辑上难以回答的问题:因为光是一种波动,所以光传播的过程实际上是波传播的过程;波源的振动原则上是可以传播到空间中所有位置的,而根据惠更斯原理,波阵面上的每一点都可以看作一个次级波源,这个次级波源的振动也可以传播到空间所有位置。所以波动的传播可以认为是遍历了空间中所有可能的路径。换句话说，光实际上确实走遍了所有可能的路径，并且选择了光程取极值的那一条(或多条)!

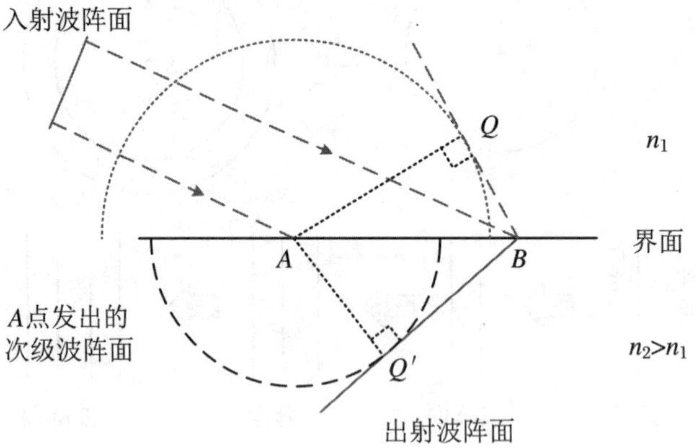

图 1.12　由惠更斯原理得到折射定律

为了更好地理解这一点，我们注意到一束波矢为 k 的平面波可以写成 $e^{i(kx-\omega t)}$ 的形式，其中 $e^{-i\omega t}$ 项表示空间所有点都在以 ω 为圆频率进行简谐运动，而 e^{ikx} 项说明随着平面波在空间中的传播，这一简谐运动的相位也在不断地积累。注意到在介质中，$k=nk_0$(其中 k_0 为真空波矢)，所以假如平面波传播了距离 l，那么它积累的相位为 $\Delta\varphi=nk_0l$。现在假设光沿着起点为 A、终点为 B 的任意一条曲线 C 传播，由于总可以把这条曲线的每一小段近似为直线，并且近似认为光在这些小段都是以平面波的形式传播的，那么当它从 A 点传播到 B 点的时候，总共积累的相位是每一小段的叠加，即 $\varphi=k_0\int_C n\mathrm{d}l=k_0S[C]$，其中 $S[C]$ 就是(1.11)式中定义的光程。假设 A 点处，波的复振幅为 1，那么它沿着 C 传播到 B 点，将具有复振幅 $e^{i\varphi}=e^{ik_0S[C]}$。根据惠更斯原理，由于光的传播是波动的传播，实际上光会走过连接 A, B 两点的所有可能的路径，每条路径都分别贡献一个大小为 $e^{ik_0S[C]}$ 的复振幅。由于波的可叠加性，这些不同路径的复振幅应该叠加起来，才是 B 点真正的复振幅，即

$$u_B\sim\sum_C e^{ik_0S[C]}=\sum_C e^{\frac{2\pi i}{\lambda_0}S[C]}\tag{1.13}$$

注意上式中 λ_0 表示光在真空中的波长，而 $\sum$ 表示对所有可能的路径 C 求和。

我们注意到可见光的真空波长一般在 500 nm 左右。当我们关注的尺度远大于 500 nm 时，一般来说，只要路径稍微变化一点，$\dfrac{S[C]}{\lambda_0}$ 就会发生非常巨大的变化。由于(1.13)式是对 $e^{\frac{2\pi i}{\lambda_0}S[C]}$ 的求和，这导致对于一般的路径来说，它的贡献总是与它附近路径的贡献因相位不同而互相抵消，即发生相消干涉。

作为一个直观的理解，我们可以把(1.13)式求和中的各项看作复平面单位圆上的一个个矢量。对于一般的路径，如果追踪这条路径和其附近的其他路径所对应的矢量，就会发现矢量箭头绕着单位圆转过很多圈。而由于(1.13)式是这些矢量的和，每当这些矢量绕单位圆一圈，求和的值就会回到零(参考图 1.13，整个单位圆上均匀分布的矢量，其总和一定为零)。

但是如果存在一条特殊的路径，它满足(1.12)式，即对这一路径稍微做一个小的扰动，S

依然保持不变，那么这条路径和它周围的路径都同相位地参与到(1.13)式的求和中而不会在单位圆上面绕圈，从而产生相长干涉并且主导了(1.13)式求和的结果(该原理称为驻定相位原理[10])。这条特殊的路径正是费马原理所要求的路径。

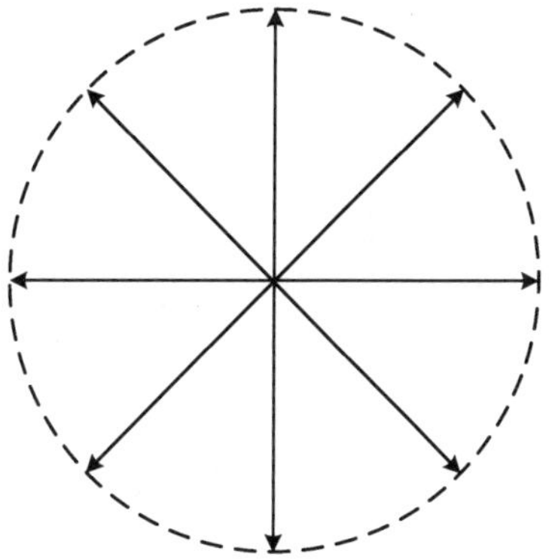

图1.13 单位圆上均匀分布的矢量，矢量和一定为零

我们看到，通过将光的传播理解为一种波动，惠更斯原理给出了费马原理的一个更深层次的解释：**光确实遍历了所有可能的路径，但是由于波的叠加(干涉)特性，只有满足费马原理的光线才会与附近的光线发生相长干涉，产生决定性的贡献。**

通过观察(1.13)式，也可以得出在哪些情况下几何光学(费马原理)是不成立的。例如，当通过某种方式限定了光传播的路径，使得(1.13)式的求和只有少数项时，驻定相位原理不再成立，一个极端的例子就是双缝干涉。再例如，当光线路径的尺度被限定在和波长同一量级时，驻定相位原理也不再成立，光的衍射就是一个典型的例子。

1.3 物 质 波

通过回顾经典力学和经典光学的部分内容，我们看到最小作用量原理是牛顿力学的整体形式，它给出质点的运动曲线；而费马原理是折射、反射定律的整体形式，它给出光传播的路径即光线。既然费马原理存在前述的逻辑问题，那么最小作用量原理一定也会存在类似的问题：如果质点不事先走过所有的可能路径，它怎么会提前知道哪条路径是使得作用量取极值的呢？

一个大胆却诱人的想法是，我们能不能类比惠更斯原理，认为质点运动实际上也是一种波，从而通过波的叠加来回答这一问题呢？答案是肯定的。实际上，这一观点正是量子力学的核心思想之一，即**所有的物质(粒子及粒子体系)都可以看作以某种波的形式存在，这种波称为"物质波"；物质的运动也是物质波的传播过程。**量子物理的发展过程在某种意义上就是人们对物质波概念的理解逐渐深入的过程。物质波的观点最早由德布罗意提出，玻尔、海森伯等人进一步诠释了它的含义，而薛定谔、狄拉克等人则建立了物质波的数学方程。①

① 注意，历史上量子力学的建立过程并不完全是按照这样清晰的逻辑推理得到的；对量子力学发展史感兴趣的读者可以参考文献[11]。

从形式上,类比惠更斯原理,认为质点运动对应的波由一个复振幅描述,质点从 A 点运动到 B 点的过程也就是这个波从 A 点传播到 B 点的过程;由于波的传播特性,每个点的"振动"都可以引起周围其他点的"振动",这意味着在波从 A 点传播到 B 点的过程中,质点其实走过了所有可能的路径,只是由于波的叠加特性,只有满足最小作用量原理的路径才与周围的路径相长干涉。用数学语言去表述,我们希望把 B 点的复振幅写成如下形式:

$$u_B \sim \sum_C \mathrm{e}^{\frac{2\pi\mathrm{i}}{h}S[C]} \tag{1.14}$$

这种形式称为费曼路径积分,它的含义是假设 A 点的复振幅为 1,那么 B 点的复振幅是所有路径贡献的相位因子的求和,这与(1.13)式的思想是完全一致的。与(1.13)式的不同点在于,费马原理中的光程 S 具有长度的量纲(参见式(1.11)),所以它需要除以一个量纲为长度的常量才能作为无量纲的相位,这个常量对应于真空中光的波长 λ_0;而最小作用量原理中的作用量 S 具有能量乘以时间的量纲(参见(1.6)式),所以它需要除以一个量纲同样为能量乘以时间的常量(记为 h)才能作为无量纲的相位,这个常量实际上是一个基本物理常量,有确定的取值:

$$h = 6.62607015 \times 10^{-34}\ \mathrm{J \cdot s} \tag{1.15}$$

称为普朗克常量。有时候为了进一步简化表达式,人们往往用到与之相关的另外一个常量——约化普朗克常量,记作 $\hbar$,它和普朗克常量之间具有如下关系:

$$\hbar = \frac{h}{2\pi} = 1.05457181 \times 10^{-34}\ \mathrm{J \cdot s} \tag{1.16}$$

为了进一步把费曼路径积分(参见(1.14)式)与惠更斯原理(参见(1.13)式)做比较,我们考虑一个自由质点的运动,它感受到的势场可以设为零,所以拉格朗日量 $L = T - V = T = \frac{p^2}{2m}$,其中 p 是动量。根据牛顿第二定律,自由质点的运动是匀速直线运动;在 3.1 节中会看到,它对应的平面波相速度是 $\frac{p}{2m}$;物质波沿着这条直线运动了时间 t,可以认为其对应的作用量为 $S = Lt = \frac{p^2}{2m}\frac{l}{p/(2m)} = pl$,其中 $l = \frac{pt}{2m}$ 是物质波相位传播的"路程"(与"光程"的概念对应)。代入(1.14)式,得知这条经典路径将贡献一个形如 $\mathrm{e}^{\frac{2\pi\mathrm{i}}{h/p}l}$ 的相位因子,这与惠更斯原理在量纲上就一致了:一个依赖路径的、量纲为长度的"路程" l 除以一个量纲同样为长度的量 $\frac{h}{p}$,得到对应的相位。而这个量纲为长度的量 $\frac{h}{p}$ 应该与惠更斯原理类似,对应于物质波的波长。

事实上正是如此,在量子物理中一个自由粒子的物质波对应于平面波,具有 $\mathrm{e}^{\mathrm{i}(kx-\omega t)}$ 的形式,并且平面波的波矢 k 与这个粒子的动量 p 之间满足关系

$$p = \hbar k \tag{1.17}$$

或者等价地,物质波的波长 λ(也称为德布罗意波长)与粒子的动量之间满足关系

$$\lambda = \frac{2\pi\hbar}{p} = \frac{h}{p} \tag{1.18}$$

与此同时,自由粒子物质波的圆频率 ω 与粒子的能量之间满足关系

$$E = \hbar\omega \tag{1.19}$$

(1.17)式和(1.19)式称为德布罗意关系。

在量子物理中,不光可以把粒子看作波,波也可以看作粒子,这称为“波粒二象性”。例如前面提到,惠更斯认为光是一种波,实际上现在我们知道它是一种电磁波;在量子物理中,认为它也是一种粒子,并且体现出波粒二象性。与光对应的粒子叫作光子[12],每个光子的动量和能量也由德布罗意关系(参见(1.17)式和(1.19)式)给出,其中 k 和 ω 分别是光的波矢和圆频率。一束光的强度越大,代表其中包含的光子数越多。

利用(1.18)式,可以计算不同物质的德布罗意波长。例如假设有一个质量为 1 g 的宏观质点,以 1 mm/s 的速度运动,代入(1.18)式可以算出它的德布罗意波长为 6.63×10^{-28} m。我们知道原子的半径大约为 10^{-10} m(即 0.1 nm)量级,因此宏观物体的德布罗意波长小到不可思议的程度。与波动光学的情况类似,当我们关注的尺度远大于德布罗意波长时,物体的运动路径可以很好地使用驻定相位原理,即只有满足最小作用量原理的路径才具有决定性的贡献。这就是为什么宏观物体的运动规律一般符合经典力学,而不会体现出量子效应。

然而,对于微观粒子,情况将有很大的不同。例如考虑一个以 1 m/s 速度运动的质子,由于质子的质量为 1.67×10^{-27} kg,如果我们按照(1.18)式计算,它的物质波的波长大约为 400 nm。再例如考虑一个被 1 V 电压加速的电子,其能量为 1 eV,由于电子的质量为 9.11×10^{-31} kg,代入(1.18)式计算,它的物质波的波长大约为 1.23 nm。在很多固态物质中,最外层电子的动能大概在 eV 量级,而相邻原子的间距大概为 0.1 nm 量级,这意味着驻定相位原理不再成立,从而描述这些物质中电子的运动时应考虑电子的波动特性,即量子效应。

通过上面的例子可以看出,经典世界和量子世界的区分界限实际上由普朗克常量决定。如果普朗克常量趋于零,那么所有物质的物质波的波长都将趋于零,量子物理将过渡到经典物理。

1.4　概　率　幅

各种波都应该对应于某个物理量随时间和空间的振动,例如机械波对应于质点的机械振动,光波对应于电磁场的“振动”,那么物质波到底对应于什么物理量的振动呢?或者说,物质波的复振幅具有什么含义呢?根据量子力学的哥本哈根诠释①,这种振动对应于(注意不是等于)粒子出现的概率,或者说物质波应该理解为概率波。

但是这里存在一个问题,复振幅一般是一个复数,而概率应该是一个不小于零的实数,如何使得两者之间产生对应关系呢?显然,如果把后者对应成前者的模平方,就能解决这个问题。于是量子力学需要引入“概率幅”的概念。

具体来说,可以认为量子物理遵循如下的基本原理(《费曼物理学讲义》中称其为“第一原理”,这里我们直接引用其叙述)[13]:

(1)“在理想实验中,事件发生的概率 p 总是由一个复数(记为 ψ)的模平方给出的,而 ψ 叫作概率幅,即 $p=|\psi|^2$。”

(2)“如果一个事件可以通过几种不同的方式发生,该事件发生的概率幅等于各种方式分别考虑时的概率幅之和,即 $\psi=\psi_1+\psi_2+\cdots$,$p=|\psi_1+\psi_2+\cdots|^2$。”

① 这是当前量子力学的“标准诠释”,本书中始终采用哥本哈根诠释。

(3)“如果完成一个实验,此实验能够确定实际上发生的是哪一种方式,那么该事件发生的概率等于各种方式分别考虑时的概率之和,即 $p = p_1 + p_2 + \cdots$。”

在量子物理中,粒子的运动具有内禀的随机性。这与牛顿力学那种确定性的世界观很不一样。如果我们把物质粒子(例如一个电子)出现在(时空中)某一点看作一个事件,那么物质波在某一点的复振幅就是粒子出现在该点的概率幅。根据第一条基本原理,它的模平方是粒子出现在该点的概率。第二条基本原理进一步使得物质波的复振幅可以直接叠加,这正是波叠加特性的要求。我们以电子的双缝干涉[14]为例来说明这一点。

如图 1.14 所示,考虑 S 处有一个电子源,从 S 点出射的电子通过一个挡板,挡板上开了两个狭缝(分别记为狭缝 1 和 2),如果电子通过了两个狭缝中的一个,就可以继续运动到达荧光屏上被探测到。假设狭缝之间的距离远小于挡板到荧光屏的距离。我们事先并不能确定电子最终会在荧光屏上的哪一点被探测到,所以“电子在荧光屏上的某一点 P 被探测到”这个事件应该由一个概率幅 ψ 描述,这个事件发生的概率为 $|\psi|^2$。一般来说,不同的 P 点可能具有不同的概率幅;如果我们画出 $|\psi|^2$ 关于 P 点的依赖关系曲线,这条曲线就是电子在荧光屏上的概率分布函数;当 S 不断地发射出大量电子时,这条曲线其实就对应于实际观察到的荧光屏上不同点的亮度分布。

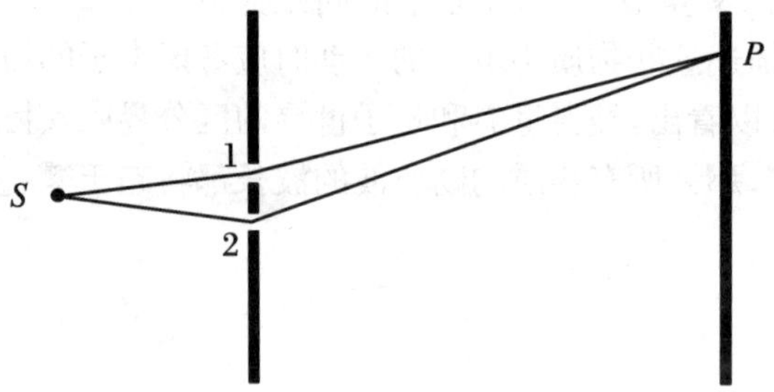

图 1.14 电子双缝干涉示意图

现在假设把狭缝 2 遮挡住,只打开狭缝 1。这时电子从 S 点到达 P 点只有一种方式,即经过狭缝 1。记“电子从 S 点经过狭缝 1 达到 P 点”这个事件的概率幅为 $\psi_1(P)$,概率为 $p_1(P) = |\psi_1(P)|^2$。根据上面的阐述,这时在荧光屏上观察到的强度分布 $I_1(P)$ 应该正比于 $p_1(P)$。图 1.15(a)展示出此时我们应该观察到的强度分布。

然后,我们把狭缝 1 遮挡住,只打开狭缝 2,这时电子从 S 点到达 P 点也只有一种方式,即经过狭缝 2。我们记“电子从 S 点经过狭缝 2 达到 P 点”这个事件的概率幅为 $\psi_2(P)$。根据上面的阐述,这时在荧光屏上观察到的强度分布 $I_2(P)$ 应该正比于 $p_2(P)$。图 1.15(b)展示出此时我们观察到的强度分布,实际上由于两个狭缝的距离远小于挡板到荧光屏的距离,它和图 1.15(a)基本上没有区别。

现在把狭缝 1 和狭缝 2 都打开,这时电子从 S 点到达 P 点将有两种方式,一种是通过狭缝 1,另外一种是通过狭缝 2。按照经典概率的观点,这两种方式是互斥事件,所以我们应该对它们各自发生的概率求和,从而得到事件发生的总概率,即电子从 S 到达 P 点的概率应该为 $p(P) = p_1(P) + p_2(P)$,或者说荧光屏上的强度分布应该为

$$I(P) = I_1(P) + I_2(P) \tag{1.20}$$

然而,实际上在电子双缝干涉实验中,观察到的强度分布如图 1.15(c)所示,呈现出干涉条纹的形状[14],这显然并不是 $I_1(P)$ 和 $I_2(P)$ 的简单叠加。

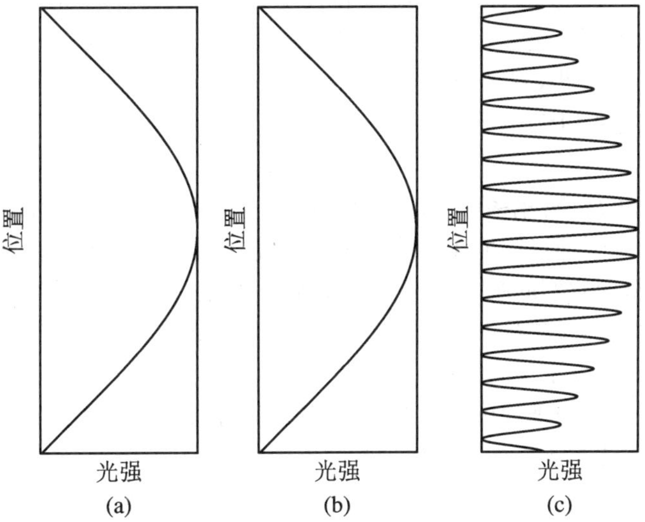

图 1.15 双缝干涉实验的强度分布示意图

可以利用前面说的原理来理解这件事。在这样一个理想实验中，根据第二条基本原理，既然"电子从 S 点运动到 P 点"这个事件具有"通过狭缝 1"和"通过狭缝 2"两种方式，那么该事件的概率幅应为 $\psi(P)=\psi_1(P)+\psi_2(P)$，从而相应的概率为

$$\begin{aligned} p(P) &= |\psi(P)|^2 = |\psi_1(P)+\psi_2(P)|^2 \\ &= p_1(P)+p_2(P)+2\mathrm{Re}[\psi_1^*(P)\psi_2(P)] \end{aligned} \tag{1.21}$$

我们看到，量子物理要求这两件事的概率不能直接叠加，而应该让概率幅直接叠加。这导致事件的总概率 $p(P)$ 不再是两种方式各自概率 $p_1(P)$ 和 $p_2(P)$ 的和，而是还包含了 $2\mathrm{Re}[\psi_1^*(P)\psi_2(P)]$ 这个干涉项。正是这个干涉项，使得我们观察到条纹分布。这种干涉现象体现了波的传播特性：如果将一束光通过两个离得很近的狭缝，那么也可以观察到类似的双缝干涉的现象；如果在水面上放置两个振动源，那么也可以观察到水波的干涉现象；等等。而这里电子的干涉对应于物质波的干涉现象，我们称为量子干涉。

那么有没有可能，这种干涉现象并不是一种内禀规律，而是由于 S 点同时发射出大量的电子，这些电子之间产生了复杂的相互作用造成的呢？人们尝试了降低 S 点的发射强度，使得几乎每次只有一个电子发射出来并且到达荧光屏。荧光屏上每出现一个点发光，就把这个点的位置记录下来，并且在实验记录图的对应位置画下一个小黑点。经过很长时间之后，大量的电子一个个单独被发射出来并且依次被探测到，实验记录图上的小黑点不断积累，就形成了疏密分布图案，我们把这个图案定义成 $I(P)$。如果之前观察到的干涉条纹的确是由电子之间的相互作用导致的，那么现在降低 S 点的发射强度以后，干涉条纹应该就消失了，预期应该回到(1.20)式对应的强度分布。然而，实验的结果与此相反，测量到的 $I(P)$ 依然是同样的干涉条纹![15]这意味着概率幅及其叠加是量子物理的内禀规律，而不是由多粒子体系的复杂性所衍生出来的经典概率行为。

在上述实验中，对电子的观测只发生在荧光屏上，如果在荧光屏上看到 P 点在发光，只能确切地知道电子出现在了 P 点，却无法知道电子到底是经过狭缝 1 还是经过狭缝 2 到达 P 点的，这是量子干涉发生的前提。

相反，如果在图 1.14 中加装一个探测装置去探测电子实际经过了哪个狭缝，为了描述方便，我们设想一个假象实验，即在狭缝 1 和狭缝 2 附近放置一个光源，利用电子对光的散射去推断电子经过了哪个狭缝。我们会发现，这时量子干涉消失了，电子的运动回到了经典的概率叠加方式！进一步，只要打开光源，电子的分布就会按照经典概率叠加方式，满足(1.20)式；只要把光源关闭，电子的分布就又回到了概率幅叠加(即干涉)方式(文献[16]描述了一个类似的实验)。

可以这样理解该现象：概率可以认为是大量独立重复实验中各种情况出现的频率；在打开光源的情况下，“电子通过狭缝 1 到达 P 点”和“电子通过狭缝 2 到达 P 点”在这个实验中显然是互斥事件，从而它们的统计频率满足叠加关系；在不打开光源的情况下，从原理上便无法知道电子到底是经过狭缝 1 还是经过狭缝 2 到达 P 点的，从而“上述两件事是互斥事件”这个说法在这种情况下没有意义。

这就是第三条基本原理的内容，它保证了量子物理与经典概率论不发生矛盾：在一个实验中，当从原理上无法知道事件是以何种方式发生时，量子干涉便会发生；相反，如果事件的不同发生方式是可以探知的，那么量子干涉不会发生，经典的概率叠加成立。

具体到上面这个例子中，为什么打开和关闭光源会对电子在荧光屏上的分布产生这么显著的影响呢？这是因为当用光去探测电子时，不仅仅是电子改变了光的传播方向从而被我们探测到，光也反过来影响了电子的运动。换句话说，探测电子运动路径这个行为本身会干扰电子。

那么，有没有一种办法能够既探测到电子的路径，又不干扰电子的运动从而保持量子干涉呢？答案是否定的，这就是海森伯提出的“不确定性原理”。该原理有几种不同的表述，“不存在一种办法，能够既精确探测到电子的路径，又不干扰电子的运动从而保持量子干涉”只是其中之一。另外一种表述是：对于任意粒子，无法同时既准确测量其动量，又准确测量其位置；动量测量得越准确，其位置就会越不准确；位置测量得越准确，其动量就会越不准确。在双缝干涉的例子中，如果想要测量出电子到底经过了哪个狭缝，就必须对其在两个狭缝附近的位置进行比较精确的测量。对于光学测量来说，这意味着所用光的波长应该远小于两个狭缝之间的距离，因为光学系统能够分辨的最小距离正比于波长。但是根据德布罗意关系，波长越短的光动量越大，在和电子发生散射即动量部分转移时，对电子动量的干扰也越大，从而导致电子运动方向的不确定性越大，并且导致干涉条纹消失。[13]

相反，如果希望光对电子状态的影响更小，极端情况下小到可以忽略的程度，从而不影响量子干涉，这意味着我们需要用动量非常小(即波长非常长)的光去进行探测。然而，当光的波长显著大于两个狭缝之间的距离时，由于光学系统能够分辨的最小距离正比于波长，此时实际上已经无法分辨电子到底是在哪个狭缝处与光发生作用的。从而又回到了最初的情况：即使仅从原理上，也无法分辨电子是从哪个狭缝经过的。在这种情况下，根据第二条基本原理，我们确实应该再次观察到电子的量子干涉。

习　题

1. 在地面上垂直向上抛出一个小球，只考虑小球落地之前的运动，假设重力加速度是常数，那么这个小球的运动曲线是什么？这条曲线与小球的初速度有什么关系？

2. 证明光的折射定律可以由费马原理得到。

3. 在信号与系统中，我们会了解到常数函数 $f(t)=1$ 的傅里叶变换是 δ 函数，即

$$\int_{-\infty}^{+\infty} e^{i\omega t} dt = 2\pi\delta(\omega)$$

可否利用驻定相位原理去理解这个公式？

4. 如果一个电子从静止开始被电压加速，加速后其德布罗意波长为 0.5 nm，那么这个加速电压有多大？

5. 如果普朗克常量并不是 $h = 6.62607015 \times 10^{-34}$ J·s，而是变大了很多倍，那么根据本章的知识，设想一下我们的世界会有怎样的变化。

第 2 章　量子物理的基本概念

2.1　波函数与薛定谔方程

2.1.1　波函数

1. 波函数

通过上一章的学习，我们知道量子力学的核心思想是物质波，并且物质波的复振幅对应于粒子出现的概率幅。本节用数学语言来具体描述这一对应关系。

考虑最简单的量子体系，即一维运动的单个粒子。对于任意给定的时刻，引入波函数 $\psi(x)$ 来定量描述物质波，它对应于粒子出现在 x 点的概率幅。具体来说，粒子出现在无限小区间 $[x, x+\mathrm{d}x)$ 内的概率正比于 $|\psi(x)|^2\mathrm{d}x$；或者说，波函数的模平方 $|\psi(x)|^2$ 正比于粒子出现在 x 点附近的概率密度。

这里需要对“正比于”作一定的说明。一方面，因为考虑的是单个粒子，任意时刻，这个粒子总是存在的，所以它的绝对概率密度 $\rho(x)$ 对全空间的积分一定是 1；另一方面，波函数作为物质波的描述，需要允许任意有限的复数取值。因此为了协调这两方面，并不要求 $|\psi(x)|^2$ 与粒子出现在 x 点附近的绝对概率密度相等，而只要求两者呈正比。换句话说，我们可以说 $|\psi(x)|^2$ 等于粒子出现在 x 点附近的“相对概率密度”。

以上只考虑了一维运动的单个粒子。对于三维运动的单个粒子，波函数记为 $\psi(\boldsymbol{r})$，其中 $\boldsymbol{r}$ 是粒子的位置矢量，而 $|\psi(\boldsymbol{r})|^2$ 代表粒子出现在 $\boldsymbol{r}$ 点附近的相对概率密度；对于三维运动的多粒子体系，波函数记为 $\psi(\boldsymbol{r}_1, \boldsymbol{r}_2, \cdots, \boldsymbol{r}_N)$，而 $|\psi(\boldsymbol{r}_1, \boldsymbol{r}_2, \cdots, \boldsymbol{r}_N)|^2$ 代表第 1 个粒子出现在 $\boldsymbol{r}_1$ 点附近，且第 2 个粒子出现在 $\boldsymbol{r}_2$ 点附近……且第 N 个粒子出现在 $\boldsymbol{r}_N$ 点附近的相对概率密度。在后面的讨论中，为了简单起见，往往默认考虑一维单粒子的情况，而相应的三维和多粒子的推广形式一般是不言自明的。

2. 波函数的归一化

如果把某个任意给定的波函数 $\psi(x)$ 乘以任意一个非零复常数 c，其模平方在不同位置处的相对大小比例并没有发生变化，从概率分布的角度来说，这两个波函数应该对应于相同的状态。利用这一点，对于任意波函数，我们可以将其“归一化”，也就是用一个适当的复常数（称为归一化因子）乘以它，使得其模平方等于绝对概率密度，即满足

$$|\psi(x)|^2 = \rho(x) \tag{2.1}$$

具体来说，可以取这个归一化因子为

$$c = \frac{e^{i\theta}}{\sqrt{\int |\psi(x)|^2 dx}} \tag{2.2}$$

其中 θ 为任意的实数。

经过归一化后的波函数满足归一化条件

$$\int |\psi(x)|^2 dx = 1 \tag{2.3}$$

称之为归一化波函数。归一化波函数和原来的波函数所代表的是相同的量子状态。注意为了简化记号，对于全空间的积分，都省略积分的上下限。

举一个例子：对于一维运动的单个粒子，假设给定了一个高斯形式的波函数

$$\psi(x) = e^{-\frac{x^2}{2\sigma^2}}$$

这个波函数是不满足归一化条件（参见(2.3)式）的。利用(2.2)式，可以得到与之相应的归一化波函数为

$$\psi(x) = \frac{e^{i\theta}}{(\pi\sigma^2)^{1/4}} e^{-\frac{x^2}{2\sigma^2}} \tag{2.4}$$

其中 θ 为任意的实数。

3. 一类特殊的波函数

一般来说，一个波函数要能描述实际粒子的量子状态，它必须是可以归一化的，换句话说，积分 $\int |\psi(x)|^2 dx$ 不应该发散（即平方可积）。但是，存在一类特殊的波函数，它们不满足平方可积条件。一个典型的例子是平面波函数 $\psi(x) = e^{ikx}$（注意这里没有考虑和时间相关的因子 $e^{-i\omega t}$，因为目前为止只考虑某一个给定的时刻）。如果把它代入(2.2) 式，会发现等号右边的分母为无穷大，从而归一化因子恒等于零。为什么会出现这种异常现象呢？因为严格来说，平面波这类形式的波函数不能代表真实粒子的量子状态：平面波要求波函数扩展到无穷远处并且不发生衰减，这意味着在 $x = 0$ 点和 $x = \pm\infty$ 处找到粒子的概率是相同的。这是一个真实粒子无法满足的状态。

另外，一个不满足平方可积条件的例子是 δ 函数（又称为狄拉克函数）。如果一个粒子的波函数是 δ 函数，即 $\psi(x) = \delta(x - x_0)$，那么根据 δ 函数的定义，粒子只在 x_0 处有无限大的概率密度，而在所有其他位置的概率密度为零。这意味着在此量子状态下，粒子具有确定的位置 x_0。根据不确定性原理，位置的完全确定导致动量的分布具有无限大的不确定性，所以从物理上来说，这种状态也不会是实际粒子的状态，因为无限大的动量也无法实际达到。这也意味着在量子物理中，粒子具有完全确定位置的状态只能是一种理想状态。

虽然这类不满足平方可积条件的波函数不能代表实际粒子的量子状态，但是在量子物理中依然大量使用它们，这是因为：第一，这类波函数可以看作实际波函数的一种极限或理想情况，例如可以先取粒子的波函数为高斯函数（参见(2.4)式），这是可以代表实际粒子状态的波函数，于是 δ 函数可以看作高斯波函数在宽度趋于零且保持积分值不变条件下的极限；另外一个例子是，在 3.1 节中我们将看到，波包是一种可以代表实际粒子状态的波函数，而平面波可以看作无限宽的波包。第二，这类波函数在处理实际问题时有很大的用处，我们将在后面逐渐体会到这一点。在信号与系统中[17]会接触到类似的情况：虽然一个形如 $e^{-i\omega t}$ 的函数不可能代表一个真实信号，因为没有任何一个真实信号可以持续无穷长的时间，但是依然可以利用这样的函数对实际的信号展开，并且得到很多具有重要意义的结论，这就是傅

里叶展开与傅里叶变换。同理,没有任何一个实际的信号可以具有无限窄的宽度和无限高的峰值,但是在信号与系统中,仍然大量使用 δ 函数描述取样等过程。这类波函数的归一化方式将在后面具体介绍。

4. 态叠加原理

记得第 1 章中曾经提到,引入物质波的必要性是利用它的叠加性质,可以理解经典质点的最小作用量原理。波的可叠加性要求波函数满足如下的态叠加原理:如果波函数 $\psi_1(x)$ 和 $\psi_2(x)$ 对应的量子态是粒子可能的状态,那么对于任意复数 c_1 和 c_2, $\psi(x)=c_1\psi_1(x)+c_2\psi_2(x)$ 也同样对应粒子的可能量子状态,称 $\psi(x)$ 对应的量子状态为 $\psi_1(x)$ 和 $\psi_2(x)$ 的叠加态。

与经典波不同的是,处于叠加态 $\psi(x)$ 的粒子可以认为既处于状态 $\psi_1(x)$ 中,又处于状态 $\psi_2(x)$ 中;更确切地说, $\psi(x)$ 是以(相对)概率幅 c_1 处于状态 $\psi_1(x)$ 中,并且以(相对)概率幅 c_2 处于状态 $\psi_2(x)$ 中。

态叠加原理可以推广到多个态的情况:如果波函数 $\psi_1(x),\psi_2(x),\cdots$ 对应的量子态是粒子可能的状态,那么对于任意复数 $c_1,c_2,\cdots$, $\psi(x)=c_1\psi_1(x)+c_2\psi_2(x)+\cdots$ 也同样对应粒子的可能状态,并且称 $\psi(x)$ 对应的量子态为 $\psi_1(x),\psi_2(x),\cdots$ 的叠加态。

态叠加原理也可以反过来叙述:只要粒子的波函数 $\psi(x)$ 可以写成 $\psi(x)=c_1\psi_1(x)+c_2\psi_2(x)+\cdots$ 的形式,就可以说它处于 $\psi_1(x),\psi_2(x),\cdots$ 的叠加态中,即以(相对)概率幅 c_1 处于状态 $\psi_1(x)$ 中,以(相对)概率幅 c_2 处于状态 $\psi_2(x)$ 中……这种把波函数 $\psi(x)$ 写成 $\psi_1(x),\psi_2(x),\cdots$ 的线性叠加的过程叫作波函数的分解或者展开,而 $c_1,c_2,\cdots$ 称为展开系数,它们具有概率幅的含义。

5. 平面波展开与傅里叶分析

一类重要的展开是平面波展开。具体来说,我们知道平面波具有 e^{ikx} 的波函数形式,根据德布罗意关系,由平面波描述的粒子具有动量 $p=\hbar k$,因此也可以把平面波写作 $e^{\frac{i}{\hbar}px}$。不同的平面波具有不同的动量 p,对应的波函数记作 $\psi_p(x)$。为了方便计算展开系数,可以要求不同的平面波之间满足下述归一化关系:

$$\int \psi_{p'}^*(x)\psi_p(x)\mathrm{d}x = \delta(p-p') \tag{2.5}$$

这要求

$$\psi_p(x) = \frac{1}{\sqrt{2\pi\hbar}}e^{\frac{i}{\hbar}px} \tag{2.6}$$

根据傅里叶分析的知识, $\{\psi_p(x)\}$ 构成一组正交归一完备的函数基矢①,从而所有的波函数 $\psi(x)$ 都可以用它们展开,即

$$\psi(x) = \int c(p)\psi_p(x)\mathrm{d}p \tag{2.7}$$

为了计算展开系数 $c(p)$,我们将上式的左、右两边同时乘以 $\psi_{p'}^*(x)$ 并且对 x 积分,利用(2.5)式的归一化关系得到

$$\int \psi_{p'}^*(x)\psi(x)\mathrm{d}x = \iint c(p)\psi_{p'}^*(x)\psi_p(x)\mathrm{d}x\mathrm{d}p = \int c(p)\delta(p-p')\mathrm{d}p = c(p')$$

即

① 这是一个粗略的说法,对这一表述的严格含义感兴趣的读者可以进一步参考泛函分析相关书籍。

$$c(p) = \int \psi_p^*(x)\psi(x)\mathrm{d}x \tag{2.8}$$

(2.8)式本质上就是傅里叶变换，而(2.7)式本质上就是相应的傅里叶逆变换。这里看到归一化条件(2.5)，使得我们可以方便地计算展开系数。

对于三维情况，平面波定义为

$$\psi_{\boldsymbol{p}}(\boldsymbol{r}) = \frac{1}{(2\pi\hbar)^{3/2}}\mathrm{e}^{\frac{\mathrm{i}}{\hbar}\boldsymbol{p}\cdot\boldsymbol{r}} \tag{2.9}$$

其中$\frac{1}{(2\pi\hbar)^{3/2}}$是归一化因子，它使得$\{\psi_{\boldsymbol{p}}(\boldsymbol{r})\}$满足归一化条件

$$\int \psi_{\boldsymbol{p}'}^*(\boldsymbol{r})\psi_{\boldsymbol{p}}(\boldsymbol{r})\mathrm{d}^3\boldsymbol{r} = \delta(\boldsymbol{p}-\boldsymbol{p}') \tag{2.10}$$

类似于一维情况，三维情况下任意波函数 $\psi(\boldsymbol{r})$的平面波展开为

$$\psi(\boldsymbol{r}) = \int c(\boldsymbol{p})\psi_{\boldsymbol{p}}(\boldsymbol{r})\mathrm{d}^3\boldsymbol{p} \tag{2.11}$$

其中展开系数为

$$c(\boldsymbol{p}) = \int \psi_{\boldsymbol{p}}^*(\boldsymbol{r})\psi(\boldsymbol{r})\mathrm{d}^3\boldsymbol{r} \tag{2.12}$$

2.1.2　薛定谔方程

1. 薛定谔方程的形式

目前为止，对粒子状态的描述都是只考虑某一个特定的时刻。然而实际上粒子是不断运动的，或者说它的波函数是在不断随时间演化的，所以波函数应该既是位置的函数，也是时间的函数，即 $\psi(x,t)$。

理解一个量子体系运动方式的关键是理解波函数的演化方式，或者说已知某个时刻的波函数 $\psi(x,t_0)$，如何知道其余时刻的波函数 $\psi(x,t)$。描述这一演化的方程叫作薛定谔方程：

$$\mathrm{i}\hbar\frac{\partial}{\partial t}\psi(x,t) = -\frac{\hbar^2}{2m}\frac{\partial^2}{\partial x^2}\psi(x,t) + V(x)\psi(x,t) \tag{2.13}$$

其中 m 是粒子的质量，$V(x)$是 t 时刻粒子感受到的势能(在前六章中，我们只考虑 V 与时间无关的情况)。各种单粒子体系的不同之处体现在粒子质量 m 及势能 $V(x)$的形式不同。

注意到薛定谔方程是关于时间的一阶微分方程，这告诉我们只要知道了一个初始条件，即 $\psi(x,t_0)$，就可以推导出任意时刻的波函数。所谓的解薛定谔方程，就是在已知$\psi(x,t_0)$的前提下，利用(2.13)式得出任意时刻的 $\psi(x,t)$。

对于三维单粒子体系，薛定谔方程的形式为

$$\mathrm{i}\hbar\frac{\partial}{\partial t}\psi(\boldsymbol{r},t) = -\frac{\hbar^2}{2m}\nabla^2\psi(\boldsymbol{r},t) + V(\boldsymbol{r})\psi(\boldsymbol{r},t) \tag{2.14}$$

对于三维多粒子体系，假设该体系的势能为 $V(\boldsymbol{r}_1,\boldsymbol{r}_2,\cdots,\boldsymbol{r}_N)$，它可以包含外势场和粒子之间的相互作用能，那么该体系的薛定谔方程为

$$\begin{aligned}\mathrm{i}\hbar\frac{\partial}{\partial t}\psi(\boldsymbol{r}_1,\boldsymbol{r}_2,\cdots,\boldsymbol{r}_N,t) = &-\sum_n\frac{\hbar^2}{2m_n}\nabla_n^2\psi(\boldsymbol{r}_1,\boldsymbol{r}_2,\cdots,\boldsymbol{r}_N,t)\\ &+V(\boldsymbol{r}_1,\boldsymbol{r}_2,\cdots,\boldsymbol{r}_N)\psi(\boldsymbol{r}_1,\boldsymbol{r}_2,\cdots,\boldsymbol{r}_N,t)\end{aligned} \tag{2.15}$$

其中 $\psi(\boldsymbol{r}_1,\boldsymbol{r}_2,\cdots,\boldsymbol{r}_N,t)$是 t 时刻多粒子体系的波函数，m_n 为第 n 个粒子的质量，∇_n^2 表示只作用在 $\boldsymbol{r}_n$ 上的拉普拉斯算符。各种多粒子体系的不同之处体现在各粒子质量 m_n 及势能 $V(\boldsymbol{r}_1,\boldsymbol{r}_2,\cdots,\boldsymbol{r}_N)$的形式不同。

2. 平面波

本书第 1 章介绍德布罗意关系的时候，曾经提到含时的平面波应该具有 $e^{i(kx-\omega t)}$ 的形式。这里来证明，对于自由粒子来说，这样的平面波函数确实是薛定谔方程的解。所谓自由粒子，就是粒子没有受到任何外场的作用，可以取其势能恒为零，从而该体系的薛定谔方程为

$$i\hbar\frac{\partial}{\partial t}\psi(x,t)=-\frac{\hbar^2}{2m}\frac{\partial^2}{\partial x^2}\psi(x,t)\tag{2.16}$$

把 $\psi(x,t)=e^{i(kx-\omega t)}$ 代入上式，得到如下关系(称为色散关系)：

$$\hbar\omega=\frac{\hbar^2k^2}{2m}\tag{2.17}$$

它意味着对于质量为 m 的粒子，平面波确实是薛定谔方程的解，不过它的圆频率和波矢之间要满足关系(2.17)式。根据德布罗意关系，$\hbar\omega=E$，$\hbar k=p$，所以(2.17)式也可以写为

$$E=\frac{p^2}{2m}\tag{2.18}$$

而这正是经典力学中自由粒子的能量与动量之间的依赖关系。

3. 概率流与概率守恒

薛定谔方程告诉我们波函数如何随时间演化，那么(相对)概率密度函数 $w=|\psi|^2$ 随时间的演化又是什么样的呢？对薛定谔方程(2.13)取复共轭，有

$$-i\hbar\frac{\partial}{\partial t}\psi^*(x,t)=-\frac{\hbar^2}{2m}\frac{\partial^2}{\partial x^2}\psi^*(x,t)+V(x)\psi^*(x,t)\tag{2.19}$$

结合(2.13)式和(2.19)式，有

$$\begin{aligned}i\hbar\frac{\partial}{\partial t}w=i\hbar\frac{\partial}{\partial t}|\psi|^2&=\psi^*\left(i\hbar\frac{\partial}{\partial t}\psi\right)-\psi\left(-i\hbar\frac{\partial}{\partial t}\psi^*\right)\\&=-\frac{\hbar^2}{2m}\left(\psi^*\frac{\partial^2}{\partial x^2}\psi-\psi\frac{\partial^2}{\partial x^2}\psi^*\right)=\frac{\hbar^2}{2m}\frac{\partial}{\partial x}\left(\psi\frac{\partial}{\partial x}\psi^*-\psi^*\frac{\partial}{\partial x}\psi\right)\end{aligned}$$

定义

$$j=\frac{i\hbar}{2m}\left(\psi\frac{\partial}{\partial x}\psi^*-\psi^*\frac{\partial}{\partial x}\psi\right)\tag{2.20}$$

为(相对)概率流密度，那么上式等价于

$$\frac{\partial}{\partial t}w+\frac{\partial}{\partial x}j=0\tag{2.21}$$

这代表概率密度的守恒：空间某一处的概率密度变化一定要由它周边位置概率密度的相反变化所补偿，而这种此消彼长的变化正好对应于概率密度的流动。

对于三维情况，有

$$\boldsymbol{j}=\frac{i\hbar}{2m}(\psi\nabla\psi^*-\psi^*\nabla\psi)\tag{2.22}$$

和

$$\frac{\partial}{\partial t}w + \nabla\cdot \boldsymbol{j} = 0 \tag{2.23}$$

将(2.23)式对全空间积分，可以证明当波函数本身平方可积时，$\nabla\cdot\boldsymbol{j}$ 对全空间的积分一定是零。这意味着薛定谔方程保持 w 在全空间的积分不随时间变化，这正是概率守恒所要求的。

4. 薛定谔方程与最小作用量原理[①]

回顾第 1 章，在经典力学中，牛顿第二定律等价于最小作用量原理，而最小作用量原理存在一个概念上的问题——质点如何提前知道哪条路径具有最小的作用量。为了解决这个问题，我们引入了物质波，从而通过波的叠加来解释最小作用量原理：对于宏观质点来说，给定运动曲线的起点 A 和终点 B，它实际上是通过波传播的方式走过了所有可能的路径，由于波的叠加特性，只有满足最小作用量原理的路径才会与其周围的路径形成相长干涉。

这一原理由第 1 章(1.14)式描述，即

$$u_B \sim \sum_C \mathrm{e}^{\frac{\mathrm{i}}{\hbar}S[C]} \tag{2.24}$$

这里说明从这一原理出发，可以导出薛定谔方程。

我们从图 1.7 出发，已知粒子运动的起点 A 和终点 B，考虑其运动其实是物质波的传播，也即波函数随时间的演化。如图 1.7 所示，我们把 A，B 之间的时间段平均分割成一个个离散的时刻 $t_0, t_1, \cdots, t_N$，并且假设相邻的时刻差 Δt 是一个趋于零的小量。

从一个时刻 t_n 到下一时刻 t_{n+1}，波函数传播了 Δt 的时间，从 $\psi(x, t_n)$ 演化为 $\psi(x, t_{n+1})$。根据惠更斯原理，t_n 时刻空间中任意一点的波函数都应该作为一个次级波源，将“振动”传播到下一时刻 t_{n+1} 空间中的所有点；反过来，t_{n+1} 时刻空间中任意一点的波函数也都是由 t_n 时刻空间中所有点的“振动”传播过来并且线性叠加的结果。用数学语言表达这一过程，即

$$\psi(x_{n+1}, t_{n+1}) = \int K(x_{n+1}, x_n, \Delta t)\psi(x_n, t_n)\mathrm{d}x_n \tag{2.25}$$

其中 $K(x_{n+1}, x_n, \Delta t)$ 代表了 t_n 时刻 x_n 处物质波的复振幅(即波函数)对 t_{n+1} 时刻 x_{n+1} 处复振幅的贡献。直观上看，从每个时刻到下一个时刻，相当于经历了一次“多缝干涉”(从挡板到屏幕的传播过程)，而波函数的整个演化过程相当于无数个这样的“多缝干涉”级联的效果，只不过这个干涉是发生在 t-x 平面上，而不像之前介绍的电子双缝干涉是发生在 x-y 平面内。

由于运动曲线的起点为 A，即已知 t_0 时刻粒子位于 x_0 点，或者说

$$\psi(x, t_0) = \delta(x - x_0) \tag{2.26}$$

把这一初值条件代入(2.25)式中，可以逐步推演出 $t_1, t_2, \cdots, t_N$ 时刻的波函数：

$$\psi(x_1, t_1) = \int K(x_1, x, \Delta t)\psi(x, t_0)\mathrm{d}x = \int K(x_1, x, \Delta t)\delta(x - x_0)\mathrm{d}x = K(x_1, x_0, \Delta t)$$

$$\psi(x_2, t_2) = \int K(x_2, x_1, \Delta t)\psi(x_1, t_1)\mathrm{d}x_1 = \int K(x_2, x_1, \Delta t)K(x_1, x_0, \Delta t)\mathrm{d}x_1$$

…

① 这一部分内容可以只作为阅读材料。

$$\psi(x_N,t_N)=\int K(x_N,x_{N-1},\Delta t)\cdots K(x_2,x_1,\Delta t)K(x_1,x_0,\Delta t)\mathrm{d}x_{N-1}\cdots\mathrm{d}x_2\mathrm{d}x_1 \tag{2.27}$$

注意到(2.27)式对所有的中间时刻的位置 $x_1,x_2,\cdots,x_{N-1}$ 积分，相当于在固定初始时刻位置为 x_0、终止时刻位置为 x_N 的前提下，遍历了 t-x 平面内所有可能的路径并求和，这正是(2.24)式的求和号所代表的含义，或者说

$$\int \mathrm{d}x_{N-1}\cdots\mathrm{d}x_2\mathrm{d}x_1 \sim \sum_C$$

从而对比(2.27)式和(2.24)式，有

$$\mathrm{e}^{\frac{\mathrm{i}}{\hbar}S[C]} \sim K(x_N,x_{N-1},\Delta t)\cdots K(x_2,x_1,\Delta t)K(x_1,x_0,\Delta t) \tag{2.28}$$

其中路径 C 由点(t_0,x_0)，(t_1,x_1)，$\cdots$，(t_N,x_N)连接而成。而由第1章的(1.8)式，有

$$\mathrm{e}^{\frac{\mathrm{i}}{\hbar}S[C]}=\mathrm{e}^{\frac{\mathrm{i}}{\hbar}\Delta t\sum\limits_{n=0}^{N-1}\left(\frac{\frac{1}{2}m(x_{n+1}-x_n)^2}{(\Delta t)^2}-V(x_n)\right)}=\prod_{n=1}^{N-1}\mathrm{e}^{-\frac{\mathrm{i}}{\hbar}\left(V(x_n)\Delta t-\frac{1}{2}m(x_{n+1}-x_n)^2/\Delta t\right)} \tag{2.29}$$

与(2.28)式对比，有

$$K(x_{n+1},x_n,\Delta t)\sim \mathrm{e}^{-\frac{\mathrm{i}}{\hbar}V(x_n)\Delta t}\mathrm{e}^{\frac{\mathrm{i}}{\hbar}\left(\frac{1}{2}m\frac{(\Delta x)^2}{\Delta t}\right)} \tag{2.30}$$

其中 $\Delta x=x_{n+1}-x_n$。代入(2.25)式，有

$$\psi(x_{n+1},t_{n+1})\sim\int \mathrm{e}^{-\frac{\mathrm{i}}{\hbar}V(x_n)\Delta t}\mathrm{e}^{\frac{\mathrm{i}}{\hbar}\left(\frac{1}{2}m\frac{(\Delta x)^2}{\Delta t}\right)}\psi(x_n,t_n)\mathrm{d}x_n$$

由于 Δt 很小，只有当 Δx 很小时，$\mathrm{e}^{\frac{\mathrm{i}}{\hbar}\left(\frac{1}{2}m\frac{(\Delta x)^2}{\Delta t}\right)}$ 才能避免相位因子的快速震荡从而互相抵消，所以上式实际上是在 x_{n+1}附近的一个小区间内对 x_n 积分，从而可以认为 $V(x_n)$等于常数 $V(x_{n+1})$而提到积分号外面，并且将积分变量等价地写成 Δx，即

$$\psi(x_{n+1},t_{n+1})\sim \mathrm{e}^{-\frac{\mathrm{i}}{\hbar}V(x_{n+1})\Delta t}\int \mathrm{e}^{\frac{\mathrm{i}}{\hbar}\left(\frac{1}{2}m\frac{(\Delta x)^2}{\Delta t}\right)}\psi(x_{n+1}-\Delta x,t_n)\mathrm{d}\Delta x \tag{2.31}$$

由于 Δx 很小，可以对 $\psi(x_{n+1}-\Delta x,t_n)$作泰勒展开并保留到二阶项，即

$$\psi(x_{n+1}-\Delta x,t_n)=\psi(x_{n+1},t_n)-\psi'(x_{n+1},t_n)\Delta x+\frac{1}{2}\psi''(x_{n+1},t_n)(\Delta x)^2$$

代入到(2.31)式的积分中，有

$$\begin{aligned}\psi(x_{n+1},t_{n+1})&\sim\left(\mathrm{e}^{-\frac{\mathrm{i}}{\hbar}V(x_{n+1})\Delta t}\int \mathrm{e}^{\frac{\mathrm{i}}{\hbar}\left(\frac{1}{2}m\frac{(\Delta x)^2}{\Delta t}\right)}\mathrm{d}\Delta x\right)\psi(x_{n+1},t_n)\\&\quad+\frac{1}{2}\left(\mathrm{e}^{-\frac{\mathrm{i}}{\hbar}V(x_{n+1})\Delta t}\int(\Delta x)^2\mathrm{e}^{\frac{\mathrm{i}}{\hbar}\left(\frac{1}{2}m\frac{(\Delta x)^2}{\Delta t}\right)}\mathrm{d}\Delta x\right)\psi''(x_{n+1},t_n)\\&\sim \mathrm{e}^{-\frac{\mathrm{i}}{\hbar}V(x_{n+1})\Delta t}\left(1+\frac{\mathrm{i}\Delta t}{\hbar}\frac{\hbar^2}{2m}\frac{\partial^2}{\partial x^2}\right)\psi(x_{n+1},t_n)\\&\sim\left(1-\frac{\mathrm{i}\Delta t}{\hbar}V(x_{n+1})+\frac{\mathrm{i}\Delta t}{\hbar}\frac{\hbar^2}{2m}\frac{\partial^2}{\partial x^2}\right)\psi(x_{n+1},t_n)\end{aligned}$$

其中泰勒展开的一阶项由于是 Δx 的奇函数从而积分为零。由于当 $\Delta t=0$ 时，$\psi(x_{n+1},t_{n+1})$应等于 $\psi(x_{n+1},t_n)$，上式的最左边应该等于最右边从而确保这一关系，即

$$\psi(x_{n+1},t_{n+1})=\left(1-\frac{\mathrm{i}\Delta t}{\hbar}V(x_{n+1})+\frac{\mathrm{i}\Delta t}{\hbar}\frac{\hbar^2}{2m}\frac{\partial^2}{\partial x^2}\right)\psi(x_{n+1},t_n) \tag{2.32}$$

当 $\Delta t\to 0$ 时，差分变成微分，就得到了薛定谔方程(参见(2.13)式)。

通过上述推导，我们看到，薛定谔方程是引入物质波解释最小作用量原理的必然要求，它与物质波版本的惠更斯原理(即费曼路径积分)是一致的。

2.2　力学量与算符

2.2.1　力学量

物理是一门实验科学，物理理论不管其背后的假设多么抽象，最终还是要与人们能够观测到的物理量联系起来，从而描述和预测实验现象。2.1 节提到粒子的波函数代表了其量子状态，那么如果已知粒子的波函数，应该也可以从波函数得到各种力学量的取值。下面对于一些常见的力学量分别举例说明。

1. 位置

粒子的位置是最常见的力学量之一，对于一维情况，我们用 x 表示它。位置的取值蕴含在波函数的定义中：假设一个粒子的量子状态由波函数 $\psi(x)$表示，那么粒子出现在 x 处的相对概率密度为$|\psi(x)|^2$；如果波函数 $\psi(x)$可以归一化，那么粒子出现在 x 处的绝对概率密度为$\rho(x) = |\psi(x)|^2/\int|\psi(x)|^2 \mathrm{d}x$；并且位置的期望值为

$$\langle x\rangle = \int x\rho(x)\mathrm{d}x = \frac{\int \psi^*(x)x\psi(x)\mathrm{d}x}{\int \psi^*(x)\psi(x)\mathrm{d}x} \tag{2.33}$$

对于位置的任意函数 $f(x)$（例如势能函数 $V(x)$），根据概率论与数理统计的知识[18]，可以把位置看作一个随机变量，把 $f(x)$看作这个随机变量的函数，从而得到其概率分布，并且可以得到其期望值为

$$\langle f(x)\rangle = \frac{\int \psi^*(x)f(x)\psi(x)\mathrm{d}x}{\int \psi^*(x)\psi(x)\mathrm{d}x} \tag{2.34}$$

但是需要注意的是，正如在 2.1 节中提到的，存在一些特殊的波函数，并不能用通常的方式归一化。这里我们以 δ 函数为例进行说明。如果一个粒子的波函数是 $\delta(x-x_0)$，那么该粒子具有确定的位置 x_0，其位置期望值也一定是 x_0。但是如果利用(2.33)式计算，会得到

$$\langle x\rangle = \frac{\int \delta(x-x_0)x\delta(x-x_0)\mathrm{d}x}{\int \delta(x-x_0)\delta(x-x_0)\mathrm{d}x} = x_0\frac{\int \delta(x-x_0)\delta(x-x_0)\mathrm{d}x}{\int \delta(x-x_0)\delta(x-x_0)\mathrm{d}x} \tag{2.35}$$

这样的形式，从而分子、分母都是无穷大。但是如果把 δ 函数看成实际波函数的极限（例如高斯函数在宽度趋于零且积分保持不变条件下的极限），那么在取极限的意义下，我们可以利用洛必达法则，得到$\langle x\rangle = x_0$，从而与 δ 函数的定义一致。

与平面波的归一化类似，δ 函数满足如下的归一化关系：

$$\int_{-\infty}^{+\infty} \delta^*(x-x_1)\delta(x-x_2)\mathrm{d}x = \delta(x_1-x_2) \tag{2.36}$$

这意味着可以方便地把任意波函数用 δ 函数展开：

$$\psi(x) = \int_{-\infty}^{+\infty} \psi(x_0)\delta(x - x_0)\mathrm{d}x_0 \tag{2.37}$$

2. 动量

如果已知一个粒子的波函数为 $\psi(x)$，那么如何得知它的动量取值呢？这需要借用 2.1 节介绍的平面波展开，由于任意波函数一定可以写成(2.7)式的叠加形式，同时根据态叠加原理，(2.7)式意味着粒子有 $|c(p)|^2$ 的相对概率密度处于状态 $\psi_p(x)$，又由于处于状态 $\psi_p(x)$ 的粒子具有确定的动量 p，我们最终得知：波函数为 $\psi(x)$ 的粒子具有动量 p 的相对概率密度为 $|c(p)|^2$，绝对概率密度为

$$\rho(p) = \frac{|c(p)|^2}{\int |c(p)|^2 \mathrm{d}p} \tag{2.38}$$

并且动量的期望值为

$$\langle p \rangle = \int p\rho(p)\mathrm{d}p = \frac{\int c^*(p) p c(p)\mathrm{d}p}{\int c^*(p)c(p)\mathrm{d}p} \tag{2.39}$$

对于动量的任意函数 $f(p)$ $\left(\text{例如动能 } T = \frac{p^2}{2m}\right)$，把动量看作一个随机变量，把 $f(p)$ 看作这个随机变量的函数，从而得到其概率分布，并且期望值为

$$\langle f(p) \rangle = \frac{\int c^*(p) f(p) c(p)\mathrm{d}p}{\int c^*(p)c(p)\mathrm{d}p} \tag{2.40}$$

与位置的情况类似，对于一些特殊的波函数，(2.40)式也要在取极限的意义下进行计算。这里我们以平面波为例进行说明。如果一个粒子的波函数是平面波 $\psi_{p_0}(x) = \frac{1}{\sqrt{2\pi\hbar}}\mathrm{e}^{\frac{\mathrm{i}}{\hbar}p_0 x}$，那么这个粒子具有确定的动量 p_0，从而其动量期望值一定也是 p_0。根据(2.8)式，$\psi_{p_0}(x)$ 的平面波展开系数为 $c_{p_0}(p) = \delta(p - p_0)$，如果代入(2.39)式，有

$$\langle p \rangle = \frac{\int \delta(p - p_0) p \delta(p - p_0)\mathrm{d}p}{\int \delta(p - p_0)\delta(p - p_0)\mathrm{d}p} = p_0 \frac{\int \delta(p - p_0)\delta(p - p_0)\mathrm{d}p}{\int \delta(p - p_0)\delta(p - p_0)\mathrm{d}p} \tag{2.41}$$

从而分子、分母都是无穷大。但是我们知道平面波可以看作实际波函数(例如 3.1 节的波包)的极限，从而在取极限的意义下，我们可以用洛必达法则，得到(2.41)式的取值为 p_0。

3. 位置与动量的二元函数

对于位置、动量以及它们的一元函数，我们知道如何从波函数得到它们的概率分布和期望值；但是对于位置与动量的二元函数，例如角动量

$$\boldsymbol{L} = \boldsymbol{r} \times \boldsymbol{p} \tag{2.42}$$

以及能量

$$E = \frac{p^2}{2m} + V(\boldsymbol{r}) \tag{2.43}$$

如何从波函数得到这些力学量的概率分布呢？

波函数在某一点 x 的取值只告诉我们粒子位于这一点附近的概率密度，并不会告诉我

们粒子在位于这一点的前提下具有动量 p 的概率密度，因为 $c(p)$的确定需要波函数在全空间的取值(参见(2.8)式)；同理，波函数的平面波展开系数 $c(p)$只告诉我们粒子具有动量 p 的概率密度，并没有告诉我们粒子位于位置 x 的概率密度，因为 $c(p)$是对波函数在全空间的取值进行积分得到的。

用概率论的语言来说，波函数并没有告诉我们如何得到粒子具有位置 x 和动量 p 的联合概率密度，从而无法使用二元随机变量的方法处理这些二元力学量。从更深层的原因来说，这是因为不确定性原理不允许 x 和 p 同时具有确定的取值，所以粒子具有确定的位置 x 并且同时具有确定的动量 p 这个事件在量子物理中根本不会发生，其概率密度更无从谈起！

为了处理这些力学量，我们需要引入算符的概念。

2.2.2　算符

1. 算符的定义

算符(operator)可以理解为作用在函数上的一种操作，经过这个操作，一个函数被变换为另外一个函数。例如“把任意函数与实数 a 相乘”这个操作可以看作一个算符，“对任意函数求导”可以看作一个算符，“把任意函数取平方”也可以看作一个算符。

我们用记号 $\hat{F}$ 表示算符，用 u 表示函数，用 $\hat{F}u$ 表示算符 $\hat{F}$ 作用在函数 u 上得到的新函数。

2. 线性算符

如果一个算符 $\hat{F}$ 满足条件：对任意的函数 u_1，u_2 和常数 c_1，c_2，都有

$$\hat{F}(c_1u_1 + c_2u_2) = c_1\hat{F}u_1 + c_2\hat{F}u_2 \tag{2.44}$$

那么称这个算符为线性算符。换句话说，线性算符能够保持函数之间的线性叠加关系。

例如算符“把任意函数与实数 a 相乘”是线性算符，“对任意函数求导”也是线性算符，“把任意函数取平方”则不是线性算符。

3. 算符的运算

我们可以把算符作为研究对象，定义它们之间的各种运算。

(1) 算符相等：如果两个算符作用在任意函数上的结果都是相同的，那么称这两个算符相等。用数学符号来表示为：如果 $\forall u$，都有 $\hat{F}_1u = \hat{F}_2u$，那么 $\hat{F}_1 = \hat{F}_2$。

(2) 两个算符求和(加法)：对于任意的两个算符 $\hat{F}_1$ 和 $\hat{F}_2$，定义一个新的算符 $\hat{F}$ 作为 $\hat{F}_1$ 和 $\hat{F}_2$ 的和，这个算符作用在任意函数 u 上的结果为 $\hat{F}_1$ 和 $\hat{F}_2$ 分别各自作用在 u 上的结果的和。用数学符号来表示为：定义 $\hat{F} = \hat{F}_1 + \hat{F}_2$，使得 $\forall u$，都有 $\hat{F}u = \hat{F}_1u + \hat{F}_2u$。

很容易验证，算符的加法满足交换律和结合律。

(3) 单位算符：把不做任何操作的算符称为单位算符 $\hat{I}$；用数学符号来表示为：定义 $\hat{I}$，使得 $\forall u$，都有 $\hat{I}u = u$。

(4) 两个算符的乘积：对于任意的两个算符 $\hat{F}_1$ 和 $\hat{F}_2$，定义一个新的算符 $\hat{F}$ 作为 $\hat{F}_1$ 和 $\hat{F}_2$ 的积，这个算符作用在任意函数 u 上的效果为先对 u 进行 $\hat{F}_2$ 操作，再对得到的结果进行 $\hat{F}_1$ 操作。用数学符号来表示为：定义 $\hat{F} = \hat{F}_1\hat{F}_2$，使得 $\forall u$，都有 $\hat{F}u = \hat{F}_1(\hat{F}_2u)$。

任意算符 $\hat{F}$ 与单位算符的乘法满足关系 $\hat{F}\hat{I} = \hat{I}\hat{F} = \hat{F}$。

需要注意的是，算符的乘法一般不满足交换律，即对于任意两个算符 $\hat{F}_1$ 和 $\hat{F}_2$，一般来说

$\hat{F}_1\hat{F}_2 \neq \hat{F}_2\hat{F}_1$。例如取算符$\hat{F}_1$为"把任意函数与实数 5 相乘"，$\hat{F}_2$为"把任意函数取平方"，那么$\hat{F}_1(\hat{F}_2 u) = 5u^2$，而$\hat{F}_2(\hat{F}_1 u) = 25u^2$，两者显然不相等。

由于算符的乘法不满足交换律，可以进一步定义两个算符的对易算符和反对易算符。具体来说，$\hat{F}_1$，$\hat{F}_2$ 的对易算符定义为$[\hat{F}_1, \hat{F}_2] \equiv \hat{F}_1\hat{F}_2 - \hat{F}_2\hat{F}_1$，$\hat{F}_1$，$\hat{F}_2$ 的反对易算符定义为$\{\hat{F}_1, \hat{F}_2\} \equiv \hat{F}_1\hat{F}_2 + \hat{F}_2\hat{F}_1$。如果两个算符的对易算符为零，那么称这两个算符对易，例如任意算符与单位算符总是对易的；如果两个算符的反对易算符为零，那么称这两个算符反对易，例如算符"把任意函数与实数 −1 相乘"与"把任意函数取模平方"就是反对易的。

(5) 逆算符：如果$\hat{F}_1\hat{F}_2 = \hat{I}$，那么可以证明 $\hat{F}_2\hat{F}_1 = \hat{I}$ 自动满足，称 $\hat{F}_1$ 和 $\hat{F}_2$ 互为逆算符，记 $\hat{F}_1^{-1} = \hat{F}_2$，$\hat{F}_2^{-1} = \hat{F}_1$。

4. 算符的本征值与本征函数

给定算符 $\hat{F}$，如果存在一个数 λ 和非恒为零的函数 $u_\lambda(x)$，满足

$$\hat{F}u_\lambda(x) = \lambda u_\lambda(x) \tag{2.45}$$

那么 λ 称为算符$\hat{F}$ 的本征值，$u_\lambda(x)$为算符 $\hat{F}$ 与本征值 λ 相对应的本征函数，而(2.45)式称为算符 $\hat{F}$ 的本征方程。

一般来说，本征值和本征函数不必是唯一的，一个算符可以有多个本征值，每个本征值也可以有多个对应的本征函数。例如对于"把任意函数取平方"这个算符，任意复数 c 都可以是它的本征值，对应的本征函数是恒为 c 的函数。

在量子物理中，我们主要关注线性算符。作为线性算符的一个例子，我们来考虑"求二阶导数"这个算符$\left(我们可以把它记作\frac{d^2}{dx^2}\right)$。任意正实数 λ 都可以是它的本征值(注意这并不是说它的本征值只能是正实数)，对应的本征函数满足方程$\frac{d^2}{dx^2}u_c(x) = \lambda u_c(x)$。解这个方程，可知任意形如 $u_c(x) = Ae^{\sqrt{\lambda}x} + Be^{-\sqrt{\lambda}x}$的函数(其中 A 和 B 是任意复数且不同时为零)都是它的本征函数。但是对于给定的 λ，这些本征函数互相之间并非线性无关的，而是都可以看作 $e^{\sqrt{\lambda}x}$和 $e^{-\sqrt{\lambda}x}$ 的线性组合，所以可以说对于每个正实数本征值 λ，算符$\frac{d^2}{dx^2}$有两个线性无关的(即独立的)本征函数。

大于或等于两个线性无关的本征函数对应于同一个本征值这件事叫作"简并"，此时称这个本征值是"简并的"，与之对应的线性无关的本征函数的最大个数叫作它的"简并度"。不存在"简并"的本征值，简并度为 1。

5. 算符与力学量

在量子物理中，对于任意的力学量，都可以找到某个线性算符与之对应。下面依然从位置和动量这两个基本力学量出发。

(1) 位置：与位置 x 对应的线性算符是"把波函数 $\psi(x)$ 与函数 $f(x) = x$ 相乘"，或者记作

$$\hat{x} = x \tag{2.46}$$

称为位置算符。位置算符 $\hat{x}$ 对任意波函数 $\psi(x)$的作用表达为

$$\hat{x}\psi(x) = x\psi(x) \tag{2.47}$$

注意到前面引入的 δ 函数$\delta(x - x_0)$不仅是位置具有确定取值 x_0 的状态，也是位置算符对应于本征值 x_0 的本征函数，因为 $\hat{x}\delta(x - x_0) = x\delta(x - x_0) = x_0\delta(x - x_0)$，满足(2.45)式的

定义。

利用 $\hat{x}$ 算符，我们可以把力学量 x 的期望值（参见(2.33)式）写成

$$\langle x\rangle = \frac{\int \psi^*(x)\hat{x}\psi(x)\mathrm{d}x}{\int \psi^*(x)\psi(x)\mathrm{d}x} \tag{2.48}$$

对于三维情况，位置 $\boldsymbol{r}$ 是一个矢量，可以分别考虑它的三个分量并且定义三个算符：$\hat{x}=x$，$\hat{y}=y$，$\hat{z}=z$，其中 $\hat{x}$ 表示对任意波函数乘以 x，$\hat{y}$ 表示对任意波函数乘以 y，$\hat{z}$ 表示对任意波函数乘以 z；或者直接定义力学量

$$\hat{\boldsymbol{r}} = \boldsymbol{r} = x\boldsymbol{e}_x + y\boldsymbol{e}_y + z\boldsymbol{e}_z \tag{2.49}$$

它作用到任意波函数 $\psi(\boldsymbol{r})$ 上，将得到一个矢量函数 $\boldsymbol{r}\psi(\boldsymbol{r})$，具有三个笛卡儿分量 $x\psi(\boldsymbol{r})$，$y\psi(\boldsymbol{r})$ 和 $z\psi(\boldsymbol{r})$。

(2) 动量：与动量 p 对应的线性算符是"把波函数对 x 求导，再乘以 $-\mathrm{i}\hbar$"，或者记作

$$\hat{p} = -\mathrm{i}\hbar\frac{\partial}{\partial x} \tag{2.50}$$

称为动量算符。动量算符 $\hat{p}$ 对任意波函数 $\psi(x)$ 的作用表达为

$$\hat{p}\psi(x) = -\mathrm{i}\hbar\frac{\partial}{\partial x}\psi(x) \tag{2.51}$$

注意到前面引入的平面波 $\psi_{p_0}(x)$ 不仅是动量具有确定取值 p_0 的状态，也是动量算符对应于本征值为 p_0 的本征函数，因为 $\hat{p}\psi_{p_0}(x) = -\mathrm{i}\hbar\frac{\partial}{\partial x}\left(\frac{1}{\sqrt{2\pi\hbar}}\mathrm{e}^{\frac{\mathrm{i}}{\hbar}p_0 x}\right) = p_0\psi_{p_0}(x)$。

利用 $\hat{p}$ 算符，我们可以把力学量 p 的期望值（参见(2.39)式）写成（利用傅里叶变换关系(2.7)式和(2.8)式）

$$\langle p\rangle = \frac{\int \psi^*(x)\hat{p}\psi(x)\mathrm{d}x}{\int \psi^*(x)\psi(x)\mathrm{d}x} = \frac{\int \psi^*(x)\left(-\mathrm{i}\hbar\frac{\partial}{\partial x}\right)\psi(x)\mathrm{d}x}{\int \psi^*(x)\psi(x)\mathrm{d}x} \tag{2.52}$$

对于三维情况，动量 $\boldsymbol{p}$ 是一个矢量，我们可以分别考虑它的三个分量并且定义三个算符：$\hat{p}_x = -\mathrm{i}\hbar\frac{\partial}{\partial x}$，$\hat{p}_y = -\mathrm{i}\hbar\frac{\partial}{\partial y}$，$\hat{p}_z = -\mathrm{i}\hbar\frac{\partial}{\partial z}$；或者直接写成

$$\hat{\boldsymbol{p}} = -\mathrm{i}\hbar\nabla = -\mathrm{i}\hbar\left(\frac{\partial}{\partial x}\boldsymbol{e}_x + \frac{\partial}{\partial y}\boldsymbol{e}_y + \frac{\partial}{\partial z}\boldsymbol{e}_z\right) \tag{2.53}$$

它表示位置算符 $\hat{\boldsymbol{p}}$ 作用到任意波函数 $\psi(\boldsymbol{r})$ 上，将得到一个矢量函数 $-\mathrm{i}\hbar\nabla\psi(\boldsymbol{r})$，具有三个笛卡儿分量 $-\mathrm{i}\hbar\frac{\partial}{\partial x}\psi(\boldsymbol{r})$，$-\mathrm{i}\hbar\frac{\partial}{\partial y}\psi(\boldsymbol{r})$ 和 $-\mathrm{i}\hbar\frac{\partial}{\partial z}\psi(\boldsymbol{r})$。

(3) 一般的力学量：现在考虑一般的力学量 F，并且假设它是位置和动量的函数。例如角动量在经典力学中定义为 $\boldsymbol{L}=\boldsymbol{r}\times\boldsymbol{p}$，将 $\boldsymbol{r}$ 和 $\boldsymbol{p}$ 替换为相应的算符形式，得到 $\boldsymbol{L}$ 对应的算符应为

$$\hat{\boldsymbol{L}} = \hat{L}_x\boldsymbol{e}_x + \hat{L}_y\boldsymbol{e}_y + \hat{L}_z\boldsymbol{e}_z \tag{2.54}$$

其中

$$\hat{L}_x = \hat{y}\hat{p}_z - \hat{z}\hat{p}_y,\quad \hat{L}_y = \hat{z}\hat{p}_x - \hat{x}\hat{p}_z,\quad \hat{L}_z = \hat{x}\hat{p}_y - \hat{y}\hat{p}_x \tag{2.55}$$

与角动量矢量的模平方对应的算符也是一个常用的算符，它的定义为

$$\hat{L}^2 = \hat{L}_x\hat{L}_x + \hat{L}_y\hat{L}_y + \hat{L}_z\hat{L}_z \tag{2.56}$$

类比前面关于位置算符和动量算符的讨论，量子物理关于一般的力学量 F 有如下假设：如果某个波函数 $\psi_n(x)$ 是力学量 F 对应的算符 $\hat{F}$ 的本征函数，其本征值为 F_n，那么这个波函数代表力学量 F 具有确定取值 F_n 的量子状态。

对于任意的波函数 $\psi(x)$，如何提取力学量 F 的概率分布呢？我们可以利用态叠加原理，把它写成算符 $\hat{F}$ 的本征函数的线性叠加，即

$$\psi(x) = \sum_n c_n \psi_n(x) \tag{2.57}$$

并且保证 $\{\psi_n(x)\}$ 中的每个元素都是归一化的波函数，且其中任意两个元素线性无关。由于展开系数的模平方 $|c_n|^2$ 就对应于粒子处于波函数 $\psi_n(x)$ 所代表状态的（相对）概率，因此它也对应于力学量取值为 F_n 的（相对）概率（后面我们再讨论具体怎么计算这些展开系数）。对所有的取值进行加权平均，就得到了力学量 F 的期望值：

$$\langle F \rangle = \frac{\sum_n |c_n|^2 F_n}{\sum_n |c_n|^2} \tag{2.58}$$

由于力学量与算符之间的对应关系，后面提到力学量 F 时，往往直接采用它的算符记号 $\hat{F}$。

6. 算符的对易关系

我们来计算一下位置和动量的对易算符 $[\hat{x}, \hat{p}]$。把它作用在任意波函数 $\psi(x)$ 上，有

$$\begin{aligned}[\hat{x}, \hat{p}]\psi(x) &= \hat{x}\hat{p}\psi(x) - \hat{p}\hat{x}\psi(x) \\ &= x\left(-\mathrm{i}\hbar \frac{\partial}{\partial x}\right)\psi(x) - \left(-\mathrm{i}\hbar \frac{\partial}{\partial x}\right)[x\psi(x)] = \mathrm{i}\hbar\psi(x)\end{aligned}$$

从而

$$[\hat{x}, \hat{p}] = \mathrm{i}\hbar \tag{2.59}$$

类似地，对于三维情况有

$$\begin{aligned} &[\hat{x}, \hat{p}_x] = [\hat{y}, \hat{p}_y] = [\hat{z}, \hat{p}_z] = \mathrm{i}\hbar \\ &[\hat{x}, \hat{p}_y] = [\hat{x}, \hat{p}_z] = [\hat{y}, \hat{p}_x] = [\hat{y}, \hat{p}_z] = [\hat{z}, \hat{p}_x] = [\hat{z}, \hat{p}_y] = 0 \\ &[\hat{x}, \hat{y}] = [\hat{y}, \hat{z}] = [\hat{z}, \hat{x}] = [\hat{p}_x, \hat{p}_y] = [\hat{p}_y, \hat{p}_z] = [\hat{p}_z, \hat{p}_x] = 0 \end{aligned} \tag{2.60}$$

上述位置和动量的对易关系是量子力学的基本对易关系。从它们出发，可以导出其他算符之间的对易关系。例如根据角动量算符的定义(2.55)式和(2.56)式，并结合(2.60)式，可以得到

$$[\hat{L}_x, \hat{L}_y] = \mathrm{i}\hbar \hat{L}_z, \quad [\hat{L}_y, \hat{L}_z] = \mathrm{i}\hbar \hat{L}_x, \quad [\hat{L}_z, \hat{L}_x] = \mathrm{i}\hbar \hat{L}_y \tag{2.61}$$

以及

$$[\hat{L}^2, \hat{L}_x] = [\hat{L}^2, \hat{L}_y] = [\hat{L}^2, \hat{L}_z] = 0 \tag{2.62}$$

7. 哈密顿算符与薛定谔方程

能量在经典力学中定义为 $E = \frac{\boldsymbol{p}^2}{2m} + V(\boldsymbol{r})$，将 $\boldsymbol{r}$ 和 $\boldsymbol{p}$ 替换为相应的算符形式，得到 E 对应的算符应为

$$\hat{H} = \frac{\hat{\boldsymbol{p}}^2}{2m} + V(\hat{\boldsymbol{r}}) = -\frac{\hbar^2}{2m}\nabla^2 + V(\boldsymbol{r}) \tag{2.63}$$

注意到这里没有把它记作 $\hat{E}$，而是按照通用的习惯，将其记作 $\hat{H}$，并称其为哈密顿算符；从而能量 E 也可以相应地改称为哈密顿量 H。回顾(2.14)式，我们发现薛定谔方程其实可以写为

$$\mathrm{i}\hbar\frac{\partial}{\partial t}\psi(\boldsymbol{r},t)=\hat{H}\psi(\boldsymbol{r},t) \tag{2.64}$$

或者可以等价地认为

$$\hat{H}=\mathrm{i}\hbar\frac{\partial}{\partial t} \tag{2.65}$$

所以薛定谔方程相当于告诉我们，哈密顿算符既是与能量对应的算符（参见(2.63)式），又是与时间演化相关的算符（参见(2.65)式）。

2.3 酉空间

2.1 节介绍了波函数的概念，而态叠加原理告诉我们波函数是可以作线性叠加的。注意到线性代数[19]是描述线性叠加关系的数学语言，因而是否可以用线性代数的语言对量子力学进行描述呢？接下来的两节将详细讨论这一描述，并且我们会发现在线性代数的语言下，量子力学的规律变得简洁而明晰。

在线性代数中，我们接触到了线性空间、欧氏空间等概念，这里我们一边回顾相关概念，一边引入描述量子力学所需的酉空间概念。

2.3.1 线性空间

如果对一个集合 $U=\{\boldsymbol{u}\}$ 中的元素定义了加法与数乘（假设“数”的取值范围记为集合 C）两种运算，并且这些运算之间满足下述关系：

(1) 加法和数乘运算封闭，用符号表示：对于任意的 $\boldsymbol{u},\boldsymbol{v}\in U$，有 $\boldsymbol{u}+\boldsymbol{v}\in U$，对于任意的 $\boldsymbol{u}\in U$ 以及 $c\in C$，有 $c\boldsymbol{u}=\boldsymbol{u}c\in U$（我们允许数乘有 $c\boldsymbol{u}$ 和 $\boldsymbol{u}c$ 两种等价的写法）；

(2) 元素加法满足交换律和结合律，即 $\boldsymbol{u}+\boldsymbol{v}=\boldsymbol{v}+\boldsymbol{u}$ 以及 $(\boldsymbol{u}+\boldsymbol{v})+\boldsymbol{w}=\boldsymbol{u}+(\boldsymbol{v}+\boldsymbol{w})$；

(3) 对于加法运算，有零元素（记为 $\boldsymbol{0}$），它满足对所有的 $\boldsymbol{u}$，有 $\boldsymbol{u}+\boldsymbol{0}=\boldsymbol{u}$；

(4) 任意元素 $\boldsymbol{u}$ 存在逆元素 $-\boldsymbol{u}$，满足 $\boldsymbol{u}+(-\boldsymbol{u})=\boldsymbol{0}$；

(5) 数乘满足结合律：$(c_1c_2)\boldsymbol{u}=c_1(c_2\boldsymbol{u})$；

(6) 数乘和加法满足分配律：$(c_1+c_2)\boldsymbol{u}=c_1\boldsymbol{u}+c_2\boldsymbol{u}$，$c(\boldsymbol{u}_1+\boldsymbol{u}_2)=c\boldsymbol{u}_1+c\boldsymbol{u}_2$；

(7) 任意矢量数乘 1 总是得到自己，即 $1\boldsymbol{u}=\boldsymbol{u}$，

那么这个集合称为数集 C 上的线性空间（或者矢量空间、向量空间），记作 L；而这个集合中任意的元素 $\boldsymbol{u}$ 称为矢量或者向量。

线性空间对于线性叠加满足封闭性，并且其中的矢量可以像我们熟悉的数一样进行加减运算（减法 $\boldsymbol{u}-\boldsymbol{v}$ 可定义为 $\boldsymbol{u}+(-\boldsymbol{v})$）。线性空间的例子很多，例如空间中的位置矢量，在矢量的加法和数乘意义下是（实数集上的）线性空间；所有的多项式函数也构成一个线性空间；等等。

对于任意给定的线性空间 L，都可以建立一组基矢（称这组基矢为基组），使得这组基矢本身是线性无关的（即这组基矢中的任意一个都不能写成其他基矢线性叠加的形式），但是空间中所有的矢量都可以写成它们线性叠加的形式；或者说，基组是能够线性展开空间中所

有矢量的最小集合。

具体来说，可以这样构建基组 U：首先，从 L 中任意挑选一个非零矢量 $\boldsymbol{u}_1$，放到 U 中，即让 $U=\{\boldsymbol{u}_1\}$；然后，再从 L 中随机挑选第二个非零元素 $\boldsymbol{u}_2$ 并且判断，如果 $\boldsymbol{u}_2$ 能够写成 $\boldsymbol{u}_1$ 的线性组合的形式，即 $\exists c_1$ 使得 $\boldsymbol{u}_2=c_1\boldsymbol{u}_1$，那么把它扔掉重新随机挑选，直到选出的 $\boldsymbol{u}_2$ 不能写成 $\boldsymbol{u}_1$ 的线性组合的形式为止，即 $\forall c_1, \boldsymbol{u}_2\neq c_1\boldsymbol{u}_1$，把这样的 $\boldsymbol{u}_2$ 放入 U 中，即让 $U=\{\boldsymbol{u}_1,\boldsymbol{u}_2\}$；接着，再去挑选第三个非零元素 $\boldsymbol{u}_3$ 并且判断，如果 $\boldsymbol{u}_3$ 能够写成 $\boldsymbol{u}_1$ 和 $\boldsymbol{u}_2$ 的线性组合的形式，即 $\exists c_1, c_2$ 使得 $\boldsymbol{u}_3=c_1\boldsymbol{u}_1+c_2\boldsymbol{u}_2$，那么把它扔掉重新随机挑选，直到选出的 $\boldsymbol{u}_3$ 不能写成 $\boldsymbol{u}_1$ 和 $\boldsymbol{u}_2$ 的线性组合的形式为止，即 $\forall c_1, c_2, \boldsymbol{u}_3\neq c_1\boldsymbol{u}_1+c_2\boldsymbol{u}_2$，把这样的 $\boldsymbol{u}_3$ 放入 U 中，即让 $U=\{\boldsymbol{u}_1,\boldsymbol{u}_2,\boldsymbol{u}_3\}$。一直不停地这样做下去，会发现最终当穷尽了 L 中所有的元素时，可以得到一个完整的集合 $U=\{\boldsymbol{u}_1,\boldsymbol{u}_2,\cdots,\boldsymbol{u}_N\}$。集合 U 就是 L 的一组基矢，称为 L 的基；并且 L 中的任意一个元素 $\boldsymbol{u}$ 都可以写成这组基矢的线性叠加，即 $\boldsymbol{u}=\sum\limits_{n=1}^{N}c_n\boldsymbol{u}_n$。

由于从 L 得到 U 的过程经过了大量的随机选取，因此对于给定的线性空间 L 来说，基组的选取不是唯一的。只要得到的 U 中所有元素都是线性无关的，并且 L 中所有的元素都可以表示成 U 中元素的线性组合，就认为 U 是 L 的一组基矢，或者说一个基组。如果 U 的元素个数是有限的，那么称 L 为有限维空间(否则称为无限维空间)。对于有限维空间来说，任意两组不同的基矢一定具有相同的元素个数，这个共同的元素个数就是线性空间 L 的维度。

2.3.2 欧氏空间

如果一个线性空间，数乘所采用的“数”的集合为实数集，并且矢量之间定义了合理的内积，那么它就可以称为欧氏空间。内积是两个矢量之间的运算，在欧氏空间中，任意两个矢量 $\boldsymbol{u}$ 和 $\boldsymbol{v}$ 内积的结果总是一个实数，用符号 $(\boldsymbol{u},\boldsymbol{v})$ 表示。“合理”的含义是指内积要满足对称、线性和正定三个要求，即：

(1) $(\boldsymbol{u},\boldsymbol{v})=(\boldsymbol{v},\boldsymbol{u})$；

(2) $(\boldsymbol{u},c_1\boldsymbol{v}_1+c_2\boldsymbol{v}_2)=c_1(\boldsymbol{u},\boldsymbol{v}_1)+c_2(\boldsymbol{u},\boldsymbol{v}_2)$，从而 $(c_1\boldsymbol{u}_1+c_2\boldsymbol{u}_2,\boldsymbol{v})=c_1(\boldsymbol{u}_1,\boldsymbol{v})+c_1(\boldsymbol{u}_2,\boldsymbol{v})$；

(3) $(\boldsymbol{u},\boldsymbol{u})\geqslant 0$，其中等号仅对 $\boldsymbol{u}=\boldsymbol{0}$ 成立。

有了内积，就可以定义矢量的模长为 $|\boldsymbol{u}|=\sqrt{(\boldsymbol{u},\boldsymbol{u})}$，并且可以进一步定义两个矢量 $\boldsymbol{u}$，$\boldsymbol{v}$ 的夹角余弦为 $\cos\theta=(\boldsymbol{u},\boldsymbol{v})/(|\boldsymbol{u}||\boldsymbol{v}|)$，以及两个矢量正交的条件为 $(\boldsymbol{u},\boldsymbol{v})=0$。这些定义给抽象的线性空间赋予了几何意义。我们所生活的空间就是一个三维的欧氏空间。

2.3.3 酉空间的概念

我们记得量子物理中概率幅是一个复数，从而线性叠加是允许复系数的。为了描述这种复系数的线性叠加，同时继承欧氏空间明晰的几何意义，需要将欧氏空间推广为酉空间。具体来说，允许矢量的数乘运算所采用的“数”为复数，并且在这种情况下，将欧氏空间的内积概念“合理”推广。“合理”的含义依然是对称、线性和正定三个要求，只不过为了与复系数线性叠加兼容，需要作一些修正，具体如下：

(1) $(\boldsymbol{u},\boldsymbol{v})=(\boldsymbol{v},\boldsymbol{u})^*$，注意在欧氏空间中，内积要求是实数，而在酉空间中，内积可以是复数；并且交换两个矢量的次序，内积需要作复共轭，这样要求的好处是使得任意矢量 $\boldsymbol{u}$ 和自己的内积 $(\boldsymbol{u},\boldsymbol{u})$ 总是实数；

(2) $(\boldsymbol{u},c_1\boldsymbol{v}_1+c_2\boldsymbol{v}_2)=c_1(\boldsymbol{u},\boldsymbol{v}_1)+c_2(\boldsymbol{u},\boldsymbol{v}_2)$，从而 $(c_1\boldsymbol{u}_1+c_2\boldsymbol{u}_2,\boldsymbol{v})=c_1^*(\boldsymbol{u}_1,\boldsymbol{v})+c_2^*(\boldsymbol{u}_2,\boldsymbol{v})$，即内积能够保持线性叠加关系；

(3) $(\boldsymbol{u},\boldsymbol{u})\geqslant 0$，其中等号仅对 $\boldsymbol{u}=\boldsymbol{0}$ 成立，这一要求不变，

这种定义了内积运算的复数集上的线性空间称为酉空间。与欧氏空间类似，酉空间中任意矢量的模长为 $|\boldsymbol{u}|=\sqrt{(\boldsymbol{u},\boldsymbol{u})}$，两个矢量正交的条件为 $(\boldsymbol{u},\boldsymbol{v})=0$。注意后面的讨论都是基于酉空间开展的。

2.3.4　正交归一基组

为了方便描述，从这里开始假设空间的维度是有限的；当空间维度无限时，结果也是类似的。前面讨论了如何从给定的线性空间中选出一组基矢 U，这对于酉空间显然也是成立的。如果 U 中每个元素的模长都是 1，而且其中任意两个元素都是正交的，那么 U 叫作正交归一基组。对于任意一组基矢 $U=\{\boldsymbol{u}_1,\boldsymbol{u}_2,\cdots,\boldsymbol{u}_N\}$，一定可以对它进行处理，使其转化为一组正交归一基组 $E=\{\boldsymbol{e}_1,\boldsymbol{e}_2,\cdots,\boldsymbol{e}_N\}$，这个过程叫作施密特正交化，具体步骤如下：

(1) 首先，取 U 中的第一个元素，将其归一化，即 $\boldsymbol{\beta}_1=\boldsymbol{u}_1,\boldsymbol{e}_1=\boldsymbol{\beta}_1/|\boldsymbol{\beta}_1|$。

(2) 接着，取 U 中的第二个元素，并且先将它在 $\boldsymbol{e}_1$ 方向的投影去除掉，然后再归一化，即 $\boldsymbol{\beta}_2=\boldsymbol{u}_2-(\boldsymbol{e}_1,\boldsymbol{u}_2)\boldsymbol{e}_1,\boldsymbol{e}_2=\boldsymbol{\beta}_2/|\boldsymbol{\beta}_2|$。

(3) 再取 U 中的第三个元素，并且先将它在 $\boldsymbol{e}_1$ 及 $\boldsymbol{e}_2$ 方向的投影去除掉，然后再归一化，即 $\boldsymbol{\beta}_3=\boldsymbol{u}_3-(\boldsymbol{e}_1,\boldsymbol{u}_3)\boldsymbol{e}_1-(\boldsymbol{e}_2,\boldsymbol{u}_3)\boldsymbol{e}_2,\boldsymbol{e}_3=\boldsymbol{\beta}_3/|\boldsymbol{\beta}_3|$。

依次类推，我们便从 $U=\{\boldsymbol{u}_1,\boldsymbol{u}_2,\cdots,\boldsymbol{u}_N\}$ 得到了 $E=\{\boldsymbol{e}_1,\boldsymbol{e}_2,\cdots,\boldsymbol{e}_N\}$，可以证明 E 中的元素互相之间是线性无关的，并且

$$(\boldsymbol{e}_m,\boldsymbol{e}_n)=\delta_{mn}\tag{2.66}$$

即 E 的确是一组正交归一基组。

为什么要关注正交归一基组呢？这是因为如果把任意矢量用这组基矢展开，那么会发现展开系数的求解非常简单。具体来说，就是把任意矢量 $\boldsymbol{u}$ 写成 $\boldsymbol{e}_1,\boldsymbol{e}_2,\cdots,\boldsymbol{e}_N$ 的线性叠加形式：

$$\boldsymbol{u}=\sum_{m=1}^{N}u_m\boldsymbol{e}_m\tag{2.67}$$

其中 u_m 是展开系数。用 $\boldsymbol{e}_n$ 与上式的左、右两边同时作内积，有

$$u_n=(\boldsymbol{e}_n,\boldsymbol{u})\tag{2.68}$$

这告诉我们如果想计算(2.67)式中基矢 $\boldsymbol{e}_n$ 对应的展开系数 u_n，只需要简单地将基矢 $\boldsymbol{e}_n$ 与待展开矢量 $\boldsymbol{u}$ 作内积就行了！

结合(2.67)式和(2.68)式，有

$$\boldsymbol{u}=\sum_{n=1}^{N}(\boldsymbol{e}_n,\boldsymbol{u})\boldsymbol{e}_n=\sum_{n=1}^{N}\boldsymbol{e}_n(\boldsymbol{e}_n,\boldsymbol{u})$$

注意上式第二个等号利用了数乘的两种等价写法。由于上式对所有的矢量 $\boldsymbol{u}$ 都成立，因此立即得到

$$\sum_{n=1}^{N} \boldsymbol{e}_n(\boldsymbol{e}_n, \quad) = 1 \tag{2.69}$$

这个等式与"$\{\boldsymbol{e}_1,\boldsymbol{e}_2,\cdots,\boldsymbol{e}_N\}$是正交归一完备基组"这个表述是等价的。由于任意的基组都可以通过施密特正交化转化为正交归一完备基组,此后再提到基组,都默认是正交归一完备的。

2.3.5 右矢与左矢

由于任意矢量都可以表达成基矢展开的形式(参见(2.67)式),因此一旦给定了基组$\{\boldsymbol{e}_1,\boldsymbol{e}_2,\cdots,\boldsymbol{e}_N\}$,任意矢量和它的展开系数集合是一一对应的,于是干脆可以把矢量记作它的展开系数组成的一个列矢量,即

$$|u\rangle = \begin{bmatrix} u_1 \\ u_2 \\ \vdots \\ u_N \end{bmatrix} \tag{2.70}$$

并且称$|u\rangle$为$\boldsymbol{u}$的右矢(列矢量)形式。

下面来看一下矢量的内积在基矢展开下应该怎么表达。考虑任意两个矢量$\boldsymbol{u}$和$\boldsymbol{v}$的内积,并且把它们都写成(2.67)式的形式,有

$$(\boldsymbol{u},\boldsymbol{v}) = \left(\sum_{n=1}^{N} u_n\boldsymbol{e}_n, \sum_{m=1}^{N} v_m\boldsymbol{e}_m\right)$$

利用内积的线性保持特性和基矢的正交归一特性,有

$$(\boldsymbol{u},\boldsymbol{v}) = \sum_{m,n=1}^{N} u_n^* v_m(\boldsymbol{e}_n,\boldsymbol{e}_m) = \sum_{m,n=1}^{N} u_n^* v_m \delta_{nm} = \sum_{n=1}^{N} u_n^* v_n$$

这告诉我们对任意矢量$\boldsymbol{u}$,如果定义与之对应的左矢(行矢量)

$$\langle u | = [u_1^* \quad u_2^* \quad \cdots \quad u_N^*] \tag{2.71}$$

那么矢量之间的内积就是左矢和右矢在线性代数规则下的乘法运算:

$$(\boldsymbol{u},\boldsymbol{v}) = [u_1^* \quad u_2^* \quad \cdots \quad u_N^*]\begin{bmatrix} v_1 \\ v_2 \\ \vdots \\ v_N \end{bmatrix} = \langle u | v\rangle \tag{2.72}$$

注意在上式中,我们用记号$\langle u|v\rangle$代表内积,这种记号体系称为狄拉克符号。

另外,需要特别注意的是与欧氏空间不同,$\boldsymbol{u}$的行矢量形式并不仅仅是展开系数按照行矢量方式罗列,而且还要作复共轭。或者说,左矢可以看作右矢的**共轭**转置。如果一个矢量$\boldsymbol{u}$是另外两个矢量$\boldsymbol{u}_1$和$\boldsymbol{u}_2$的线性叠加,即$\boldsymbol{u} = c_1\boldsymbol{u}_1 + c_2\boldsymbol{u}_2$,那么$\boldsymbol{u}$对应的右矢$|u\rangle$也是$|u_1\rangle$和$|u_2\rangle$的同样方式的线性叠加,即$|u\rangle = c_1|u_1\rangle + c_2|u_2\rangle$;而$u$对应的左矢$\langle u|$也是$\langle u_1|$和$\langle u_2|$的线性叠加,但是叠加的系数应该取复共轭,即$\langle u| = c_1^*\langle u_1| + c_2^*\langle u_2|$。利用右矢和左矢的定义,可以轻易证明这一点。

基矢本身也可以表达成左矢和右矢的形式。例如$\boldsymbol{e}_1$,如果用$\{\boldsymbol{e}_1,\boldsymbol{e}_2,\cdots,\boldsymbol{e}_N\}$去展开,那么展开系数中只有第一项为1,其余项均为零;再例如$\boldsymbol{e}_2$,如果用$\{\boldsymbol{e}_1,\boldsymbol{e}_2,\cdots,\boldsymbol{e}_N\}$去展开,那么展开系数中只有第二项为1,其余项均为零;以此类推。即

$$|e_1\rangle = \begin{bmatrix}1\\0\\\vdots\\0\end{bmatrix},\quad |e_2\rangle = \begin{bmatrix}0\\1\\\vdots\\0\end{bmatrix},\quad \cdots,\quad |e_N\rangle = \begin{bmatrix}0\\0\\\vdots\\1\end{bmatrix} \tag{2.73}$$

$$\langle e_1| = [1\ 0\ \cdots\ 0],\quad \langle e_2| = [0\ 1\ \cdots\ 0],\quad \cdots,\quad \langle e_N| = [0\ 0\ \cdots\ 1]$$

矢量的基矢展开表达式(参见(2.67)式)也可以写作右矢和左矢的形式：

$$\begin{aligned} |u\rangle &= \sum_{n=1}^{N} u_n |e_n\rangle = \sum_{n=1}^{N} |e_n\rangle u_n \\ \langle u| &= \sum_{n=1}^{N} u_n^* \langle e_n| = \sum_{n=1}^{N} \langle e_n| u_n^* \end{aligned} \tag{2.74}$$

其中

$$u_n = \langle e_n | u\rangle \tag{2.75}$$

(2.69)式可以重新写为

$$\sum_{n=1}^{N} |e_n\rangle\langle e_n| = 1 \tag{2.76}$$

它作用在任何右矢$|u\rangle$上，得到右矢$|u\rangle$自己：

$$\sum_{n=1}^{N} |e_n\rangle\langle e_n | u\rangle = \sum_{n=1}^{N} |e_n\rangle u_n = \sum_{n=1}^{N} u_n |e_n\rangle = |u\rangle$$

它作用在任何左矢$\langle u|$上，也得到左矢$\langle u|$自己：

$$\langle u| \sum_{n=1}^{N} |e_n\rangle\langle e_n| = \sum_{n=1}^{N} \langle u | e_n\rangle\langle e_n| = \sum_{n=1}^{N} \langle e_n | u\rangle^* \langle e_n| = \sum_{n=1}^{N} u_n^* \langle e_n| = \langle u|$$

所以(2.76)式可以插入到任何一个表达式的中间。

从这里开始，将采用狄拉克符号，即用右矢$|u\rangle$(或者左矢$\langle u|$)指代一个矢量，而不再用$\boldsymbol{u}$。我们知道这些不同的标记方式是等价的。

2.3.6　线性变换与矩阵

2.2节曾经引入了算符的概念，并且定义它是作用在函数上的一种操作。更一般地，对于线性空间中的矢量，也可以引入算符的概念，或者称之为变换。具体来说，定义变换$\hat{F}$是指把任意一个矢量$|u\rangle$映射为另外一个矢量$|v\rangle = \hat{F}|u\rangle$的操作。与2.2节的算符类似，同样可以定义变换之间的加法运算和乘法运算，并且显然可以得出变换的加法满足交换律，而乘法不满足。在线性代数中，我们主要感兴趣的是一类特殊的变换，即线性变换，这类变换保持矢量之间的线性叠加关系，即如果$|u\rangle = c_1|u_1\rangle + c_2|u_2\rangle$，那么$\hat{F}|u\rangle = c_1\hat{F}|u_1\rangle + c_2\hat{F}|u_2\rangle$。

由于线性变换保持矢量之间的线性叠加关系，而任意矢量又可以看作基矢的线性叠加，因此只需要把线性变换对基矢的作用搞清楚，就能把它对所有矢量的作用搞清楚。具体来说，考虑$\hat{F}$对任意基矢$|e_n\rangle$的作用，假设$\hat{F}|e_n\rangle = |g_n\rangle$，即它把$|e_n\rangle$映射成了某个矢量$|g_n\rangle$。由于任意矢量都可以用基矢展开，$|g_n\rangle$也不例外，于是我们利用(2.74)式和(2.75)式，有

$$|g_n\rangle = \hat{F}|e_n\rangle = \sum_{m=1}^{N} |e_m\rangle\langle e_m | \hat{F}|e_n\rangle$$

这相当于在 $\hat{F}$ 和 $|e_n\rangle$ 之间插入了(2.76)式,我们前面已说到它可以插在任何地方而不影响结果。

由于每个基矢 $|e_n\rangle$ 的映射结果都有 N 个展开系数 $\langle e_m|\hat{F}|e_n\rangle$,而总共有 N 个基矢,如果把这 N^2 个系数 $\langle e_m|\hat{F}|e_n\rangle$ 全部都找到,那么基组 $\{|e_1\rangle,|e_2\rangle,\cdots,|e_N\rangle\}$ 被 $\hat{F}$ 作用的结果就都清楚了,因而任意矢量的映射也清楚了。换句话说,对于给定的空间,任意线性变换 $\hat{F}$ 与 N^2 个系数 $\langle e_m|\hat{F}|e_n\rangle$ 组成的集合之间是一一对应的关系。于是可以直接用这 N^2 个系数来标记变换 $\hat{F}$,具体来说,把这些系数写成矩阵的形式,即

$$\hat{F}=\begin{bmatrix}F_{11} & \cdots & F_{1N}\\ \vdots & \ddots & \vdots\\ F_{N1} & \cdots & F_{NN}\end{bmatrix} \tag{2.77}$$

其中矩阵元 $F_{mn}=\langle e_m|\hat{F}|e_n\rangle$。注意我们依然用符号 $\hat{F}$ 表示矩阵,这并不会引起歧义,因为下面要说明,线性变换与矩阵之间在各种意义下都是一一对应的。

首先,线性变换对矢量的作用等价于矩阵与列矢量的乘法。具体来说,有

$$\hat{F}|u\rangle=\begin{bmatrix}F_{11} & \cdots & F_{1N}\\ \vdots & \ddots & \vdots\\ F_{N1} & \cdots & F_{NN}\end{bmatrix}\begin{bmatrix}u_1\\ \vdots\\ u_N\end{bmatrix} \tag{2.78}$$

注意上式的左边应理解为 $\hat{F}|u\rangle$ 这个矢量的列矢量形式。我们来验证一下这是正确的:把 $\hat{F}|u\rangle$ 这个矢量作基矢展开,即在 $\hat{F}|u\rangle$ 之前插入(2.76)式,有 $\hat{F}|u\rangle=\sum_{m=1}^{N}|e_m\rangle\langle e_m|\hat{F}|u\rangle$。进一步对上式中的 $|u\rangle$ 作基矢展开,即在 $\hat{F}$ 和 $|u\rangle$ 之间插入(2.76)式,有

$$\begin{aligned}\hat{F}|u\rangle&=\sum_{m=1}^{N}|e_m\rangle\langle e_m|\hat{F}|u\rangle=\sum_{m,n=1}^{N}|e_m\rangle\langle e_m|\hat{F}|e_n\rangle\langle e_n|u\rangle\\&=\sum_{m=1}^{N}\Big(\sum_{n=1}^{N}F_{mn}u_n\Big)|e_m\rangle\end{aligned}$$

即 $\hat{F}|u\rangle$ 的第 m 个展开系数等于 $\sum_{n=1}^{N}F_{mn}u_n$,这正是(2.78)式所表达的含义。

上面只考虑了 $\hat{F}$ 对右矢量的作用,对于左矢量,因为它是右矢量的共轭转置,我们可以很容易得到:如果 $\hat{F}|u\rangle=|v\rangle$,那么

$$\langle v|=\begin{bmatrix}v_1^* & \cdots & v_N^*\end{bmatrix}=\begin{bmatrix}u_1^* & \cdots & u_N^*\end{bmatrix}\begin{bmatrix}F_{11}^* & \cdots & F_{N1}^*\\ \vdots & \ddots & \vdots\\ F_{1N}^* & \cdots & F_{NN}^*\end{bmatrix}=\langle u|\hat{F}^+ \tag{2.79}$$

其中用"+"号表示矩阵的共轭转置。线性变换与矩阵之间是一一对应的关系,因此直接称变换 $\hat{F}^+$ 为变换 $\hat{F}$ 的共轭转置,或者厄米共轭。

其次,线性变换之间的运算与矩阵运算也是对应的。例如可以从定义出发,轻易证明两个线性变换的加法对应于它们所对应的矩阵的加法,两个线性变换的乘法对应于它们所对应的矩阵的乘法。

2.3.7 幺正变换

通过前面的讨论,我们知道线性变换把正交归一基组 $\{|e_1\rangle,|e_2\rangle,\cdots,|e_N\rangle\}$ 映射成了

一组新的矢量$\{|g_1\rangle,|g_2\rangle,\cdots,|g_N\rangle\}$。如果这一组新的矢量依然是正交归一基组，那么称这个变换为幺正变换，记为 $\hat{U}$。下面看一下幺正变换的矩阵元需要满足什么条件。

首先根据前面的讨论，$\hat{U}$ 的矩阵元为

$$U_{mn} = \langle e_m \mid \hat{U} | e_n\rangle = \langle e_m \mid g_n\rangle \tag{2.80}$$

即矩阵 $\hat{U}$ 的第 n 列由矢量$|g_n\rangle$给出。由于要求$\{|g_1\rangle,|g_2\rangle,\cdots,|g_N\rangle\}$依然是一组正交归一基组，有$\langle g_m|g_n\rangle=\delta_{mn}$。在上式中间插入(2.76)式，有 $\sum_{l=1}^{N}\langle g_m \mid e_l\rangle\langle e_l \mid g_n\rangle = \delta_{mn}$，再结合(2.77)式，上式相当于

$$\hat{U}^+ \hat{U} = [\delta_{mn}] = \hat{I} \tag{2.81}$$

其中 $\hat{I}$ 代表单位矩阵，或者说恒等变换(即对于任意矢量$|u\rangle$，有 $\hat{I}|u\rangle=|u\rangle$)。满足关系(2.81)式的矩阵叫作幺正矩阵。一个变换是幺正变换等价于它对应的矩阵是幺正矩阵。

在幺正变换下，一般的矢量怎么变换呢?考虑任意一个矢量$|u\rangle$，用基组$\{|e_1\rangle,|e_2\rangle,\cdots,|e_N\rangle\}$将它展开为$|u\rangle = \sum_{n=1}^{N} u_n \mid e_n\rangle$，第 n 个展开系数为$u_n = \langle e_n|u\rangle$。幺正变换首先是一个线性变换，因此变换后的矢量为

$$|u'\rangle = \hat{U}|u\rangle = \sum_{n=1}^{N} u_n\hat{U} \mid e_n\rangle = \sum_{n=1}^{N} u_n \mid g_n\rangle$$

在上式中插入(2.76)式，有

$$|u'\rangle = \sum_{m,n=1}^{N} u_n |e_m\rangle\langle e_m \mid g_n\rangle = \sum_{n=1}^{N}\Big(\sum_{m=1}^{N} U_{mn}u_n\Big)|e_m\rangle$$

写成矩阵形式，即

$$|u'\rangle = \begin{bmatrix} u'_1 \\ \vdots \\ u'_N \end{bmatrix} = [U_{mn}]\begin{bmatrix} u_1 \\ \vdots \\ u_N \end{bmatrix} = \hat{U}|u\rangle \tag{2.82}$$

这个关系也可以由(2.78)式直接得到。再来看看在幺正变换下任意线性变换 $\hat{F}$ 的展开系数(即矩阵元)怎样变化。假设 $\hat{F}$ 作用在任意矢量$|u\rangle$上得到$|v\rangle$，即 $\hat{F}|u\rangle=|v\rangle$。由于在幺正变换下，$|u\rangle$和$|v\rangle$的展开系数发生了变化，因此为了依然使得 $\hat{F}|u\rangle=|v\rangle$，$\hat{F}$ 的矩阵元也要发生相应的变化。把这个等式写成矩阵的形式，在幺正变换之前，它写为

$$|v\rangle = \begin{bmatrix} v_1 \\ \vdots \\ v_N \end{bmatrix} = \begin{bmatrix} F_{11} & \cdots & F_{1N} \\ \vdots & \ddots & \vdots \\ F_{N1} & \cdots & F_{NN} \end{bmatrix}\begin{bmatrix} u_1 \\ \vdots \\ u_N \end{bmatrix} = \hat{F}|u\rangle \tag{2.83}$$

在幺正变换之后，它写为

$$|v'\rangle = \begin{bmatrix} v'_1 \\ \vdots \\ v'_N \end{bmatrix} = \begin{bmatrix} F'_{11} & \cdots & F'_{1N} \\ \vdots & \ddots & \vdots \\ F'_{N1} & \cdots & F'_{NN} \end{bmatrix}\begin{bmatrix} u'_1 \\ \vdots \\ u'_N \end{bmatrix} = \hat{F}' \mid u'\rangle \tag{2.84}$$

把(2.82)式代入(2.84)式，得到

$$|v'\rangle = \hat{U}|v\rangle = \hat{F}' \mid u'\rangle = \hat{F}'\hat{U}|u\rangle$$

在上式两边同时乘以$\hat{U}^+$，有

$$\hat{U}^+ \mid v'\rangle = \hat{U}^+\hat{U}|v\rangle = |v\rangle = \hat{U}^+\hat{F}'\hat{U}|u\rangle$$

将上式最后一个等号与(2.83)式作比较，有

$$\hat{F} = \hat{U}^{+}\hat{F}'\hat{U} \tag{2.85}$$

或者等价地写为

$$\hat{F}' = \hat{U}\hat{F}\hat{U}^{+} \tag{2.86}$$

这就是线性变换 $\hat{F}$ 在幺正变换前、后矩阵元之间的变换关系。

幺正变换类似于欧氏空间中的旋转操作。在欧氏空间中可以建立坐标系，矢量的旋转于是体现为其坐标值的变换。注意到由于运动是相对的，这种坐标系固定而矢量旋转的操作也可以等效地看作矢量不动而坐标系反向转动的操作。这两种操作给出的矢量坐标值变换是相同的。在酉空间中，也存在类似的结论。具体来说，也可以把(2.82)式和(2.86)式给出的幺正变换看作矢量 $|u\rangle$，$|v\rangle$，线性变换 $\hat{F}$ 等均不变，但是基组$\{|e_1\rangle, |e_2\rangle, \cdots, |e_N\rangle\}$按照 $\hat{U}^{+}$(即"反方向转动")变换后，各矢量和线性变换的展开系数所发生的改变。这对后面的讨论具有重要的意义：我们有时候希望重新选择一组正交归一的基矢对所有的矢量和线性变换进行展开研究，这时就可以利用这里的结论，把基组的重新选择看成某个幺正变换 $\hat{U}^{+}$，得到这个幺正变换的矩阵形式之后，就可以利用(2.82)式和(2.86)式直接得到新基矢下各矢量和线性变换的展开系数。

幺正变换只是基组的变换，因此矢量之间的关系不会发生变化。这就像在欧氏空间中，虽然改变了坐标系，每个矢量的具体坐标也会发生变化，但是矢量与矢量之间的关系保持不变。例如"矢量 $\boldsymbol{u}$ 等于矢量 $\boldsymbol{v}$"这件事与坐标系的选取(即 $\boldsymbol{u}$ 和 $\boldsymbol{v}$ 的具体坐标值)无关；再例如"把矢量 $\boldsymbol{u}$ 顺时针旋转 45°得到矢量 $\boldsymbol{v}$"这件事与坐标系的选取(即 $\boldsymbol{u}$ 和 $\boldsymbol{v}$ 的具体坐标值)也无关。这也是利用解析几何解决问题时，可以任意选择坐标系的原因。这可以看作"相对性原理[20]"的一个特例，它对应到酉空间中，意味着任意一个关于矢量和矩阵的方程

$$f(|u\rangle, |v\rangle, \cdots; \hat{f}, \hat{g}, \cdots) = 0 \tag{2.87}$$

只要在某一个基组下成立，则它在所有基组下都成立，或者说方程的成立与否与基组的选择无关。

2.3.8 厄米矩阵

如果一个矩阵(线性变换/线性算符)的共轭转置等于它本身，那么这个矩阵(变换/算符)叫作厄米矩阵(变换/算符)，即厄米矩阵(变换/算符)$\hat{A}$ 满足

$$\hat{A}^{+} = \hat{A} \tag{2.88}$$

厄米矩阵的重要之处在于它的本征值和本征矢量具有优良的性质：所有的本征值都是实数，而且不同本征值对应的本征矢量一定正交。

首先，回顾一下矩阵本征值和本征矢量的定义。它与算符的本征值、本征矢量定义是相同的，即给定矩阵(线性变换)$\hat{F}$，如果存在一个数 λ 和非零矢量 $|u_\lambda\rangle$，满足

$$\hat{F}|u_\lambda\rangle = \lambda|u_\lambda\rangle \tag{2.89}$$

那么 λ 称为矩阵 $\hat{F}$ 的本征值，$|u_\lambda\rangle$ 称为矩阵 $\hat{F}$ 与本征值 λ 相对应的本征矢量，而式(2.89)称为矩阵 $\hat{F}$ 的本征方程。

如果存在若干个线性无关的本征矢量对应于某个共同的本征值 λ，那么就说 λ 是简并的，这种现象叫作简并现象，并且定义 λ 的简并度为它所对应的线性无关的本征矢量的最大个数。不简并的本征值，其简并度总是 1。

下面再来证明前面提到的厄米矩阵的本征值和本征矢量的优良性质。

如果 $\hat{F}=\hat{A}$ 是厄米矩阵，那么在(2.89)式的左、右两边同时左乘$\langle u_\lambda|$，有

$$\begin{aligned}\langle u_\lambda \mid \hat{A} \mid u_\lambda\rangle &= \langle u_\lambda \mid \lambda \mid u_\lambda\rangle = \lambda\langle u_\lambda \mid u_\lambda\rangle = \langle u_\lambda \mid \hat{A}^+ \mid u_\lambda\rangle \\ &= \langle u_\lambda \mid \lambda^* \mid u_\lambda\rangle = \lambda^*\langle u_\lambda \mid u_\lambda\rangle\end{aligned}$$

而根据内积的正定性质，有$\langle u_\lambda|u_\lambda\rangle>0$，所以上式要求 $\lambda=\lambda^*$，即厄米矩阵的本征值一定是实数。

如果 $\hat{A}$ 有两个不同的本征值 λ_1 和 λ_2，并且分别有本征矢量$|u_{\lambda_1}\rangle$和$|u_{\lambda_2}\rangle$，即

$$\hat{A}|u_{\lambda_1}\rangle = \lambda_1|u_{\lambda_1}\rangle$$

$$\hat{A}|u_{\lambda_2}\rangle = \lambda_2|u_{\lambda_2}\rangle$$

将第一个等式左、右两边同时左乘$\langle u_{\lambda_2}|$，有

$$\langle u_{\lambda_2} \mid \hat{A} \mid u_{\lambda_1}\rangle = \langle u_{\lambda_2} \mid \lambda_1 \mid u_{\lambda_1}\rangle = \lambda_1\langle u_{\lambda_2} \mid u_{\lambda_1}\rangle$$

将第二个等式作共轭转置再右乘$|u_{\lambda_1}\rangle$，有

$$\langle u_{\lambda_2} \mid \hat{A}^+ \mid u_{\lambda_1}\rangle = \langle u_{\lambda_2} \mid \lambda_2^* \mid u_{\lambda_1}\rangle = \lambda_2^*\langle u_{\lambda_2} \mid u_{\lambda_1}\rangle = \lambda_2\langle u_{\lambda_2} \mid u_{\lambda_1}\rangle$$

由于我们假定了 $\lambda_1\neq\lambda_2$，因此对比这两个结果，必然有$\langle u_{\lambda_2}|u_{\lambda_1}\rangle=0$，即厄米矩阵属于不同本征值的本征矢量一定互相正交。

根据这个性质，对于厄米矩阵 $\hat{A}$，总可以用它的本征矢量构成正交归一基组。下面来说明这一点。

首先，矩阵 $\hat{A}$ 的本征值 λ 一定要满足方程

$$\det(\hat{A}-\lambda\hat{I})=0 \tag{2.90}$$

而这个方程是关于 λ 的 N 阶代数方程，根据代数基本定理，它一定有 N 个复数解[21]，即存在 N 个本征值λ(把它们记作$\{A_1,A_2,\cdots,A_N\}$)和相应的本征矢量(把它们记作$\{|A_1\rangle,|A_2\rangle,\cdots,|A_N\rangle\}$)，满足

$$\begin{aligned}\hat{A}|A_1\rangle &= A_1|A_1\rangle \\ \hat{A}|A_2\rangle &= A_2|A_2\rangle \\ &\cdots \\ \hat{A}|A_N\rangle &= A_N|A_N\rangle\end{aligned} \tag{2.91}$$

根据前述厄米矩阵的性质，我们知道如果 $A_i\neq A_j$，那么$|A_i\rangle$和$|A_j\rangle$必定正交。

进一步，如果 $\hat{A}$ 所有的本征值都是不简并的(即代数方程(2.90)没有重根)，那么(2.91)式中的每个方程正好只有一个线性无关的解(因为每个方程按行展开后，未知数的个数只比独立方程个数多一个)，并且$\{|A_i\rangle\}$自动形成了一组正交基矢，我们只要再把每个$|A_i\rangle$归一化，它们就形成正交归一基组。

如果 $\hat{A}$ 的本征值存在简并，即方程(2.90)存在重根，例如 $A_{n1}=A_{n2}=\cdots=A_{nM}=A_n$，即某个本征值 A_n 是M 重简并的，此时可以证明本征方程 $\hat{A}|A\rangle=A_n|A\rangle$将有 M 个线性无关的解$\{|A_{n1}\rangle,|A_{n2}\rangle,\cdots,|A_{nM}\rangle\}$(因为每个方程按行展开以后，未知数个数比独立方程个数多 M 个)，并且这 M 个解的任意线性组合也一定是本征方程$\hat{A}|A\rangle=A_n|A\rangle$的解。换句话说，本征值 A_n 对应的全部本征矢量加上零矢量也构成了一个小的线性空间，称为原来的 N 维线性空间的本征子空间。在本征子空间里，$\{|A_{n1}\rangle,|A_{n2}\rangle,\cdots,|A_{nM}\rangle\}$显然是一组基矢，于是可以对它作施密特正交化，即对它们进行适当的线性组合得到本征子空间的正交

归一基组。对所有的本征值进行上述处理，最终在各简并的本征值所对应的本征子空间里，分别得到了正交归一的本征矢量基组。由于不同本征值对应的本征矢量自动正交，最终得到了整个空间的正交归一基组，它们依然满足(2.91)式。

综上所述，对于厄米矩阵 $\hat{A}$，总可以适当选择(2.91)式中的$\{|A_1\rangle,|A_2\rangle,\cdots,|A_N\rangle\}$，使其成为正交归一基组。这体现了厄米矩阵的重要性——它们可以用来生成基组。

如果用正交归一的$\{|A_1\rangle,|A_2\rangle,\cdots,|A_N\rangle\}$作基组，那么一般来说空间中所有矢量的分量值都要发生变化，所有线性变换的矩阵元也要发生变化。具体变换的方式由幺正变换(2.82)式和(2.86)式给出，其中幺正矩阵$\hat{U}^+$的第 n 列就是本征矢量$|A_n\rangle$。有一组矢量在这个幺正变换下将会变得特别简单，这就是$\{|A_1\rangle,|A_2\rangle,\cdots,|A_N\rangle\}$本身：在基矢$\{|A_1\rangle,|A_2\rangle,\cdots,|A_N\rangle\}$下

$$|A_1\rangle=\begin{bmatrix}1\\0\\\vdots\\0\end{bmatrix},\quad |A_2\rangle=\begin{bmatrix}0\\1\\\vdots\\0\end{bmatrix},\quad \cdots,\quad |A_N\rangle=\begin{bmatrix}0\\0\\\vdots\\1\end{bmatrix}\tag{2.92}$$

同时有一个线性变换的矩阵元也变得非常简单，这就是 $\hat{A}$ 本身：它在基矢$\{|A_1\rangle,|A_2\rangle,\cdots,|A_N\rangle\}$下成为

$$\hat{A}=\begin{bmatrix}A_1&0&0&0\\0&A_2&\cdots&0\\0&\vdots&\ddots&\vdots\\0&0&\cdots&A_N\end{bmatrix}=\mathrm{diag}(A_1,A_2,\cdots,A_N)\tag{2.93}$$

即对角矩阵，且各对角元分别为与$|A_1\rangle,|A_2\rangle,\cdots,|A_N\rangle$所对应的本征值。由于这个结果，解厄米矩阵本征方程的过程也被称为该厄米矩阵的对角化。

虽然以上的讨论中总是假设酉空间的维度 N 是有限值，但是这些结论在空间维度为无限时依然有类似的推广。

2.4 量子力学的线性代数表述

有了酉空间的概念作为基础，可以重新表述量子力学的基本概念。一方面，这将使得各种概念有更加明晰的几何意义；另一方面，可以从各种复杂的概念中辨别出哪些是量子物理所作的假设或定义(这些可以认为是物理的部分，或者说类似于“公理”，我们用粗体字强调)，哪些是酉空间的内禀性质(这些可以认为是数学的部分，或者说类似于“定理”，可以通过逻辑推理得到)。

【1】对于给定的粒子体系，它的量子状态可以用态矢描述，所有的态矢构成了一个酉空间(这个酉空间除上面列出的那些性质以外，还可以对矢量作微积分)。**用右矢$|\psi\rangle$(或者等价地用左矢$\langle\nu|$)表示态矢；态矢$|\psi\rangle$与$c|\psi\rangle$所代表的量子状态是等价的。**

酉空间对复系数的线性叠加是封闭的，因此任意两个态矢的复系数的线性叠加一定也是一个可能的态矢，这就是态叠加原理。量子物理给态叠加原理赋予了如下的物理含义：

【2】如果一个态矢可以写成线性叠加的形式，即 $|\psi\rangle = \sum_n c_n|\varphi_n\rangle$，那么当粒子具有态矢 $|\psi\rangle$ 时，等价于它同时处于各态矢 $\{|\varphi_1\rangle, |\varphi_2\rangle, \cdots\}$ 中，并且处于态矢 $|\varphi_n\rangle$ 中的相对概率幅为 c_n。

线性算符 $\hat{f}$ 是酉空间中的线性变换，把一个态矢映射成另一个态矢，并且保持它们之间的线性叠加关系；量子物理将线性算符中"性质优良"的那一类——厄米算符与力学量联系了起来。

【3A】力学量 A 对应于厄米算符 $\hat{A}$；它的本征方程写为

$$\hat{A}|A_n\rangle = A_n|A_n\rangle \tag{2.94}$$

这个厄米变换的全部本征值 $\{A_n\}$ 就是这个力学量所有可能的观测值（厄米变换的本征值一定是实数这个性质保证了力学量的观测值一定是实数）；**当体系处于本征矢量（本征态）$|A_n\rangle$ 时，体系的力学量 A 具有确定的取值 A_n；否则力学量 A 的测量结果是概率事件。** 此后不再刻意区分 A 和 $\hat{A}$ 这两个记号，因为力学量 A 和厄米算符 $\hat{A}$ 在量子物理中是一回事。

在酉空间中，矢量和线性变换的具体表示形式（即展开系数）称为表象。因为表象取决于基组的选择，而厄米算符的本征态总可以构成正交归一基组，所以首先可以指定一个力学量 $\hat{A}$，然后用它的本征态作为基矢，把所有的量子状态 $|\psi\rangle$ 和所有的线性算符 $\hat{F}$ 分别展开为列矢量（行矢量）和矩阵的形式。这种用力学量 $\hat{A}$ 的本征态作为基组的表象称为 $\hat{A}$ 表象。

对于连续位置空间中的粒子体系，一个最自然的选择就是位置表象（有时也称作"坐标表象"），即用位置算符 $\hat{x}$ 的本征态构成基组。$\hat{x}$ 的本征方程为

$$\hat{x}|x\rangle = x|x\rangle \tag{2.95}$$

根据前面的论述，可以适当选择 $\{|x\rangle\}$ 构成正交归一基组，即

$$\langle x_1|x_2\rangle = \delta(x_1 - x_2) \tag{2.96}$$

注意这本质上和(2.66)式是一回事，不过由于位置的取值是连续的，离散的克罗内克符号要转化成连续的 δ 函数；以及

$$\int \mathrm{d}x\,|x\rangle\langle x| = 1 \tag{2.97}$$

这本质上和(2.76)式是一回事，不过由于位置的取值是连续的，离散的求和要转化成连续的积分。

我们用基组 $\{|x\rangle\}$ 展开所有的态矢 $|\psi\rangle$，也就是把(2.97)式作用在 $|\psi\rangle$ 上，从而有

$$|\psi\rangle = \int \mathrm{d}x\,|x\rangle\langle x|\psi\rangle \tag{2.98}$$

这是(2.76)式即 $|u\rangle = \sum_{n=1}^{N}|e_n\rangle\langle e_n|u\rangle$ 的连续版本。在量子物理中，把 $\langle x|\psi\rangle$ 称作波函数，即：

【3C】态矢在位置表象中的展开系数 $\langle x|\psi\rangle$ 可以看成 x 的函数，把它记作 $\psi(x)$，称为波函数。

根据态叠加原理的物理含义，粒子的波函数为 $\psi(x)$ 代表它处于态矢 $|x\rangle$ 的（相对）概率幅为 $\langle x|\psi\rangle = \psi(x)$，或者更确切地说，粒子位于 x 处的（相对）概率密度为 $|\psi(x)|^2$，这就是波函数的物理意义。

在位置表象下,两个态矢$|\varphi\rangle$和$|\psi\rangle$的内积为

$$\langle\varphi|\psi\rangle=\int\langle\varphi|x\rangle\langle x|\psi\rangle\mathrm{d}x=\int\varphi^*(x)\psi(x)\mathrm{d}x \tag{2.99}$$

力学量 $\hat{A}$ 在位置表象下的展开,一种写法是按照(2.77)式类似的方式,写出它的矩阵元。注意到由于位置是连续的,原本离散的矩阵元 A_{mn} 要转化为二元函数$\langle x|\hat{A}|x'\rangle$。例如在位置表象下最简单的力学量 $\hat{x}$,我们知道它在自己的表象下应该是对角矩阵,对角元是相应的本征值,即位置的取值为 x。但是因为 x 实际上是连续取值的,所以要把离散的矩阵元 $x\delta_{x,x'}$ 转换成连续的 δ 函数,即

$$\langle x|\hat{x}|x'\rangle=x\delta(x-x') \tag{2.100}$$

另外一种写法是把力学量写成微分算符的形式,它作用在波函数 $\psi(x)$上面得到新的波函数 $\varphi(x)$。我们来看下力学量 $\hat{x}$ 在这种表示方式下具有什么形式。需要考察这个"新的波函数 $\varphi(x)$"与"原波函数 $\psi(x)$"的关系,所以

$$\begin{aligned}\varphi(x)=\langle x|\hat{x}|\psi\rangle&=\int\mathrm{d}x'\langle x|\hat{x}|x'\rangle\langle x'|\psi\rangle\\&=\int\mathrm{d}x'x\delta(x-x')\psi(x')=x\psi(x)\end{aligned} \tag{2.101}$$

或者直接写成 $\hat{x}=x$,表示 $\hat{x}$ 作为一种算符,作用在任意波函数 $\psi(x)$的效果是用函数 x 乘以这个波函数。这与(2.100)式的矩阵元表示是等价的。

再去考察"动量"这个力学量。量子物理假设:

【3D】在位置表象下,动量算符的矩阵元为

$$\langle x|\hat{p}|x'\rangle=-\mathrm{i}\hbar\frac{\partial}{\partial x}\delta(x-x') \tag{2.102}$$

进一步把它翻译成算符形式:

$$\begin{aligned}\langle x|\hat{p}|\psi\rangle&=\int\mathrm{d}x'\langle x|\hat{p}|x'\rangle\langle x'|\psi\rangle=-\mathrm{i}\hbar\int\mathrm{d}x'\left(\frac{\partial}{\partial x}\delta(x-x')\right)\psi(x')\\&=-\mathrm{i}\hbar\frac{\partial}{\partial x}\psi(x)\end{aligned} \tag{2.103}$$

这就是 2.2 节引入的(2.50)式。结合(2.100)式和(2.102)式,可以得到基本对易关系$[\hat{x},\hat{p}]=\mathrm{i}\hbar$。

最后,量子物理需要对态矢的演化方式做出描述:

【4】如果一个量子系统与宏观系统没有相互作用,那么其态矢随时间的演化应满足薛定谔方程

$$\mathrm{i}\hbar\frac{\partial}{\partial t}|\psi(t)\rangle=\hat{H}|\psi(t)\rangle \tag{2.104}$$

在位置表象下,(2.104)式回归到(2.14)式的形式。

在上述四条用黑体标出的基本物理假设中,我们注意到除 3C,3D 以外,其余均与基矢的选择无关,所以它们在任何表象下都是成立的。特别地,后面会看到有些量子体系并不对应粒子在空间中的运动,例如电子自旋,此时 3C,3D 对它们并不适用但是其余假设依然适用。

2.5　薛定谔方程的求解

有了前面几节的内容作为基础，现在来讨论如何求解薛定谔方程(参见(2.104)式)。具体来说，假设已知体系初始时刻($t=t_0$)的态矢为$|\psi(t_0)\rangle$，希望通过薛定谔方程求出任意时刻的态矢$|\psi(t)\rangle$。

注意到哈密顿量 $\hat{H}$ 一定是厄米算符，从而可以先求解它的本征方程(也称为定态薛定谔方程)

$$\hat{H}|\psi_n\rangle = E_n|\psi_n\rangle \tag{2.105}$$

并且使得$\{|\psi_n\rangle\}$构成正交归一基组。

把任意时刻的态矢用这组基矢展开，有

$$|\psi(t)\rangle = \sum_n c_n(t)|\psi_n\rangle \tag{2.106}$$

于是，态矢随时间的演化完全体现在展开系数 $c_n(t)$随时间的演化上。

把(2.106)式代入(2.104)式，并且利用(2.105)式，有

$$\mathrm{i}\hbar\frac{\partial}{\partial t}|\psi(t)\rangle = \sum_n \dot{c}_n(t)|\psi_n\rangle = \hat{H}|\psi(t)\rangle = \sum_n E_n c_n(t)|\psi_n\rangle \tag{2.107}$$

由于$\{|\psi_n\rangle\}$正交归一，因此有

$$\mathrm{i}\hbar\dot{c}_n(t) = E_n c_n(t) \tag{2.108}$$

这个常微分方程可以直接积分解出，即

$$c_n(t) = c_n(t_0)\mathrm{e}^{-\frac{\mathrm{i}}{\hbar}E_n(t-t_0)} = \langle\psi_n|\psi(t_0)\rangle\mathrm{e}^{-\frac{\mathrm{i}}{\hbar}E_n(t-t_0)} \tag{2.109}$$

换句话说，只要知道了初始时刻的展开系数 $c_n(t_0)$，就可以利用上式得到任意时刻的展开系数 $c_n(t)$，而初始时刻展开系数可以直接通过 $c_n(t_0)=\langle\psi_n|\psi(t_0)\rangle$求得；从而我们在已知体系初始时刻态矢$|\psi(t_0)\rangle$的前提下，解出了任意时刻的态矢$|\psi(t)\rangle$。

把上述过程在位置表象下复述一遍：假设已知体系初始时刻($t=t_0$)的波函数为 $\psi(x,t_0)$，希望通过薛定谔方程(参见(2.13)式)求出任意时刻的波函数 $\psi(x,t)$。为此，按照以下三个步骤进行求解。

步骤一：解定态薛定谔方程

$$\hat{H}\psi_n(x) = -\frac{\hbar^2}{2m}\frac{\partial^2}{\partial x^2}\psi_n(x) + V(x)\psi_n(x) = E_n\psi_n(x) \tag{2.110}$$

并且使得$\{\psi_n(x)\}$构成正交归一的波函数基组$\left(这是一定可以做到的，因为 \hat{H}=-\frac{\hbar^2}{2m}\frac{\partial^2}{\partial x^2}+V(x)是厄米算符。这正是数理方程中的施图姆-刘维尔定理^{[22]}\right)$。

步骤二：把已知的初始波函数对$\{\psi_n(x)\}$展开，即

$$\psi(x,t_0) = \sum_n c_n(t_0)\psi_n(x) \tag{2.111}$$

其中 $c_n(t_0)$是展开系数。

步骤三：任意时刻的波函数可以直接表达为

$$\psi(x,t) = \sum_n c_n(t_0)e^{-\frac{i}{\hbar}E_n(t-t_0)}\psi_n(x) \tag{2.112}$$

步骤二和步骤三对于所有体系都是相同的：即先将初始波函数对$\{\psi_n(x)\}$展开，然后将每个展开项的系数各自乘以$e^{-\frac{i}{\hbar}E_n(t-t_0)}$因子。然而，步骤一中定态薛定谔方程的解却依赖$V(x)$的具体形式。

在后面的章节中，除最后一章，本书不再求解完整的含时薛定谔方程，而只研究定态薛定谔方程的求解方法，因为只要解出了定态薛定谔方程，就可以按照上述标准步骤得到相应含时薛定谔方程的解。

定态薛定谔方程(2.110)式的解称为定态波函数。通过代入(2.13)式或(2.112)式容易得知，如果一个体系在t_0时刻的波函数为定态波函数$\psi_n(x)$，那么它在任意时刻的波函数为$e^{-\frac{i}{\hbar}E_n(t-t_0)}\psi_n(x)$。注意到$\psi_n(x)$与$e^{-\frac{i}{\hbar}E_n(t-t_0)}\psi_n(x)$代表的总是同一个量子态，这意味着如果体系的初始状态是定态波函数，那么它将一直维持在这个量子状态上，这也是“定态”两个字的由来。

2.6 表象变换

虽然一般习惯上采用位置表象描述量子物理，但是在很多情况下，采用其他的表象往往会极大简化问题。

2.6.1 动量表象

作为第一个例子，我们来考察动量表象。动量$\hat{p}$的本征方程为

$$\hat{p}\,|\,p\rangle = p\,|\,p\rangle \tag{2.113}$$

可以适当选择$\{|\,p\rangle\}$构成正交归一基组，即

$$\langle p_1\,|\,p_2\rangle = \delta(p_1 - p_2) \tag{2.114}$$

以及

$$\int dp\,|\,p\rangle\langle p\,| = 1 \tag{2.115}$$

用正交归一基组$\{|\,p\rangle\}$展开所有的态矢$|\,\psi\rangle$，也就是把(2.115)式作用在$|\,\psi\rangle$上，从而有

$$|\,\psi\rangle = \int dp\,|\,p\rangle\langle p\,|\,\psi\rangle = \int dp\,c(p)\,|\,p\rangle \tag{2.116}$$

可以称$c(p)$为动量表象下的“波函数”，它的模平方代表粒子动量取值为p的(相对)概率密度。同一个态矢既可以表达为位置表象下的波函数$\psi(x)$，也可以表达为动量表象下的“波函数”$c(p)$，它们之间由一个幺正变换联系。

下面来看看这个幺正变换的形式具体是什么样的。在$\langle p\,|\,\psi\rangle$的中间插入(2.97)式，有

$$c(p) = \langle p\,|\,\psi\rangle = \int dx\langle p\,|\,x\rangle\langle x\,|\,\psi\rangle = \int \psi_p^*(x)\psi(x)dx \tag{2.117}$$

这就是2.1节中的(2.8)式。其中$\psi_p^*(x) = \langle p\,|\,x\rangle$，或者说$\psi_p(x) = \langle x\,|\,p\rangle$，这就是(2.6)式

给出的平面波。

在动量表象下，两个态矢的内积为

$$\langle \varphi | \psi \rangle = \int \langle \varphi | p \rangle \langle p | \psi \rangle \mathrm{d}p = \int c_{\varphi}^{*}(p) c_{\psi}(p) \mathrm{d}p \tag{2.118}$$

动量算符 $\hat{p}$ 成为对角矩阵

$$\langle p | \hat{p} | p' \rangle = p\delta(p - p') \tag{2.119}$$

利用(2.97)式和(2.100)式，可以推导出位置算符 $\hat{x}$ 在动量表象下的矩阵元为

$$\langle p | \hat{x} | p' \rangle = \mathrm{i}\hbar \frac{\partial}{\partial p}\delta(p - p') \tag{2.120}$$

2.6.2　能量表象

再举一个常用的例子，它就是能量表象，用哈密顿算符 $\hat{H}$ 的正交归一本征态集合作为基组。这些本征态矢满足本征方程(我们假设本征值是离散的，连续的情况可以类似得出)

$$\hat{H} | \psi_n \rangle = E_n | \psi_n \rangle \tag{2.121}$$

并且有

$$\langle \psi_m | \psi_n \rangle = \delta_{mn} \tag{2.122}$$

以及

$$\sum_n | \psi_n \rangle \langle \psi_n | = 1 \tag{2.123}$$

任意态矢 $|\psi\rangle$ 的列矢量的形式

$$|\psi\rangle = \begin{bmatrix} c_1 \\ c_2 \\ \vdots \end{bmatrix} \tag{2.124}$$

其中 $c_n = \langle \psi_n | \psi \rangle$。

哈密顿量在自己的表象下成为对角矩阵

$$\hat{H} = \begin{bmatrix} E_1 & 0 & 0 \\ 0 & E_2 & 0 \\ 0 & 0 & \ddots \end{bmatrix} \tag{2.125}$$

其中对角元是各本征能量。

在能量表象下，含时薛定谔方程变为

$$\mathrm{i}\hbar \frac{\partial}{\partial t} \begin{bmatrix} c_1(t) \\ c_2(t) \\ \vdots \end{bmatrix} = \hat{H} \begin{bmatrix} c_1(t) \\ c_2(t) \\ \vdots \end{bmatrix} = \begin{bmatrix} E_1 c_1(t) \\ E_2 c_2(t) \\ \vdots \end{bmatrix} \tag{2.126}$$

这正是(2.108)式。

2.7 测量与不确定性原理

量子体系要能够被观测，所有的概念才会有实际意义。2.2 节曾经对力学量的取值有过论述。这里再结合态矢的语言，对力学量的测量进行更加系统的讨论。

2.7.1 测量结果的统计分布

根据 2.4 节的基本假设 3A 可知，当体系处于力学量 $\hat{A}$ 的本征矢量(本征态)$|A_n\rangle$时，$\hat{A}$ 具有确定的取值 A_n，否则 $\hat{A}$ 的测量结果是概率事件。下面看一下，假设已知粒子的态矢 $|\psi\rangle$，怎么预测测量任意力学量的结果。首先，需要将$|\psi\rangle$用 $\hat{A}$ 的本征态组成的正交归一基组$\{|A_n\rangle\}$展开，有

$$|\psi\rangle = \sum_n c_n |A_n\rangle = \sum_n \langle A_n|\psi\rangle |A_n\rangle \tag{2.127}$$

那么当不存在简并时，展开系数的模平方$|c_n|^2 = |\langle A_n|\psi\rangle|^2$ 就对应于力学量 $\hat{A}$ 取值为 A_n 的(相对)概率。如果 $\hat{A}$ 存在简并，例如(2.127)式的展开中，$|A_{n1}\rangle, |A_{n2}\rangle, \cdots, |A_{nM}\rangle$ 对应的是同一个本征值 $A_{i1} = A_{i2} = \cdots = A_{iM} = A_n$，这时力学量 $\hat{A}$ 取值为 a_n 的(相对)概率是几种情况的概率和：

$$P(A_n) \sim \sum_{m=1}^{M} |c_{nm}|^2 \tag{2.128}$$

力学量 $\hat{A}$ 测量结果的期望值为

$$\langle A\rangle = \frac{\sum_n |c_n|^2 A_n}{\sum_n |c_n|^2} \tag{2.129}$$

也可以把它写成矩阵的形式

$$\langle A\rangle = \frac{[c_1^*, c_2^*, \cdots]\begin{bmatrix} A_1 & 0 & 0 \\ 0 & A_2 & \cdots \\ 0 & \vdots & \ddots \end{bmatrix}\begin{bmatrix} c_1 \\ c_2 \\ \vdots \end{bmatrix}}{[c_1^*, c_2^*, \cdots]\begin{bmatrix} c_1 \\ c_2 \\ \vdots \end{bmatrix}}$$

注意到在 $\hat{A}$ 表象下，$|\psi\rangle = \begin{bmatrix} c_1 \\ c_2 \\ \vdots \end{bmatrix}$，$\langle\psi| = [c_1^*, c_2^*, \cdots]$，$\hat{A} = \begin{bmatrix} A_1 & 0 & 0 \\ 0 & A_2 & \cdots \\ 0 & \vdots & \ddots \end{bmatrix}$，所以上式在 A 表象下可以写作$\langle A\rangle = \dfrac{\langle\psi|\hat{A}|\psi\rangle}{\langle\psi|\psi\rangle}$。又由于不同的表象只是态矢和算符的具体展开系数不同，而态矢、算符之间的关系式应该与表象无关，因此

$$\langle A\rangle = \frac{\sum_n |c_n|^2 A_n}{\sum_n |c_n|^2} = \frac{\langle\psi|\hat{A}|\psi\rangle}{\langle\psi|\psi\rangle} \tag{2.130}$$

这一等式对于所有的表象都成立。2.2 节中的(2.48)式和(2.52)式都是这一表达式的特例。

2.7.2 态矢的塌缩

所谓测量,就是使一个宏观的仪器与被观测的量子体系形成相互作用,从而利用仪器的宏观状态(例如指针的指向)判断量子体系某力学量的取值。所以测量一旦发生,就意味着量子体系与经典体系发生了相互作用。

通过前面的讨论可知,在测量发生(量子体系与宏观仪器产生相互作用)之前,我们可以用待测力学量 $\hat{A}$ 的本征态构成基组,通过体系态矢 $|\psi\rangle$ 的展开系数预测测量结果的概率分布。然而,一旦测量发生并且完成,这些测量结果中的某一个,例如 A_n 就被选择了,宏观仪器的指针也相应地指向与 A_n 对应的位置。但是需要注意的是,由于在测量过程中宏观仪器与量子体系发生了相互作用,宏观仪器指针的指向也一定会反过来作用在量子体系上。具体来说,需要在 2.4 节基本假设 3A 的基础上,再补充如下内容:

【3B】如果在某次测量中,力学量 $\hat{A}$ 的测量结果是 A_n,那么测量完成时,体系的态矢也被投影到与 A_n 对应的本征子空间中,这称为态矢的塌缩。

具体来说,当 A_n 不存在简并时,测量完成时体系的态矢塌缩为

$$|\psi\rangle = \langle A_n|\psi\rangle|A_n\rangle \tag{2.131}$$

对于这种情况,我们往往也直接说态矢塌缩为 $|A_n\rangle$,因为 $\langle A_n|\psi\rangle|A_n\rangle$ 与 $|A_n\rangle$ 所对应的量子状态是等价的。

当 A_n 的简并度为 M 时,假设 $\hat{A}$ 的第 $n_1,n_2,\cdots,n_M$ 个本征值均为 A_n,那么测量完成时体系的态矢塌缩为

$$|\psi\rangle = \sum_{m=1}^{M}\langle A_{n_m}|\psi\rangle|A_{n_m}\rangle \tag{2.132}$$

可以通过以下推理合理化塌缩的过程(以非简并的情况为例):因为实际测量总是需要一定时间的,所以可以认为在实际测量持续的时间内,宏观仪器与量子体系的相互作用一直存在,这相当于测量过程实际上在不停地重复发生。换句话说,在一次测量以后,实际上也立即进行了第二次、第三次……测量。宏观仪表的指针不可能在间隔为零的时间内发生示数的改变,这就要求第二次测量的结果必须和第一次相同。如果第一次测量力学量 $\hat{A}$ 得到了结果 A_n,那么这相当于要求第二次测量得到的结果依然为 A_n 的概率是 100%,而这个要求只有当体系的态矢为 $|A_n\rangle$ 时才能满足,即第一次测量之后,系统的量子状态要塌缩为 $|A_n\rangle$。

2.7.3 不确定性原理

本书第 1 章引入了不确定性原理,并说明它的存在使得量子力学基本原理的第二条与第三条不会发生矛盾。这里从测量的角度,再进一步去讨论该原理。

根据前面的论述，对于一个量子体系，以零时间间隔反复测量同一个力学量 $\hat{A}$，除第一次测量结果是概率性的，以后的测量都会确定地得到与第一次测量结果相同的结果，这是因为体系的状态在第一次测量完成时发生了塌缩。

现在考虑另外一个问题，先进行力学量 $\hat{A}$ 的测量，然后再进行另一个不同的力学量 $\hat{B}$ 的测量，并且假设这两次测量之间的时间间隔为零，量子状态还来不及发生除塌缩以外的演化。我们知道，如果测量之前体系处于一个任意态矢，那么第一次测量（即对 $\hat{A}$ 的测量）的结果一般是概率性的（除非一开始体系就处于 $\hat{A}$ 的本征态）；但是第二次测量（即对 $\hat{B}$ 的测量）是概率性的还是确定性的呢？这取决于 $\hat{A}$ 与 $\hat{B}$ 是否对易。

假设 $\hat{A}$ 的本征值不存在简并，即

$$\begin{aligned}\hat{A}|A_1\rangle &= A_1|A_1\rangle\\ \hat{A}|A_2\rangle &= A_2|A_2\rangle\\ &\cdots\\ \hat{A}|A_N\rangle &= A_N|A_N\rangle\end{aligned}$$

其中各本征值互不相同且各本征态构成正交归一基组。如果 $\hat{A}$ 与 $\hat{B}$ 对易，那么 $\hat{A}\hat{B}=\hat{B}\hat{A}$，有

$$\hat{A}(\hat{B}|A_n\rangle) = \hat{B}\hat{A}|A_n\rangle = \hat{B}A_n|A_n\rangle = A_n(\hat{B}|A_n\rangle) \tag{2.133}$$

这表明，$\hat{B}|A_n\rangle$也是 $\hat{A}$ 的与本征值 A_n 对应的本征矢量。因为假设了 $\hat{A}$ 不简并，所以方程 $\hat{A}|\psi\rangle=A_n|\psi\rangle$只有一个线性无关的解，即$|A_n\rangle$与 $\hat{B}|A_n\rangle$一定线性相关，或者说

$$\hat{B}|A_n\rangle = c|A_n\rangle$$

其中 c 是某个常数。而这意味着$|A_n\rangle$也同时是 $\hat{B}$ 的本征矢量，或者说$|A_n\rangle$是 $\hat{A}$ 与 $\hat{B}$ 的共同本征矢量。由于上式中，一开始取不同的 n，一般会得到不同的 c，因此也可以不失一般性地把 c 记作 B_n，即

$$\begin{aligned}&\hat{A}|A_1\rangle = A_1|A_1\rangle, &&\hat{B}|A_1\rangle = B_1|A_1\rangle\\ &\hat{A}|A_2\rangle = A_2|A_2\rangle, &&\hat{B}|A_2\rangle = B_2|A_2\rangle\\ &\cdots, &&\cdots\\ &\hat{A}|A_N\rangle = A_N|A_N\rangle, &&\hat{B}|A_N\rangle = B_N|A_N\rangle\end{aligned} \tag{2.134}$$

换句话说，如果 $\hat{A}$ 与 $\hat{B}$ 对易，那么它们的共同本征态可以构成正交归一基组。

再回到刚才的问题，当对力学量 $\hat{A}$ 的测量完成时，如果测量结果为 $A=A_n$，那么体系的态矢塌缩为$|A_n\rangle$；此时立即测量力学量 $\hat{B}$，根据(2.134)式，此时体系的状态$|A_n\rangle$已经是 $\hat{B}$ 的本征态了，因此测量的结果将会100%得到 B_n。

如果 $\hat{A}$ 的某个本征值 A_n 存在简并，那么可以类似得到，不管与之对应的本征态$|A_n\rangle$怎么取，只要 $\hat{A}$ 与 $\hat{B}$ 对易，由(2.133)式，则 $\hat{B}|A_n\rangle$一定还在 A_n 的本征子空间里。于是可以在这个本征子空间里进一步对角化算符 $\hat{B}$，从而用 $\hat{A}$ 与 $\hat{B}$ 的共同本征态构成正交归一完备的基组。此时立即测量力学量 $\hat{B}$（假设测量结果为 B_{nm}），体系的态矢就会塌缩到 $\hat{A}$ 与 $\hat{B}$ 的共同本征态（与这个态对应的 $\hat{A}$ 与 $\hat{B}$ 的本征值分别为 A_n 和 B_{nm}）。此后再立即进行 $\hat{A}$ 或者 $\hat{B}$ 的测量，结果都将是确定性的（测量 $\hat{A}$ 将会100%得到 A_n，测量 $\hat{B}$ 将会100%得到 B_{nm}）。

综上所述，不管是否存在简并，两个对易的力学量一定有一组正交归一完备的共同本征

态。从测量的角度来说,两个对易的算符总是可以同时测量,同时测量使得系统塌缩为它们的共同本征态,从而使得这两个力学量同时具有确定的测量结果。

相反可以证明,如果两个力学量不对易,那么它们一定没有一组完备的共同本征态基组(注意这不排除它们有共同本征态,只是排除它们的共同本征态能够构成基组)。从测量的角度来说,两个不对易的算符并不总是可以同时测量:对 $\hat{A}$ 的测量总会使得体系塌缩并投影到 $\hat{A}$ 的某个本征子空间里,这时再去测量 $\hat{B}$,由于(2.133)式不再总是成立,测量完成时体系并非必然维持在原来的本征子空间中,从而后续对 $\hat{A}$ 进行测量,结果依然可以是概率性的。

对易力学量的例子包括三维空间中的三个位置分量:$\hat{x}$,$\hat{y}$ 和 $\hat{z}$,它们具有完备的共同本征函数集合$\{\delta(x-x_0)\delta(y-y_0)\delta(z-z_0)\}$;三个动量分量$\hat{p}_x$,$\hat{p}_y$ 和$\hat{p}_z$ 也是互相对易的,它们具有完备的共同本征函数集合$\left\{\dfrac{1}{(2\pi\hbar)^{3/2}}e^{\frac{i}{\hbar}(p_x x+p_y y+p_z z)}\right\}$;$\hat{x}$,$\hat{y}$ 和$\hat{p}_z$ 也是相互对易的,它们具有完备的共同本征函数集合$\left\{\delta(x-x_0)\delta(y-y_0)\dfrac{1}{\sqrt{2\pi\hbar}}e^{\frac{i}{\hbar}p_z z}\right\}$;等等。

在不对易的力学量中,最典型和重要的就是同一个维度上的位置和动量,即$[\hat{x},\hat{p}]=i\hbar\neq 0$。对于给定的量子状态,如果位置的取值越确定,那么动量的取值就越不确定;相反,如果动量的取值越确定,那么位置的取值就越不确定。

例如波函数 $\delta(x-x_0)$,其位置的取值 100%确定为 x_0,但是它的平面波展开系数的模平方为$|c(p)|^2=\dfrac{1}{2\pi\hbar}$,与 p 无关,这说明所有的动量 p 都具有相同的取值概率,即 p 的取值具有最大的不确定度;再如波函数$\dfrac{1}{\sqrt{2\pi\hbar}}e^{\frac{i}{\hbar}p_0 x}$,它的动量具有确定的取值 p_0,但是它的波函数展开系数的模平方恒为$|\psi(x)|^2=\dfrac{1}{2\pi\hbar}$,这说明所有的位置 x 都具有相同的取值概率,即位置的取值具有最大的不确定度;更一般地,如果 $\hat{A}$ 与 $\hat{B}$ 不对易,并且我们把它们的对易算符写作

$$[\hat{A},\hat{B}]=i\hat{C}$$

(注意因为$[\hat{A},\hat{B}]=-[\hat{B},\hat{A}]$,所以 $\hat{C}$ 一定是一个厄米算符),那么

$$\langle(\Delta\hat{A})^2\rangle\langle(\Delta\hat{B})^2\rangle\geqslant\frac{1}{4}\langle\hat{C}\rangle^2 \tag{2.135}$$

其中 $\Delta\hat{A}=\hat{A}-\langle\hat{A}\rangle$,$\Delta\hat{B}=\hat{B}-\langle\hat{B}\rangle$,于是$\langle(\Delta A)^2\rangle$和$\langle(\Delta B)^2\rangle$分别表示对于某个确定的量子状态,力学量 A 和 B 测量值的方差。方差可以作为不确定性的衡量,因此由此式可知,只要两个力学量不对易,那么它们的不确定性乘积要大于等于某个非负数$\dfrac{1}{4}\langle\hat{C}\rangle^2$,从而一般来说不会总同时为零。这就是不确定性原理(也称为测不准原理)的数学表述。

下面来证明(2.135)式。首先,把算符 $\xi\Delta\hat{A}+i\Delta\hat{B}$ 作用在任意态矢$|\psi\rangle$上,假设得到一个新的态矢$|\varphi\rangle=(\xi\Delta\hat{A}+i\Delta\hat{B})|\psi\rangle$,其中 ξ 是某个实参量。注意到算符 $\xi\Delta\hat{A}+i\Delta\hat{B}$ 并不是一个厄米算符,但是这不妨碍它把$|\psi\rangle$映射为$|\varphi\rangle$,并且由于内积的正定性,一定有

$$\begin{aligned}\langle\varphi\mid\varphi\rangle&=\langle\psi\mid(\xi\Delta\hat{A}-i\Delta\hat{B})(\xi\Delta\hat{A}+i\Delta\hat{B})\mid\psi\rangle\\&=\xi^2\langle(\Delta\hat{A})^2\rangle+\xi\langle\hat{C}\rangle+\langle(\Delta B)^2\rangle\geqslant 0\end{aligned}$$

然后,把 $\xi^2\langle(\Delta\hat{A})^2\rangle+\xi\langle\hat{C}\rangle+\langle(\Delta B)^2\rangle$看作 ξ 的二次多项式,由于上述不等式对所有的实

数 ξ 都应该成立，根据二次式理论，立即得到(2.135)式。

对于位置和动量，直接代入基本对易关系，有

$$\langle(\Delta x)^2\rangle\langle(\Delta p)^2\rangle \geqslant \frac{1}{4}\hbar^2 \tag{2.136}$$

2.7.4 守恒量

考虑任意量子状态 $|\psi\rangle$ 下，力学量 $\hat{A}$ 的期望值随时间的变化。假设 $|\psi\rangle$ 是归一化的态矢，根据(2.130)式和(2.104)式，有

$$\begin{aligned} \mathrm{i}\hbar \frac{\mathrm{d}}{\mathrm{d}t}\langle A\rangle &= \mathrm{i}\hbar \frac{\partial}{\partial t}\langle\psi \mid \hat{A}|\psi\rangle \\ &= \left(\mathrm{i}\hbar \frac{\partial}{\partial t}\langle\psi|\right)\hat{A}|\psi\rangle + \langle\psi|\left(\mathrm{i}\hbar\frac{\partial}{\partial t}\hat{A}\right)|\psi\rangle + \langle\psi \mid \hat{A}\left(\mathrm{i}\hbar\frac{\partial}{\partial t}|\psi\rangle\right) \\ &= \mathrm{i}\hbar\left\langle \frac{\partial}{\partial t}A\right\rangle + \langle[\hat{A},\hat{H}]\rangle \end{aligned} \tag{2.137}$$

如果 $\hat{A}$ 不显含时间，那么

$$\mathrm{i}\hbar \frac{\mathrm{d}}{\mathrm{d}t}\langle A\rangle = \langle[\hat{A},\hat{H}]\rangle \tag{2.138}$$

如果进一步，$\hat{A}$ 与哈密顿量对易，即 $[\hat{A},\hat{H}]=0$，那么不管在什么量子状态下，它的期望值将不随时间变化。这时称 $\hat{A}$ 为该体系的守恒量。

作为守恒量的例子，我们考虑自由粒子，其哈密顿量为 $\hat{H}=\frac{\hat{p}^2}{2m}$，从而 $[\hat{p},\hat{H}]=0$，即动量是自由粒子的守恒量。另外一个例子如下：如果哈密顿量不显含时间(除6.2节以外，本书考虑的都是这种情况)，那么由 $[\hat{H},\hat{H}]=0$，根据(2.137)式可知，系统的能量是守恒量。

守恒力学量与哈密顿量对易，因此它们有共同的本征态集合。如果体系的能量存在简并，那么一般来说总可以再找到若干个守恒力学量，使得它们与哈密顿量的共同本征态不存在简并(即每个共同本征态对应于一组不同的本征值)。例如在后面的3.1节中会看到，三维自由电子的能量是简并的，但是可以找到一组守恒力学量 $\hat{p}_x,\hat{p}_y,\hat{p}_z$，它们的本征值 p_x，p_y,p_z 与共同本征态一一对应不存在简并，从而可以用 p_x,p_y,p_z 唯一标识系统的所有独立的定态。称 $\hat{p}_x,\hat{p}_y,\hat{p}_z$ 为该体系的力学量完全集。再如在3.5节中会看到，在氢原子中，$\hat{H},\hat{L}^2,\hat{L}_z$ 构成力学量完全集，可以用与它们的本征值相关的三个量子数 n,l,m 唯一标识系统的所有独立的定态。

从共同本征态的角度，也可以看出为什么守恒量的期望值不随时间变化。对于任意的初始态矢 $|\psi(t=0)\rangle$，总可以用守恒量 $\hat{A}$ 与哈密顿量的共同本征态矢作为基矢，将其展开为(2.111)式的形式，其中各展开系数对应于此时 $\hat{A}$ 取相应本征值的概率幅。当态矢随时间变化时，根据(2.112)式，各展开系数各自需要乘以一个相位因子，但是这并不会改变它们的模平方，即 $\hat{A}$ 取各本征值的概率分布不会随时间发生变化，从而 $\hat{A}$ 的期望值也不随时间变化。

习　题

1. 请把如下波函数归一化：

(1) $\psi(x)=\begin{cases}\sin\left(\dfrac{\pi x}{a}\right), & 0\leqslant x\leqslant a\\ 0, & \text{其余情况}\end{cases}$,其中 a 是给定的大于零的实数。

(2) $\psi(x)=\dfrac{\sin(ax)}{x}$ $(x\in(-\infty,+\infty))$,其中 a 是给定的大于零的实数。

2. 已知一个质量为 m 且做一维运动的自由粒子在 $t=0$ 时刻的波函数为 $\psi(x)=1+\cos(kx)$,求其任意时刻的波函数。

3. 计算高斯波函数 $\psi(x)=\mathrm{e}^{-\frac{x^2}{2\sigma^2}}$ 的平面波展开系数 $c(p)$,并验证 x^2 和 p^2 的期望的乘积是一个与 σ 无关的常数。

4. 如果算符 $\hat{F}_1$, $\hat{F}_2$ 和 $\hat{F}_3$ 满足 $\hat{F}_1\hat{F}_2=\hat{I}$ 及 $\hat{F}_2\hat{F}_3=\hat{I}$,证明:$\hat{F}_1=\hat{F}_3$。

5. 如果 $\hat{F}$ 是一个线性算符,并且 u_1 和 u_2 是它的两个对应于给定本征值 λ 的本征函数,证明:u_1 和 u_2 的任意线性组合一定也是 $\hat{F}$ 的对应于本征值 λ 的本征函数。

6. 已知一个体系的态矢空间维度为 2,并且在某个表象下,这个体系的哈密顿算符为 $\hat{H}=\begin{bmatrix}2E_0 & -\mathrm{i}E_0\\ \mathrm{i}E_0 & 2E_0\end{bmatrix}$,其中 E_0 为给定的正实数。请求解这个体系的薛定谔方程。即如果已知在 $t=0$ 时刻,系统的态矢为 $|\psi\rangle=\begin{pmatrix}a\\ b\end{pmatrix}$,其中 a 和 b 为复数,那么求系统在任意时刻 t 的态矢。

7. 利用(2.136)式的推导过程,可否找到使得位置和动量的方差乘积最小$\left(\text{即取}\dfrac{1}{4}\hbar^2\right)$的那些波函数所应满足的方程?

第 3 章　典型体系的薛定谔方程

通过前面两章的学习，我们掌握了量子力学的基本概念和理论框架，从这一章开始，我们将运用这些知识理解一些典型体系中电子的行为。

3.1　自由电子及平面波

3.1.1　自由电子的色散关系

在实际的固态物质中，电子的运动是一个非常复杂的问题。如果完整考虑这个问题，波函数的自变量需要包括所有电子和原子核的位置，并且需要把原子核之间的相互作用、原子核与电子之间的相互作用，以及电子与电子之间的相互作用都考虑进去，从而建立一个形如第 2 章(2.15)式的薛定谔方程并且求解。然而，这个方程的复杂度会随着电子和原子核数目的增多而急剧上升，一般来说，目前人们并没有很好的严格求解方法。我们认识世界总是从简单到复杂，先做合理的近似，抓住主要矛盾，暂时舍弃次要因素，把问题简单化；当把简单化的问题理解清楚以后，再逐渐按照重要性依次加入之前舍弃的因素。

当考虑一块固体中的电子运动时，一个方便而且颇有成效的近似就是先忽略原子核的影响，以及电子与电子之间的相互作用，从而每个电子都可以看作在这块固体里自由运动的，这就是自由电子模型。事实上，基于量子力学的自由电子模型对金属的描述是非常成功的。

具体来说，假设电子不受到任何其他粒子的相互作用，它的势能项 $V(\boldsymbol{r})$ 于是可以取为零(暂时假设固体的尺寸为无限大)，所以哈密顿算符成为

$$\hat{H} = \frac{\hat{p}^2}{2m} = -\frac{\hbar^2}{2m}\nabla^2 \tag{3.1}$$

为简单起见，首先考虑一维运动的情况：

$$\hat{H} = \frac{p_x^2}{2m} = -\frac{\hbar^2}{2m}\frac{\partial^2}{\partial x^2} \tag{3.2}$$

根据第 2 章的内容可知，为搞清楚电子波函数的演化，首先要解定态薛定谔方程

$$\hat{H}\psi_E(x) = E\psi_E(x) \tag{3.3}$$

把哈密顿算符的形式(3.2)式代入(3.3)式，很容易得到定态薛定谔方程的通解为

$$\psi_E(x) = \begin{cases} A\mathrm{e}^{\frac{\mathrm{i}}{\hbar}\sqrt{2mE}x} + B\mathrm{e}^{-\frac{\mathrm{i}}{\hbar}\sqrt{2mE}x}, & E > 0 \\ Ax + B, & E = 0 \\ A\mathrm{e}^{\frac{\sqrt{-2mE}}{\hbar}x} + B\mathrm{e}^{-\frac{\sqrt{-2mE}}{\hbar}x}, & E < 0 \end{cases} \tag{3.4}$$

因为这里考虑的是自由粒子,它的运动范围是 $x\in(-\infty,\infty)$,所以对于 $E<0$ 的情况,只要 A 与 B 中有一个系数不为零,波函数要么在 $-\infty$ 处发散,要么在 ∞ 处发散,而这样的波函数代表了粒子出现在无穷远处的概率为无限大,显然是一个非物理的解,从而 E 的取值不能为负数。同样的道理,对于 $E=0$ 的情况,A 必须为零;否则,波函数也会在 $\pm\infty$ 处发散。

从而可以把剩下的情况合并写成

$$\psi_k(x) = \mathrm{e}^{\mathrm{i}kx} \tag{3.5}$$

其中 k 可以取任意实数,即任意平面波都是自由电子哈密顿量的本征波函数。代入(3.3)式,可知其相应的本征能量为

$$E(k) = \frac{\hbar^2 k^2}{2m} \tag{3.6}$$

注意这里把平面波写成(3.5)式的形式,它与第 2 章中的(2.6)式是等价的,区别仅在于这里用了波矢 k 作为下标,并且略去了归一化因子。

由于平面波是定态波函数,它的时间演化就是乘以一个与时间相关的相位因子。具体来说,把 $\psi_k(x)=\mathrm{e}^{\mathrm{i}kx}$ 作为初始时刻的波函数 $\psi(x,t=0)$ 代入到含时薛定谔方程

$$\mathrm{i}\hbar\frac{\partial}{\partial t}\psi(x,t) = \hat{H}\psi(x,t) \tag{3.7}$$

中,可以解得

$$\psi(x,t) = \mathrm{e}^{\mathrm{i}(kx-\omega(k)t)} \tag{3.8}$$

其中

$$\omega(k) = \frac{E}{\hbar} = \frac{\hbar k^2}{2m} \tag{3.9}$$

(3.6)式或者(3.9)式称为平面波的色散关系,它描述了平面波的波矢(或者动量)与其圆频率(或者能量)之间的关系,如图 3.1 所示。

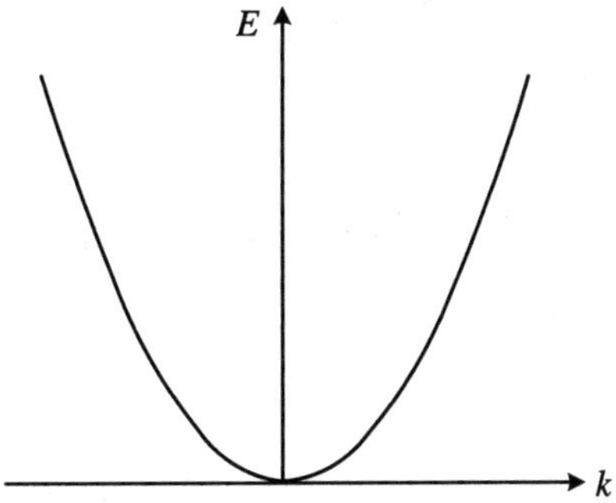

图 3.1　平面波的色散关系曲线是一条抛物线

根据第 2 章的内容,如果一个自由粒子的初始波函数是任意函数 $\psi(x,t=0)$,那么可以对这个初始波函数进行平面波展开:

$$\psi(x,t=0) = \int \mathrm{d}k\,c(k)\mathrm{e}^{\mathrm{i}kx}$$

从而直接得到其在任意时刻的波函数

$$\psi(x,t) = \int \mathrm{d}k\,c(k)\mathrm{e}^{\mathrm{i}(kx-\omega(k)t)} \tag{3.10}$$

3.1.2 波包与群速度

前两章曾经提到,平面波与具有确定动量的粒子是对应的,并且粒子的动量为 $p=\hbar k$。根据经典力学的定义,$p=mv$,这意味着如果把该粒子看作经典质点,它的运动速度应该是 $v=\frac{\hbar k}{m}$。观察一下(3.8)式,它本质上是一个形如 $f(kx-\omega(k)t)$ 的函数,而这个函数的移动速度应该是 $v=\frac{\omega(k)}{k}=\frac{\hbar k}{2m}$,与预期的粒子运动速度并不一致。

为什么会有这个矛盾? 2.1 节曾经提到,平面波并不是真实粒子的波函数,而只是真实波函数的极限情况。为了描述真实的粒子,必须使得波函数在无限远处衰减到零,例如在平面波的基础上加一个衰减的调制函数 $g(x)$(例如高斯函数),使得(3.5)式变为

$$\psi(x) = g(x)e^{ik_0x} \tag{3.11}$$

如图 3.2 所示,这种受到衰减调制的平面波称为波包,调制函数 $g(x)$ 的宽度称为波包的宽度。可以把理想的平面波理解为宽度趋于无穷大的波包。通过傅里叶变换可以知道,当波包的宽度比较大时,$\psi(x)$ 的平面波展开系数 $c(k)$ 是一个中心位于 k_0 处的窄峰,假设其宽度为 $2\Delta k$,有

$$\psi(x) \sim \int_{-\Delta k}^{\Delta k} c(k_0+\delta k)e^{i(k_0+\delta k)x}d\delta k$$

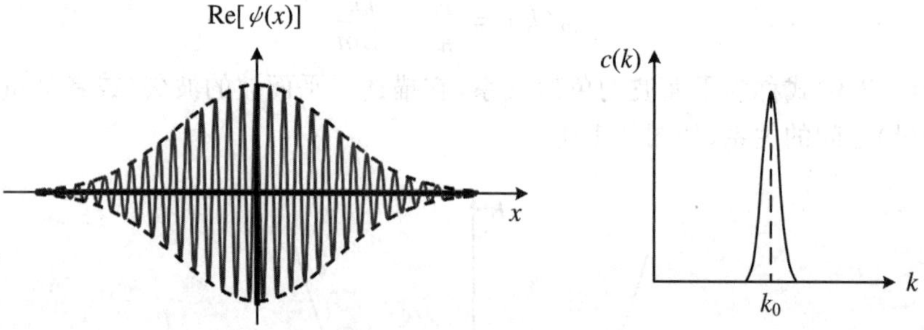

图 3.2 波包及其平面波展开系数

代入(3.10)式,得到波包的时间演化方式为

$$\psi(x,t) = \int_{-\Delta k}^{\Delta k} c(k_0+\delta k)e^{i((k_0+\delta k)x-\omega(k_0+\delta k)t)}d\delta k$$

由于 Δk 比较小,我们对上式中的 $\omega(k_0+\delta k)$ 作泰勒展开,保留到一阶项,有

$$\begin{aligned}\psi(x,t) &= \int_{-\Delta k}^{\Delta k} c(k_0+\delta k)e^{i((k_0+\delta k)x-(\omega(k_0)+\omega'(k_0)\delta k)t)}d\delta k \\ &= e^{i(k_0x-\omega(k_0)t)}\int_{-\Delta k}^{\Delta k} c(k_0+\delta k)e^{i\delta k(x-\omega'(k_0)t)}d\delta k \\ &= e^{i(k_0x-\omega(k_0)t)}g(x-\omega'(k_0)t)\end{aligned} \tag{3.12}$$

上式说明,如果粒子的初始状态是一个受到衰减调制 $g(x)$ 的平面波(参见(3.11)式),那么在一阶近似下,它的波函数将一直保持受衰减调制的平面波形式,并且这个衰减函数 $g(x-\omega'(k_0)t)$ 以速度

$$v_g = \omega'(k_0) = \left.\frac{d\omega}{dk}\right|_{k_0} \tag{3.13}$$

运动。这个速度叫作群速度,事实上它才代表了我们把粒子理解为经典质点时的运动速度:回顾一下波函数的含义,它的模平方代表了在不同位置找到粒子的概率密度,所以如果把(3.12)式的波函数进行模平方操作,那么得到

$$|\psi(x,t)|^2 = |g(x-\omega'(k_0)t)|^2$$

即调制函数 $g(x-\omega'(k_0)t)$才决定找到粒子的概率。这个函数以 v_g 的速度运动,说明粒子出现的概率分布也在以 v_g 的速度运动;如果把粒子看作经典质点,那么这个质点的速度应该也是 v_g。把自由粒子的色散关系(3.9)式代入到(3.13)式中,很容易得到 $v_g = \hbar k/m$,这正是我们一开始所预期的经典质点的运动速度。

另外,2.1 节把概率流密度看作概率密度的流动;根据(2.20)式,平面波的概率流密度为$\frac{\hbar k}{m}|\psi|^2 = v_g|\psi|^2$,这正与把 v_g 看作平面波所对应自由粒子的运动速度是一致的。

3.1.3 三维情况

上述内容可以直接推广到三维。三维平面波的形式为

$$\psi_k(\boldsymbol{r}) = e^{i\boldsymbol{k}\cdot\boldsymbol{r}} = e^{i(k_x x+k_y y+k_z z)} \quad (k_x,k_y,k_z \text{ 取任意实数}) \tag{3.14}$$

色散关系为

$$E(\boldsymbol{k}) = \hbar\omega(\boldsymbol{k}) = \frac{\hbar^2 k^2}{2m} = \frac{\hbar^2}{2m}(k_x^2+k_y^2+k_z^2) \tag{3.15}$$

三维自由粒子的波函数随时间演化的方式为

$$\psi(x,t) = \int d^3 k c(\boldsymbol{k}) e^{i(\boldsymbol{k}\cdot\boldsymbol{r}-\omega(\boldsymbol{k})t)} \tag{3.16}$$

三维情况下的群速度为

$$\boldsymbol{v}_g = \nabla_k\omega(\boldsymbol{k}) = \frac{\partial\omega}{\partial k_x}\boldsymbol{e}_x + \frac{\partial\omega}{\partial k_y}\boldsymbol{e}_y + \frac{\partial\omega}{\partial k_z}\boldsymbol{e}_z \tag{3.17}$$

对于三维平面波,容易看出 $\boldsymbol{v}_g = \hbar\boldsymbol{k}/m$。

3.1.4 宏观有限体系中的平面波

本节一开始提到,引入自由电子模型是为了描述固体中电子运动而做的最低阶近似。现在在理解了自由电子的运动特性之后,开始加入一些之前所忽略的"次要因素"。第一个需要注意的是,实际的固体物质总是具有有限尺寸的。这使得我们在解定态薛定谔方程(参见(3.3)式)时,需要进一步考虑有限的边界条件。

本节主要考虑块状的宏观固体。在这个前提下,宏观固体的尺寸虽然是有限的,但是相比于微观粒子的尺度,依然是非常庞大的。因此,当考虑固体内部电子的运动(尤其是将要讨论的态密度、费米波矢等物理量)时,边界条件的具体形式并不重要(在内部的电子看来,边界依然是在很远的范围以外)。于是,可以选择数学上处理方便的边界条件。一个典型的取法就是周期边界条件,又称为 Born-Von Karman(玻恩-冯·卡门)边界条件。

还是先以一维情况为例,假设固体的宏观尺寸为 L,或者说电子的运动范围限制在 $x\in(0,L)$,周期边界条件的含义是

$$\psi(x=0) = \psi(x=L) \tag{3.18}$$

把自由电子的平面波解(参见(3.5)式)代入这一边界条件,得到 $1=e^{ikL}$,这只有当 k 的取值为

$$k_n = \frac{2\pi}{L}n \quad (n\ 取任意整数) \tag{3.19}$$

时才能满足。这表明,当固体的尺寸为宏观有限时,其内部自由电子的波矢并不是取任意实数,而是取一系列离散的值,并且相邻两个取值的间隔为

$$\Delta k = \frac{2\pi}{L} \tag{3.20}$$

或者说,每个不同的本征状态占据了 k 轴上 $\Delta k = \frac{2\pi}{L}$ 的长度。这时自由电子的色散曲线成为一条由大量离散点组成的虚线,如图 3.3 所示。需要注意的是,色散关系(3.6)式保持不变,因为定态薛定谔方程(3.3)式仍需满足,只是周期边界条件导致了波矢的离散化。

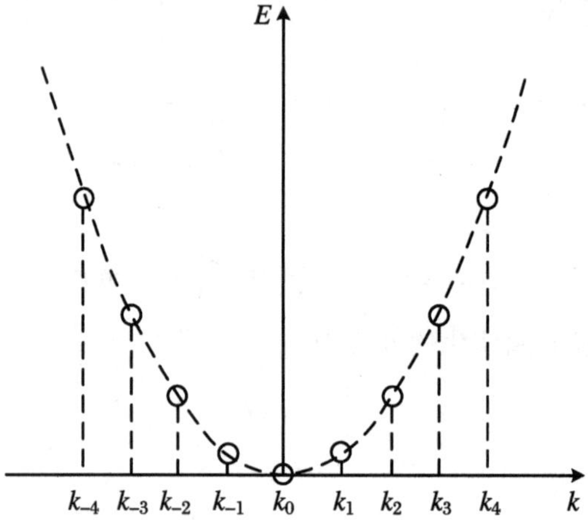

图 3.3　圆圈标示了尺寸宏观有限情况下一维自由电子的状态及本征能量

对于二维的情况,假设电子的运动范围限制在 $x\in(0,L_x)$,$y\in(0,L_y)$,周期边界条件的含义是

$$\begin{aligned}\psi(x=0,y) &= \psi(x=L_x,y)\\ \psi(x,y=0) &= \psi(x,y=L_y)\end{aligned} \tag{3.21}$$

将二维平面波的波函数形式 $e^{i\boldsymbol{k}\cdot\boldsymbol{r}}=e^{i(k_x x+k_y y)}$ 代入这一边界条件,得到 k_x 和 k_y 的取值离散化为

$$\begin{aligned}k_{x,m} &= \frac{2\pi}{L_x}m\\ k_{y,n} &= \frac{2\pi}{L_y}n\end{aligned} \quad (m,n\ 取任意整数) \tag{3.22}$$

即每个不同的本征状态占据了(k_x,k_y)平面内

$$\Delta k_x \Delta k_y = \frac{4\pi^2}{L_x L_y} = \frac{4\pi^2}{S} \tag{3.23}$$

的面积,其中 S 表示二维固体的面积。这时自由电子的色散关系成为由一个个离散点"组成"的旋转抛物面。

对于三维的情况,假设电子的运动范围限制在 $x\in(0,L_x)$,$y\in(0,L_y)$,$z\in(0,L_z)$,

周期边界条件的含义是

$$\begin{aligned}&\psi(x=0,y,z)=\psi(x=L_x,y,z)\\&\psi(x,y=0,z)=\psi(x,y=L_y,z)\\&\psi(x,y,z=0)=\psi(x,y,z=L_z)\end{aligned}\tag{3.24}$$

将三维平面波的波函数形式(参见(3.14)式)代入这一边界条件,得到 k_x,k_y,k_z 的取值离散化为

$$\begin{aligned}&k_{x,m}=\frac{2\pi}{L_x}m\\&k_{y,n}=\frac{2\pi}{L_y}n\quad(m,n,l\text{ 取任意整数})\\&k_{z,l}=\frac{2\pi}{L_z}l\end{aligned}\tag{3.25}$$

即每个不同的本征状态占据了(k_x,k_y,k_z)空间内

$$\Delta k_x\Delta k_y\Delta k_z=\frac{8\pi^3}{L_xL_yL_z}=\frac{8\pi^3}{V}\tag{3.26}$$

的体积,其中 V 表示固体的体积。

3.1.5　费米波矢与费米能

前面只考虑了单个电子的行为,实际固体中存在大量的电子,虽然假设这些电子之间没有相互作用(即忽略了它们之间的库仑排斥作用,这种体系也称为"自由电子气"),但是在后面的 6.1 节中会看到,量子物理的基本原理本身会给这些电子带来一种内禀的相互影响,这种影响称为泡利不相容原理。具体来说,在自由电子近似下,固体中每个"不同"的电子都共享一套共同的本征值和本征态,因为它们的哈密顿量完全相同(即(3.1)式)。如果有某个电子处于本征态$|\psi\rangle$,那么称这个本征态$|\psi\rangle$被一个电子占据了。泡利不相容原理的内容是,每个本征态最多只能被一个电子占据。或者说,任意两个"不同"的电子不能占据相同的本征态。

在进一步讨论之前,还需要介绍另外两个相关的原理。

第一个原理:为了完整描述电子的状态,除要考虑电子在空间中的运动以外,实际上还需要考虑电子的内部状态。这个内部状态称为自旋,它可以具有两种取值。不考虑自旋-轨道耦合等效应,从而通过解定态薛定谔方程得到的每个电子本征态,实际上都对应于两个能量相同的独立本征态。或者说,当计算独立本征态个数时,由于自旋的存在,总要把最终计算的结果乘以 2。3.5 节将详细介绍自旋的含义,这里只是直接使用这一结论。

第二个原理:能量最低原理,即不考虑热激发的情况,或者说在绝对零度下,电子体系总是处于总能量最低的状态。注意由于忽略了电子和电子之间的库仑排斥相互作用,体系的总能量就是每个电子能量的直接求和。

把这两个原理和泡利不相容原理结合起来,会导致如下的结果:假如我们解出了单电子的定态薛定谔方程,首先把所有的定态(考虑自旋带来的翻倍效应)按照能量从低到高排列,那么多电子体系中的电子将会按照能量从低到高的顺序,依次占据这些定态,每个状态最多一个电子。

打一个比方,假设一间教室里有很多座位,这些座位离讲台越近,被点名回答问题的概

率越高，并且假设所有的同学都不愿意回答问题，那么当同学走进教室的时候，总是会优先占据所有空位中离讲台最远的座位。假设学生个数少于座位个数，那么最终当所有同学都进入教室后，一定会自然形成一条分界线，这条分界线以后的所有座位都是有人坐的，这条分界线以前的所有座位都是空的(见图3.4)。对应到自由电子体系(也称为自由电子气)中，这些座位对应着单电子的本征态，离讲台越近对应于其本征能量越高，每位同学对应于一个电子。在这个例子中，假设学生个数少于座位个数，这对应于电子数目少于本征态的个数，到第5章会看到，满足这个条件的物质对应于导体。

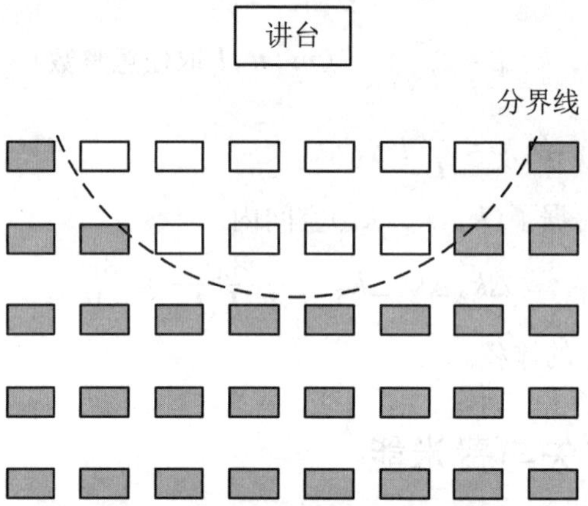

图3.4　不愿回答问题的学生体系

注：其中灰色的座位表示有人坐，白色的座位表示空位。

在一维情况下，由于自由电子的色散曲线(见图3.3)是一条(离散取样的)抛物线，电子要按照能量从低到高的顺序占据本征态，即先占据$|k|$最小的状态，再逐渐占据$|k|$稍大一点的状态，依次类推。所以在存在大量电子的情况下，这些电子在k轴上一定占据了一个关于原点对称的区间，记为$(-k_F, k_F)$。这个k_F就相当于教室里的那条自然形成的分界线，所有$|k|<k_F$的状态都被占据，所有$|k|>k_F$的状态都未被占据。k_F称为费米波矢，它的值取决于体系中电子的数目：电子数目越多，就有越多的状态被占据，换句话说，k轴被占据的长度越大。现在来看一下费米波矢与电子数目的依赖关系到底是什么。

在$-k_F \sim k_F$的区间内，电子状态的个数应该用这个区间的长度除以每个本征态占据的长度Δk(参见(3.20)式)，最后再乘以2，从而包含电子自旋导致的本征态数目翻倍，即

$$N = 2 \times \frac{2k_F}{2\pi/L} = \frac{2k_F L}{\pi} \tag{3.27}$$

每个电子状态只有一个电子占据，因此这个N就是电子的总数目。从而有

$$k_F = \frac{1}{2}\pi\frac{N}{L} = \frac{1}{2}\pi n \tag{3.28}$$

其中n为电子的线浓度，它取决于一维导体中的原子间距和每个原子提供的自由电子数目。例如假设一个一维导体是由某相同原子周期排列组成的，相邻原子之间的距离假设为0.2 nm，并且每个原子贡献一个自由电子，那么这个一维导体的电子线浓度为

$$1 \times \frac{1}{0.2 \times 10^{-9}}\ \text{m}^{-1} = 5 \times 10^{9}\ \text{m}^{-1}$$

注意费米波矢只与自由电子的浓度有关，而与导体的长度无关。当电子浓度保持一定时，虽

然增加导体的长度可以增加电子数目，但是增加长度的同时，相邻两个电子状态在 k 轴上的距离也等比例地缩小了(参见(3.20)式)，此消彼长的结果是费米波矢保持不变。

定义费米波矢处的电子能量 E_{F} 为费米能，即

$$E_{\mathrm{F}} = \frac{\hbar^2 k_{\mathrm{F}}^2}{2m} \tag{3.29}$$

绝对零度下，$E<E_{\mathrm{F}}$ 的状态全部被占据，而 $E>E_{\mathrm{F}}$ 的状态全部未被占据。

再来考虑二维自由电子气的情况。此时电子依然按照能量从低到高的顺序占据本征态，即先占据 $|k|$ 最小的状态，再逐渐占据 $|k|$ 稍大一点的状态，依次类推。所以在存在大量电子的情况下，这些电子在 k_x-k_y 平面内一定占据了一个半径为 k_{F} 的圆盘。在这个圆盘内，电子状态的个数应该用这个圆盘的面积除以每个本征态占据的面积 $\Delta k_x \Delta k_y$(参见(3.23)式)，最后再乘以 2 以包含电子自旋，即

$$N = 2 \times \frac{\pi k_{\mathrm{F}}^2}{4\pi^2/S} = \frac{k_{\mathrm{F}}^2 S}{2\pi} \tag{3.30}$$

每个电子状态只有一个电子占据，因此这个 N 就是电子的总数目。或者

$$k_{\mathrm{F}} = \sqrt{2\pi N/S} = \sqrt{2\pi n} \tag{3.31}$$

其中 n 为电子的面浓度。费米能 E_{F} 依然由(3.29)式给出。

在三维情况下，类似地，电子先占据 $|k|$ 最小的状态，再逐渐占据 $|k|$ 稍大一点的状态，依此类推。在存在大量电子的情况下，这些电子在 k_x-k_y-k_z 空间一定占据了一个半径为 k_{F} 的球，称为费米球。费米球的表面(这里就是半径为 k_{F} 的球面)称为费米面。在费米球内，电子状态的个数应该用费米球体积除以每个本征态占据的体积 $\Delta k_x \Delta k_y \Delta k_z$(参见(3.26)式)再乘以 2，即

$$N = 2 \times \frac{\frac{4}{3}\pi k_{\mathrm{F}}^3}{8\pi^3/V} = \frac{k_{\mathrm{F}}^3 V}{3\pi^2} \tag{3.32}$$

每个电子状态只有一个电子占据，因此这个 N 就是电子的总数目。或者

$$k_{\mathrm{F}} = \sqrt[3]{3\pi^2 N/V} = \sqrt[3]{3\pi^2 n} \tag{3.33}$$

其中 n 为电子的体浓度。费米能 E_{F} 依然由(3.29)式给出。

3.1.6　态密度

对于宏观有限的自由电子气，通过考虑它的实际尺寸，我们得到了费米波矢与费米能这两个重要概念。但是注意到最终的表达式(3.28)，(3.31)，(3.33)都与体系的尺寸没有关系，所以在考虑宏观有限的自由电子气时，往往直接取固体尺寸趋于无穷大的极限(这称为热力学极限)。这样做的好处是电子的本征能量回归为连续分布，色散关系也可以重新看作一条连续的曲线(或者曲面、超曲面)。

在热力学极限下，往往关心某一能量附近电子的状态数目。具体来说，定义态密度函数 $g(E)$ 为能量在 $E \sim E+\mathrm{d}E$ 之间的状态的数目除以 $\mathrm{d}E$。态密度是一个可以实验观测的量，例如扫描隧道谱、光电子能谱等技术手段均可以直接或间接得到材料的态密度函数。

对于自由电子，在一维情况下，(3.27)式给出了 $|k|<k_{\mathrm{F}}$ 范围内电子状态的数目，我们需要知道能量 $E<\varepsilon$ 范围内的电子状态数目。只要把(3.27)式中的变量 k_{F} 按照色散关系

(参见(3.6)式)代换成能量(这里为 ε)即可,即

$$N(\varepsilon)=\frac{2L\sqrt{2m\varepsilon}}{\pi\hbar} \tag{3.34}$$

而根据态密度的定义,有

$$N(\varepsilon)=\int_{-\infty}^{\varepsilon}g(E)\mathrm{d}E$$

所以对(3.34)式求导,我们得到

$$g(E)=\frac{L}{\pi\hbar}\sqrt{\frac{2m}{E}} \tag{3.35}$$

这就是一维自由电子气的态密度表达式。它说明能量越高,态密度越低,这是因为自由电子的色散关系为一条抛物线,随着能量的增高,抛物线的斜率越来越大,$\mathrm{d}E$ 范围的抛物线段投影到 k 轴上得到的长度越来越短,从而这个范围内的状态个数越来越少。如果我们进一步定义单位长度的态密度 $D(E)\equiv g(E)/L$,那么

$$D(E)=\frac{1}{\pi\hbar}\sqrt{\frac{2m}{E}} \tag{3.36}$$

在二维情况下,类似地,有

$$N(\varepsilon)=\frac{2m\varepsilon S}{2\pi\hbar^2}$$

求导得到

$$g(E)=\frac{mS}{\pi\hbar^2} \tag{3.37}$$

二维自由电子气的态密度与能量无关,这是因为二维自由电子的色散关系为一个旋转抛物面,随着能量的增高,抛物面的斜率越来越大,$\mathrm{d}E$ 范围的抛物面段投影到 k_x-k_y 平面内得到的同心圆环宽度越来越窄,但是同心圆环本身的直径越来越大,此消彼长恰好抵消,使得同心圆环面积不变。如果进一步定义单位面积内的态密度 $D(E)\equiv g(E)/S$,那么

$$D(E)=\frac{m}{\pi\hbar^2} \tag{3.38}$$

在三维情况下,有

$$N(\varepsilon)=\frac{(2m\varepsilon)^{3/2}V}{3\pi^2\hbar^3}$$

求导得到

$$g(E)=\frac{mV}{\pi^2\hbar^3}\sqrt{2mE} \tag{3.39}$$

能量越高,三维自由电子气的态密度越高,这是因为三维自由电子的色散关系是一个类似于二维旋转抛物面的超曲面,随着能量的增高,这个超曲面也越来越陡峭,$\mathrm{d}E$ 范围的超曲面段投影到 k_x-k_y-k_z 空间内得到的同心球壳厚度越来越薄,但是同心球壳本身的直径越来越大,并且后一趋势超过了前一趋势,从而导致同心球壳的体积越来越大。如果我们进一步定义单位体积内的态密度 $D(E)\equiv g(E)/V$,那么

$$D(E)=\frac{m}{\pi^2\hbar^3}\sqrt{2mE} \tag{3.40}$$

3.2　量子阱、量子线与量子点

通过 3.1 节的讨论，我们看到虽然实际导体的尺寸都是有限的，但是只要它远大于电子的德布罗意波长，依然可以选取数学上方便的周期边界条件以及热力学极限，从而把电子看作自由电子。但是存在一些特殊的导体，它们在某个或某些方向上的尺寸小到与电子的德布罗意波长一个量级，这时这些方向上的边界条件不再可以随意选取，必须考虑电子被局限在狭小空间中的行为。为了处理这种情况，首先考虑一个理想化的一维模型——一维无限深势阱。

3.2.1　一维无限深势阱

假设一维势函数为

$$V(x) = \begin{cases} 0, & 0 \leqslant x \leqslant W \\ \infty, & \text{其余情况} \end{cases} \tag{3.41}$$

这种内低外高的势函数称为势阱。由于这个势阱的高度无穷大，电子没有任何可能位于势阱外部，因此要求波函数满足

$$\psi(x) = 0 \quad (x < 0 \text{ 或 } x > W)$$

因为波函数在阱外恒为零，所以只需要求解阱内的波函数。而阱内的势能为零，所以阱内的薛定谔方程与自由电子没有区别，唯一的区别在于由于连续性的要求，现在波函数需要满足边界条件

$$\begin{aligned} \psi(x = 0) &= 0 \\ \psi(x = W) &= 0 \end{aligned} \tag{3.42}$$

与 3.1 节的推导类似，阱内定态薛定谔方程的通解为(3.4)式。将 $E=0$ 的情况代入边界条件，可知 $A=B=0$，而 $A=B=0$ 意味着 $\psi_E(x)=0$，即粒子不存在，所以能量不能为零。将 $E<0$ 的情况代入边界条件，可知

$$A + B = 0$$

$$A\mathrm{e}^{\frac{\sqrt{-2mE}}{\hbar}W} + B\mathrm{e}^{-\frac{\sqrt{-2mE}}{\hbar}W} = 0$$

很容易得到对于 $W\neq 0$，也只有 $A=B=0$ 才能满足这一条件，所以能量也不能取负值。唯一可行的是 $E>0$，代入边界条件，可以得到

$$A + B = 0$$

$$A\mathrm{e}^{\frac{\mathrm{i}}{\hbar}\sqrt{2mE}W} + B\mathrm{e}^{-\frac{\mathrm{i}}{\hbar}\sqrt{2mE}W} = 0$$

即 $B=-A$，且 $\sin\left(\frac{\sqrt{2mE}W}{\hbar}\right)=0$。$A$ 可以由归一化条件确定，而 $\sin\left(\frac{\sqrt{2mE}W}{\hbar}\right)=0$ 要求能量的取值为离散的。最终得到归一化的本征波函数

$$\psi_n(x) = \sqrt{\frac{2}{W}}\sin(k_n x)$$

其中

$$k_n = \frac{\pi}{W}n, \quad E_n = \frac{\hbar^2 k_n^2}{2m} = \frac{\hbar^2 \pi^2}{2mW^2}n^2 \tag{3.43}$$

注意其中 n 的取值为任意正整数。这是因为 n 取零将导致波函数恒等于零(意味着粒子不存在),而 n 取负值与取 $|n|$ 的波函数没有任何区别,从而是同一个状态,不应重复计入。

由于这些本征态是定态,它们随时间的演化方式为

$$\psi_n(x,t) = \sqrt{\frac{2}{W}}\sin(k_n x)\mathrm{e}^{-\mathrm{i}E_n t/\hbar}$$

这种形式的波可以看作一种驻波:势阱中每个点都在以 $\omega_n = E_n/\hbar$ 为圆频率进行振动,但是振幅与其位置有关;满足 $k_n x = m\pi$ 的位置,振动的幅度为零,称为波节;满足 $k_n x = \left(m+\frac{1}{2}\right)\pi$ 的位置,振动的幅度最大,称为波腹。可见,对于 $n=1$ 的状态,势阱内有 1 个波腹,0 个波节;对于 $n=2$ 的状态,势阱内有 2 个波腹,1 个波节;对于 $n=3$ 的状态,势阱内有 3 个波腹,2 个波节;以此类推(见图 3.5)。

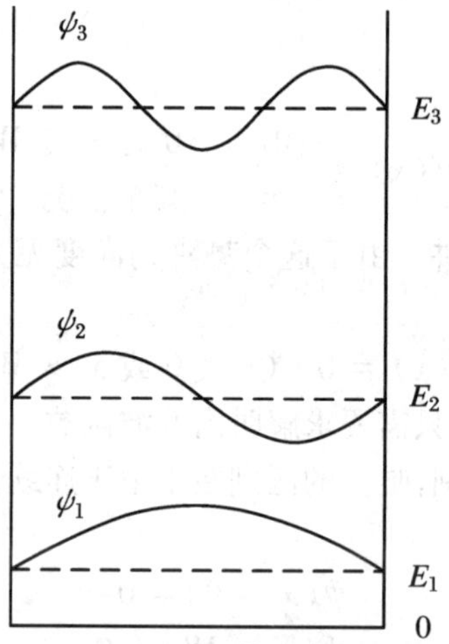

图 3.5　一维无限深势阱的本征波函数和本征能量

注:用虚线的高度表示本征能量的大小,用实线表示相应本征波函数的形状。

在所有的本征态中,$n=1$ 的状态能量最低,称为系统的基态。$n>1$ 的状态称为激发态,其中 $n=2$ 的状态最接近基态,称为第一激发态;$n=3$ 的状态是除第一激发态以外能量最接近基态的激发态,称为第二激发态;以此类推。

注意到基态的能量并不是零,换句话说,在无限深势阱中,电子能量最低的状态不是经典物理所给出的"静止状态"。这正是不确定性原理所要求的:如果基态能量为零,那么粒子的动量只有一个选择,即 $p=0$。然而,动量取确定值意味着位置必须具有无限大的不确定性,这与粒子被限制在宽度有限的势阱中这一事实矛盾。

因为能量表达式中 W^2 项出现在分母中,所以势阱的宽度越小,对于给定的 n,系统能量越高,不同能级之间的间距也越大。这是因为随着势阱宽度变小,$\sqrt{\frac{2}{W}}\sin(k_n x)$ 要在更小的范围内完成 n 个波腹和 $n-1$ 个波节的变化,这意味着波函数变化得更剧烈。而我们注意到粒子的动能(参见(3.2)式)反映了波函数二阶导数的大小,变化更剧烈的波函数理应具有更大的二阶导数,从而具有更大的动能。

3.2.2　量子阱

现在回到实际体系中。假设一个三维的导体，某一个方向的尺寸被限制到微观量级（即电子德布罗意波长的量级），而另外两个方向仍然宏观有限，这时称这个体系为量子阱（quantum well）。

假设受到限制的方向为 x 方向，那么可以把量子阱的哈密顿量理想化为

$$\hat{H} = -\frac{\hbar^2}{2m}\nabla^2 + V(r), \quad 其中 \quad V(r) = \begin{cases} 0, & 0 \leqslant x \leqslant W \\ \infty, & 其余情况 \end{cases} \tag{3.44}$$

它体现了电子只能存在于导体内部，从而相当于外部具有无限高的势能。

很容易验证这个体系的定态波函数为

$$\psi_{n,k_y,k_z}(r) = \left(\sqrt{\frac{2}{W}}\sin\left(\frac{n\pi}{W}x\right)\right)\left(\frac{1}{\sqrt{2\pi\hbar}}e^{ik_y y}\right)\left(\frac{1}{\sqrt{2\pi\hbar}}e^{ik_z z}\right) \tag{3.45}$$

其中 n 取任意正整数。这个波函数就是 x 方向一维无限深势阱的解与 y 和 z 方向平面波的解的直接乘积。代入定态薛定谔方程，得到相应的本征能量为

$$E_{n,k_y,k_z} = \frac{\hbar^2\pi^2}{2mW^2}n^2 + \frac{\hbar^2(k_y^2 + k_z^2)}{2m} \tag{3.46}$$

我们看到，对于量子阱，如果给定了 n，能量对 k_y，k_z 的依赖关系总是一个旋转抛物面（见图 3.6）；每个不同的 n 给出一个起点高度不同的旋转抛物面。可以把每个旋转抛物面所代表的那些状态统称为一个能带：$n=1$ 的旋转抛物面叫作第一个能带；$n=2$ 的旋转抛物面叫作第二个能带；以此类推。

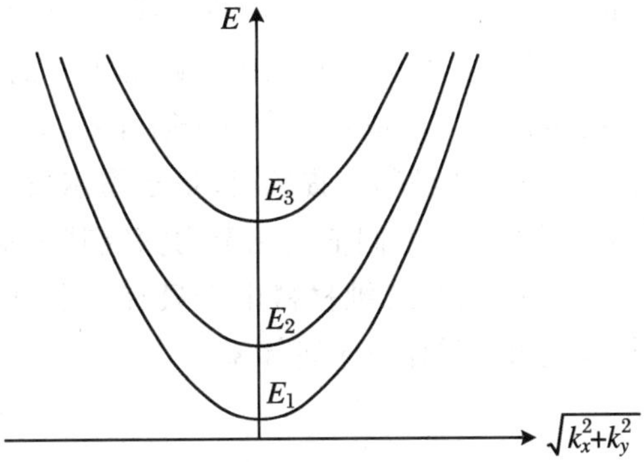

图 3.6　量子阱中电子的色散关系

当电子的费米能满足 $E_1 = \frac{\hbar^2\pi^2}{2mW^2} < E_F < \frac{2\hbar^2\pi^2}{mW^2} = E_2$ 时，所有被占据的态都位于第一个能带中，电子波函数（参见（3.45）式）在 x 方向的自由度被限定为 $n=1$，这时可以把量子阱看作 3.1 节中引入的二维自由电子，它的态密度由（3.38）式给出，即 $D(E) = \frac{m}{\pi\hbar^2}$；当电子的费米能满足 $E_2 = \frac{2\hbar^2\pi^2}{mW^2} < E_F < \frac{9\hbar^2\pi^2}{2mW^2} = E_3$ 时，被占据的态一部分位于第一个能带中，一部

分位于第二个能带中，每个能带分别贡献了$\frac{m}{\pi\hbar^2}$的态密度，体系的总态密度为 $D(E)=\frac{2m}{\pi\hbar^2}$；当电子的费米能满足 $E_3=\frac{9\hbar^2\pi^2}{2mW^2}<E_F<\frac{16\hbar^2\pi^2}{2mW^2}=E_4$ 时，被占据的态一部分位于第一个能带中，一部分位于第二个能带中，还有一部分位于第三个能带中，每个能带分别贡献了$\frac{m}{\pi\hbar^2}$的态密度，体系的总态密度为 $D(E)=\frac{3m}{\pi\hbar^2}$；依次类推。系统的态密度与能量的依赖关系如图 3.7 表示，为台阶形的折线。当量子阱的宽度 W 逐渐增加并且趋于无穷大时，E_1,E_2,E_3 等之间的间距逐渐减小并且趋于无穷小，这条折线趋于一条光滑的曲线。读者可以自行验证，这条光滑的曲线就对应于(3.39)式和(3.40)式给出的三维自由电子的态密度。

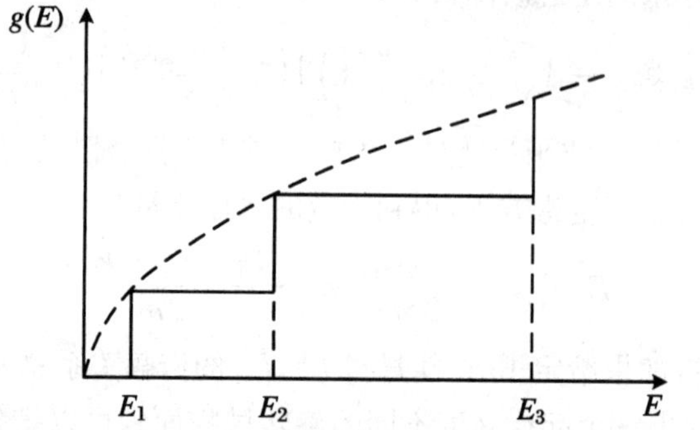

图 3.7　量子阱的态密度

量子阱有许多重要的实际例子。例如生长在绝缘衬底上的超薄金属膜就可以认为是一个量子阱。[23]再如集成电路的基本单元——场效应晶体管，在导通状态下，其导电沟道仅位于半导体表面很薄的一层。在环境温度很低并且体系缺陷很少的情况下，沟道中的电子可以认为近似做自由运动，这时可以认为沟道是一个量子阱体系，并且可以体现出二维电子气独特的量子特性，如量子霍尔效应。[24]值得一提的是，量子霍尔效应的发现推动了凝聚态物理学近四十年来的蓬勃发展，直到今天人们依然在努力探究其丰富的内涵。又如近年来石墨烯等二维材料[25]受到很多关注，这些二维材料由于只有一个原子层，电子在厚度方向的运动受到了最大程度的限制，也可以看作量子阱体系。

3.2.3　量子线

进一步，如果在两个方向上都把自由电子气的尺寸限制到微观量级，而只在另外一个方向上保留宏观的尺寸，这个体系就成为一根量子线(quantum wire)。

假设受到限制的方向为 x 和 y 方向，那么量子线的哈密顿量可以理想化为

$$\hat{H}=-\frac{\hbar^2}{2m}\nabla^2+V(r),\quad 其中\quad V(r)=\begin{cases}0, & 0\leqslant x\leqslant W_x, 0\leqslant y\leqslant W_y\\ \infty, & 其余情况\end{cases}\tag{3.47}$$

很容易验证这个体系的定态波函数为

$$\psi_{n_x,n_y,k_z}(r)=\left(\sqrt{\frac{2}{W}}\sin\left(\frac{n_x\pi}{W_x}x\right)\right)\left(\sqrt{\frac{2}{W}}\sin\left(\frac{n_y\pi}{W_y}y\right)\right)\frac{1}{\sqrt{2\pi\hbar}}e^{ik_zz} \tag{3.48}$$

其中 n_x,n_y 可取任意正整数。这个波函数就是 x 和 y 方向一维无限深势阱的解与 z 方向平面波的解的直接乘积。代入定态薛定谔方程，得到相应的本征能量为

$$E_{n_x,n_y,k_z}=\frac{\hbar^2\pi^2}{2mW_x^2}n_x^2+\frac{\hbar^2\pi^2}{2mW_y^2}n_y^2+\frac{\hbar^2k_z^2}{2m} \tag{3.49}$$

与量子阱的情况类似，每个 n_x,n_y 的组合给出了一个能带，并且每个能带都可以看作一个一维自由电子气，贡献了 $D(E)=\frac{1}{\pi\hbar}\sqrt{\frac{2m}{E}}$ 的态密度。

量子线的典型例子之一是碳纳米管[26]，它可以看作由单层碳原子（即石墨烯）卷曲而成的圆柱状纳米线（见图3.8），具有优良的机械、热学、电学等性能。另外一个例子是环栅晶体管。数十年来，集成电路行业的发展大致遵循著名的摩尔定律[27]——同样面积的芯片所包含的晶体管数目大约每18个月就会增加一倍。这一规律的不断延续促成了集成电路性能的不断提升及其功耗和成本的不断降低。晶体管密度的提升要求器件的尺寸越来越小，然而随着器件尺寸的缩小，栅极对沟道的调控能力越来越弱。为了改进这一问题，在22 nm工艺节点以后，人们逐渐放弃了传统的平面式场效应晶体管结构（见图1.4），转而采用鳍式场效应晶体管（FINFET）结构（见图3.9）。FINFET利用竖起的鳍片作为导电沟道，栅电极环绕鳍片分布，从而在缩小晶体管横向尺寸的同时，增加了栅极的面积，提高了栅控能力。到了3 nm以下工艺节点，FINFET的栅控能力依然捉襟见肘，为此，以三星、台积电为代表的集成电路厂商正在开发环栅晶体管（GAAFET）器件（见图3.9）。相比于三面环绕栅极的FINFET，GAAFET四面环绕栅极，栅控能力进一步提升。环栅晶体管如果在两个方向上的尺寸都做得非常小，某种程度上就可以近似看作量子线。

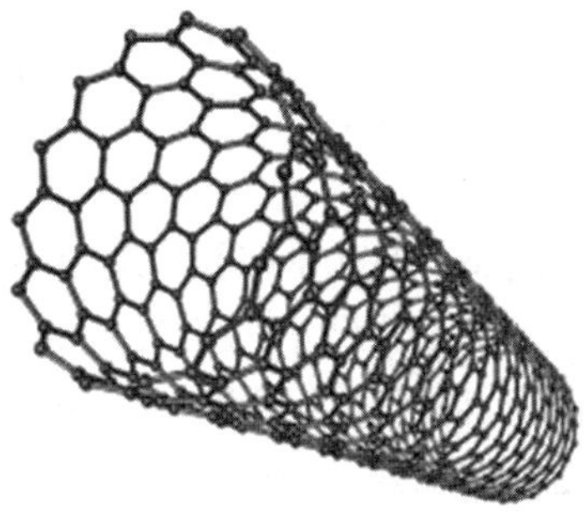

图3.8　碳纳米管示意图

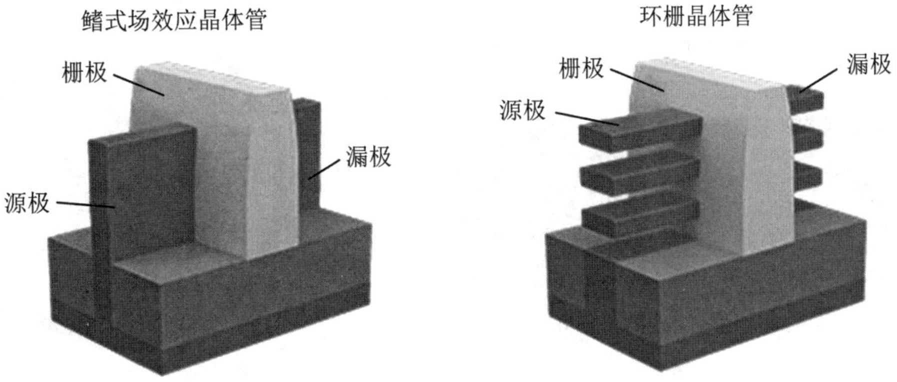

图3.9　FINFET与GAAFET器件示意图

3.2.4 量子点

如果进一步,在三个方向上均把自由电子气的尺寸限制到微观量级,此时就称该体系为量子点。量子点的哈密顿量可以理想化为

$$\hat{H} = -\frac{\hbar^2}{2m}\nabla^2 + V(r),$$

$$\text{其中}\quad V(r) = \begin{cases} 0, & 0 \leqslant x \leqslant W_x, 0 \leqslant y \leqslant W_y, 0 \leqslant z \leqslant W_z \\ \infty, & \text{其余情况} \end{cases} \tag{3.50}$$

很容易验证这个体系的定态波函数为

$$\psi_{n_x,n_y,n_z}(r) = \left(\sqrt{\frac{2}{W}}\sin\left(\frac{n_x\pi}{W_x}x\right)\right)\left(\sqrt{\frac{2}{W}}\sin\left(\frac{n_y\pi}{W_y}y\right)\right)\left(\sqrt{\frac{2}{W}}\sin\left(\frac{n_z\pi}{W_z}z\right)\right) \tag{3.51}$$

其中 n_x, n_y, n_z 可取任意正整数。这个波函数就是 x, y, z 三个方向一维无限深势阱的解的直接乘积。代入定态薛定谔方程,得到相应的本征能量为

$$E_{n_x,n_y,n_z} = \frac{\hbar^2\pi^2}{2mW_x^2}n_x^2 + \frac{\hbar^2\pi^2}{2mW_y^2}n_y^2 + \frac{\hbar^2\pi^2}{2mW_z^2}n_z^2 \tag{3.52}$$

注意到(3.52)式中相邻能级的间距与量子点的尺寸呈平方反比关系,人们利用这一点,通过改变量子点的尺寸,去改变能级的间距,从而改变它们的颜色(见 7.3 节),如图 3.10 所示。进一步,利用这些量子点作为发光单元,人们制造了量子点显示器,比起传统的液晶和 OLED 显示器,它具有更广阔的色域和更加纯净鲜艳的色彩表现力。

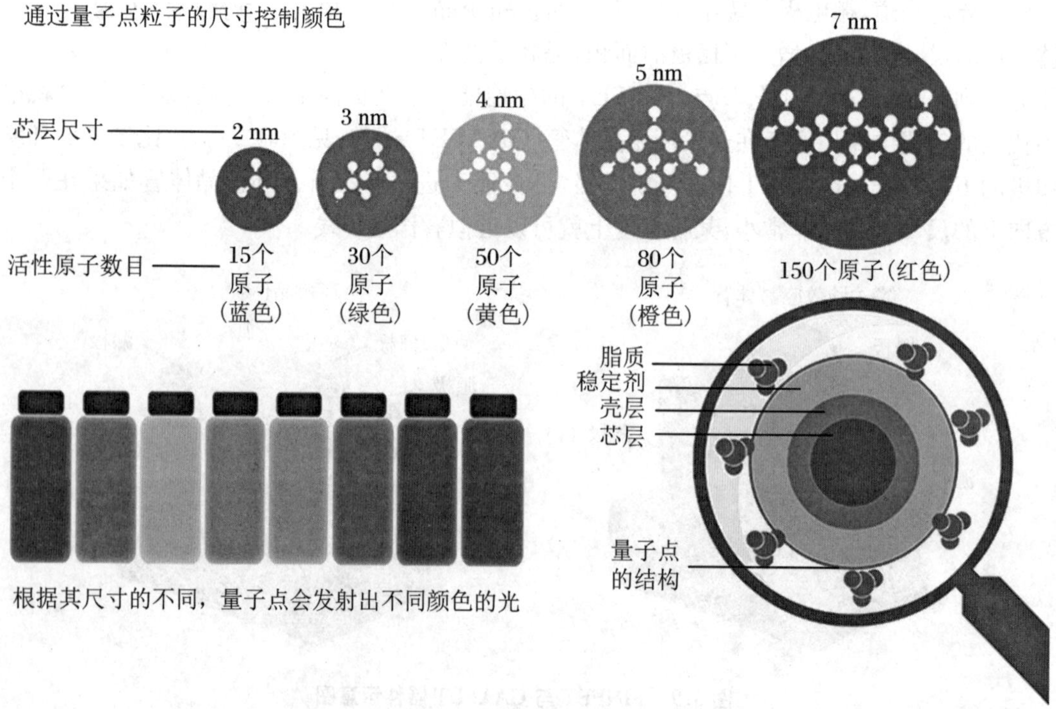

图 3.10　不同尺寸的量子点具有不同的颜色

3.3 谐　振　子

3.3.1 谐振子的本征能量

我们知道,在一维势场

$$V(x) = \frac{1}{2}m\omega^2 x^2 \tag{3.53}$$

中,经典质点将做简谐运动。现在来考虑微观粒子在这样的势场中将如何运动(处于这种势场中的粒子称为谐振子)。

定义算符

$$\begin{aligned} \hat{a} &= \sqrt{\frac{m\omega}{2\hbar}}\left(\hat{x} + \frac{\mathrm{i}}{m\omega}\hat{p}\right) \\ \hat{a}^+ &= \sqrt{\frac{m\omega}{2\hbar}}\left(\hat{x} - \frac{\mathrm{i}}{m\omega}\hat{p}\right) \\ \hat{N} &= \hat{a}^+\hat{a} \end{aligned} \tag{3.54}$$

其中 $\hat{a}$ 称为湮灭算符,$\hat{a}^+$ 称为产生算符,$\hat{N}$ 称为粒子数算符。容易证明:

$$\begin{aligned} [\hat{a},\hat{a}^+] &= 1 \\ [\hat{N},\hat{a}^+] &= \hat{a}^+ \\ [\hat{N},\hat{a}] &= -\hat{a} \end{aligned} \tag{3.55}$$

注意到在一维势场(参见(3.53)式)中粒子的哈密顿量可以表示为

$$\hat{H} = \frac{1}{2m}\hat{p}^2 + \frac{1}{2}m\omega^2\hat{x}^2 = \left(\hat{N} + \frac{1}{2}\right)\hbar\omega \tag{3.56}$$

所以对角化 $\hat{H}$ 就等价于对角化 $\hat{N}$。记 $\hat{N}$ 的本征值为 n,并且记相应的本征矢量为 $|n\rangle$,即

$$\hat{N}|n\rangle = n|n\rangle \tag{3.57}$$

其中 n 为待定的实数。

根据(3.55)式,有

$$\begin{aligned} \hat{N}(\hat{a}^+|n\rangle) &= (n+1)(\hat{a}^+|n\rangle) \\ \hat{N}(\hat{a}|n\rangle) &= (n-1)(\hat{a}|n\rangle) \end{aligned} \tag{3.58}$$

这说明要么

$$\begin{aligned} \hat{a}^+|n\rangle &\sim |n+1\rangle \\ \hat{a}|n\rangle &\sim |n-1\rangle \end{aligned} \tag{3.59}$$

即它们也是 $\hat{N}$ 的本征态,对应的本征值分别为 $n+1$ 和 $n-1$,要么 $\hat{a}^+|n\rangle$ 或 $\hat{a}|n\rangle$ 为零。后面会看到,仅当 $n=0$ 时,$\hat{a}|n\rangle=0$,其余情况下,(3.59)式总是成立的。从而对于一般情况,$\hat{a}^+$ 可以使 n 增加1,$\hat{a}$ 可以使 n 减少1。

由于

$$n = \langle n|\hat{N}|n\rangle = \langle n|\hat{a}^+\hat{a}|n\rangle \tag{3.60}$$

是矢量 $\hat{a}|n\rangle$ 和自身的内积，应该大于或等于 0，因此不能无限地重复用 $\hat{a}$ 作用在 $|n\rangle$ 上去降低 n 到负数，而是一定存在一个 $n_{\min}\geqslant 0$，使得 $\hat{a}|n_{\min}\rangle=0$。根据(3.60)式，立即得到 $n_{\min}=\langle n_{\min}|\hat{a}^+\hat{a}|n_{\min}\rangle=0$。于是我们把 $|n_{\min}\rangle$ 记作 $|0\rangle$，注意它只是表示 $\hat{N}$ 的本征值为零的本征矢量，而不是表示零矢量。我们可以不断地用 $\hat{a}^+$ 作用在 $|0\rangle$ 上，依次得到 $|1\rangle$，$|2\rangle$，$|3\rangle$ 等。

注意到对于所有的 $n\geqslant 0$，$\hat{a}^+|n\rangle$ 一定不会是零矢量；否则，$\hat{a}^+|n\rangle$ 和自身的内积 $\langle n|\hat{a}\hat{a}^+|n\rangle=\langle n|(1+\hat{N})|n\rangle=n+1$ 就等于零了，这意味着 $n=-1$，与 $n\geqslant 0$ 的前提矛盾。

另外，注意到 n 只能取整数，因为如果某个 n' 不是整数，记 $[n']$ 为不大于 n' 的最大整数，且 $\{n'\}=n'-[n']$，那么用 $\hat{a}$ 作用在 $|n'\rangle$ 上面 $[n']+1$ 次后，一定得到零矢量，或者说 $\hat{a}|\{n'\}\rangle=0$。但是根据(3.60)式，这要求 $\{n'\}=0$，即 n' 是整数，与一开始的假设发生矛盾。

综合上述结果，并结合(3.56)式，不用求解定态薛定谔方程，就可以知道谐振子的能量本征值为

$$E_n=\left(n+\frac{1}{2}\right)\hbar\omega\quad(n=0,1,2,\cdots)\tag{3.61}$$

注意与一维无限深势阱类似，谐振子的能谱具有离散的特点，这是因为受限的系统波函数总会体现出驻波的特性，而驻波总是离散的。类似于一维无限深势阱，谐振子的基态能量 $E_0=(1/2)\hbar\omega$ 也不为零，这也是受限系统的特点，即位置受限的体系不可能具有确定的动量，从而基态能量不为零，或者说具有零点能。与一维无限深势阱不同的是，谐振子相邻能级之间的间距是一个恒定值 $\hbar\omega$；而在一维无限深势阱中，能量越高，能级间距越大。

3.3.2 谐振子的本征波函数

上面从算符的代数关系出发，得到了谐振子的能量本征值。为了进一步得到其本征波函数，我们需要求解定态薛定谔方程

$$-\frac{\hbar^2}{2m}\frac{\partial^2}{\partial x^2}\psi(x)+\frac{1}{2}m\omega^2x^2\psi(x)=E\psi(x)\tag{3.62}$$

为了理解定态波函数的特性，首先考虑两个渐进情况。

第一个情况是 $x\to 0$，这时势能由于包含了 x^2 项，可以忽略，(3.62)式成为自由电子的定态薛定谔方程，所以其解是平面波或正弦波，总之是一种周期振荡的函数。

第二个情况是 $x\to\pm\infty$，这时 E 作为一个待定常数，远小于 $\frac{1}{2}m\omega^2x^2$，所以在(3.62)式中可以忽略等号右边，从而得到方程 $-\frac{\hbar^2}{2m}\frac{\partial^2}{\partial x^2}\psi(x)+\frac{1}{2}m\omega^2x^2\psi(x)=0$。这个方程的解近似为高斯函数 $\psi(x)\sim\exp\left(-\frac{m\omega}{2\hbar}x^2\right)$。

虽然不能直接解出(3.62)式中的定态波函数，但是根据上述渐进情况，我们知道这个波函数在 $x\to 0$ 的地方应该更接近一个周期振荡的函数，而在 $x\to\pm\infty$ 的地方更接近一个高斯衰减函数。

实际上，方程(3.62)的解析解为

$$\psi_n(x) = \frac{1}{\sqrt{2^n n!}}\left(\frac{m\omega}{\pi\hbar}\right)^{\frac{1}{4}}\exp\left(-\frac{m\omega}{2\hbar}x^2\right)H_n\left(\sqrt{\frac{m\omega}{\hbar}}x\right)$$
$$E_n = \left(n+\frac{1}{2}\right)\hbar\omega \tag{3.63}$$

其中 $n=0,1,2,\cdots,H_n(\xi)=(-1)^n\exp(\xi^2)\frac{\mathrm{d}^n}{\mathrm{d}\xi^n}\exp(-\xi^2)$称为厄米多项式。前 5 个厄米多项式依次为

$$H_0(\xi) = 1$$
$$H_1(\xi) = 2\xi$$
$$H_2(\xi) = 4\xi^2 - 2$$
$$H_3(\xi) = 8\xi^3 - 12\xi$$
$$H_4(\xi) = 16\xi^4 - 48\xi^2 + 12$$

把它们代入到(3.63)式中，得到谐振子的波函数如图 3.11 所示。从图中可以看到，谐振子的波函数的确如前面预期的那样，在中心处类似于一个周期振荡的函数，而在无穷远处逐渐衰减到零。与一维无限深势阱的情况类似，$\psi_n(x)$在势阱内具有 $n+1$ 个波腹和 n 个波节。

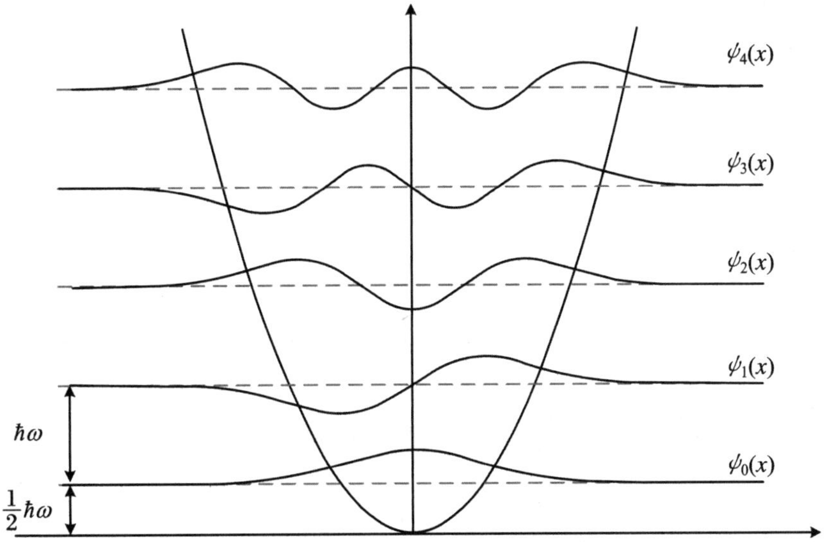

图 3.11　谐振子的波函数

注：用虚线的高度表示本征能量的大小，用实线表示相应本征波函数的形状。

3.3.3　谐振子的应用

谐振子具有非常广泛的应用和重要的意义。首先，对于一般的势场 $V(x)$来说，粒子在平衡位置附近的运动总可以近似看作谐振子。具体来说，在平衡位置 x_0 处势场应满足 $V'(x_0)=0$，从而当把平衡位置附近的势场作泰勒展开时，最低阶的两项一般为

$$V(x) = V(x_0) + \frac{1}{2}V''(x_0)(x-x_0)^2$$

这正对应于一个简谐势场。

其次，在第5章中将会看到，谐振子不仅可以描述单个粒子在简谐势场中或在平衡位置附近的运动，还可以描述多粒子体系在平衡位置附近的各种集体运动模式，例如固体材料中原子在平衡位置附近的振动。在这些体系中，每种独立的运动模式对应于一个谐振子，其哈密顿算符可以写成类似(3.56)式的形式，只不过 x 和 p 的物理含义不再是单个粒子的位置和动量，而是这种集体运动模式对应的广义坐标和广义动量。

最后，注意到谐振子的相邻能级间距总是一个恒定值 $\hbar\omega$，这与自然界中的粒子有着天然的类似性：对于确定类型的粒子，一般总是认为每个粒子携带了一份恒定的能量，多个独立粒子的总能量是每个粒子能量的直接求和。例如对于给定频率的一束光来说，每个光子携带了一份确定的能量 $\hbar\omega$（德布罗意关系，参见(1.19)式），光束的总能量越高即亮度越大，意味着其中的光子越多。基于这一类比，人们提出可以把圆频率为 ω 的谐振子看成能量为 $\hbar\omega$ 的粒子，当谐振子处于基态时，认为系统中不存在这种粒子；当谐振子处于第一激发态时，认为系统中存在一个这种粒子；当谐振子处于第二激发态时，认为系统中存在两个这种粒子；以此类推。反过来，可以把各种基本粒子都看作某个谐振子的激发态，从而借用谐振子的方式描述基本粒子，这正是当前粒子物理的标准模型所做的。在标准模型中，各种基本粒子（如电子、夸克、光子等）都各自对应一种“场”，而每种基本粒子都是它所对应的“场”的激发态，或者说是相应的“谐振子”的激发态。从这个意义来说，在当前的理解下，谐振子构成了世界的基础！

3.4 氢原子及类氢原子

众所周知，我们生活中接触的各种物质都是由大量原子组成的。为了理解电子在固体中的运动，首先研究单个原子中电子的运动是绝对有必要的。本节我们将尝试探究这一问题。

考虑电子在带正电荷的原子核所产生的电场中的运动。电子感受到的势场为库仑吸引势，即

$$V(\boldsymbol{r}) = -\frac{Ze^2}{4\pi\varepsilon_0|\boldsymbol{r}|} = -\frac{Ze_S^2}{r} \tag{3.64}$$

其中 $e_S = \dfrac{e}{\sqrt{4\pi\varepsilon_0}}$，$r = |\boldsymbol{r}|$，而 Z 表示原子核的电荷数。对于氢原子，$Z=1$；当 $Z>1$ 时，体系称为类氢原子。

忽略自旋-轨道耦合，（类）氢原子的哈密顿量为

$$\hat{H} = \frac{\hat{p}^2}{2m_e} + V(\boldsymbol{r}) = -\frac{\hbar^2}{2m_e}\nabla^2 - \frac{Ze_S^2}{r} \tag{3.65}$$

如果引入球坐标系 (r, θ, φ)，使得

$$\begin{aligned} x &= r\sin\theta\cos\varphi \\ y &= r\sin\theta\sin\varphi \\ z &= r\cos\theta \end{aligned} \tag{3.66}$$

那么根据(2.55)式和(2.56)式可以得到

$$
\begin{aligned}
\hat{L}^2 &= -\hbar^2\left[\frac{1}{\sin\theta}\frac{\partial}{\partial\theta}\left(\sin\theta\frac{\partial}{\partial\theta}\right)+\frac{1}{\sin^2\theta}\frac{\partial^2}{\partial\varphi^2}\right] \\
\hat{L}_z &= -\mathrm{i}\hbar\frac{\partial}{\partial\varphi}
\end{aligned} \tag{3.67}
$$

而拉普拉斯算符在球坐标下变为

$$
\nabla^2 = \frac{1}{r^2}\left[\frac{\partial}{\partial r}\left(r^2\frac{\partial}{\partial r}\right)+\frac{1}{\sin\theta}\frac{\partial}{\partial\theta}\left(\sin\theta\frac{\partial}{\partial\theta}\right)+\frac{1}{\sin^2\theta}\frac{\partial^2}{\partial\varphi^2}\right] \tag{3.68}
$$

从而(3.65)式可以重新表达为

$$
\hat{H} = \hat{H}_r + \frac{\hat{L}^2}{2m_e r^2} \tag{3.69}
$$

其中$\hat{H}_r = -\dfrac{\hbar^2}{2m_e}\dfrac{1}{r^2}\dfrac{\partial}{\partial r}\left(r^2\dfrac{\partial}{\partial r}\right)-\dfrac{Ze_S^2}{r}$只作用在 r 坐标上,而$\dfrac{\hat{L}^2}{2m_e r^2}$只作用在 θ 和 φ 上。这意味着(类)氢原子的定态波函数可以写成分离变量 $R(r)Y(\theta,\varphi)$的形式,其中 $Y(\theta,\varphi)$是$\hat{L}^2$的本征函数,假设对应的本征值为 $\lambda\hbar^2$,那么 $R(r)$是$\hat{H}_r+\dfrac{\lambda\hbar^2}{2m_e r^2}$的本征函数。

类似于上一节谐振子的情况,在给出具体的波函数形式之前,我们先通过角动量的对易关系,看看能够得到关于 $Y(\theta,\varphi)$的哪些信息。

根据(2.61)式,角动量算符的各分量之间是不对易的,这意味着角动量的三个分量一般不可以同时具有确定的取值。不过,(2.62)式表明$\hat{L}^2$与角动量的任意一个分量是对易的,或者说,它可以与角动量的任意一个分量同时具有确定的取值。习惯上,取这个分量为 z 分量。

现在考察$\hat{L}^2$和$\hat{L}_z$的共同本征态。把这个本征态记作$|\lambda,m\rangle$,它应该同时满足本征方程

$$
\hat{L}^2|\lambda,m\rangle = \lambda\hbar^2|\lambda,m\rangle \tag{3.70}
$$

和

$$
\hat{L}_z|\lambda,m\rangle = m\hbar|\lambda,m\rangle \tag{3.71}
$$

其中 λ 和 m 是待定值。注意这里在两个式子中分别引入了因子 $\hbar^2$ 和 $\hbar$,这不影响一般性,并且接下来可以看到这会简化 λ 和 m 的表达式。假设$\{|\lambda,m\rangle\}$已经正交归一化。

如果把角动量理解成一个经典的欧氏空间矢量,那么$\hat{L}^2$对应的是其模长的平方,所以如果$\hat{L}^2$的取值确定为 $\lambda\hbar^2$,那么该矢量在 z 轴上的投影 $m\hbar$ 似乎可以从 $-\sqrt{\lambda}\hbar$ 到$\sqrt{\lambda}\hbar$ 之间连续变化。然而,事实上 $\hat{L}$ 的三个分量无法同时具有确定值,因此这一经典欧氏空间矢量的观点对于角动量并不成立。我们来考察一下,在$\hat{L}^2$的取值确定为 $\lambda\hbar^2$ 的前提下,$\hat{L}_z$的本征值 $m\hbar$ 可以取哪些值。

定义两个新的算符:

$$
\begin{aligned}
\hat{L}_+ &= \hat{L}_x + \mathrm{i}\hat{L}_y \\
\hat{L}_- &= \hat{L}_x - \mathrm{i}\hat{L}_y
\end{aligned} \tag{3.72}
$$

由(2.61)式可以得到

$$
[\hat{L}_z,\hat{L}_\pm] = \pm\hbar\hat{L}_\pm \tag{3.73}
$$

由(2.62)式可以得到

$$
[\hat{L}^2,\hat{L}_\pm] = 0 \tag{3.74}
$$

将(3.73)式和(3.74)式的左、右两边同时作用到$|\lambda,m\rangle$上，并且整理得到

$$\begin{aligned}\hat{L}_z(\hat{L}_\pm\mid\lambda,m\rangle)&=(m\pm1)\hbar(\hat{L}_\pm\mid\lambda,m\rangle)\\\hat{L}^2(\hat{L}_\pm\mid\lambda,m\rangle)&=\lambda\hbar^2(\hat{L}_\pm\mid\lambda,m\rangle)\end{aligned}\tag{3.75}$$

为了满足此式，要求$\hat{L}_\pm|\lambda,m\rangle$也是$\hat{L}^2$和$\hat{L}_z$的本征矢量，并且本征值分别为$\lambda\hbar^2$和$(m\pm1)\hbar$；或者$\hat{L}_\pm|\lambda,m\rangle=0$。通过下面的讨论可以看到，只有当$m=\pm l$时，$\hat{L}_\pm|\lambda,m\rangle=0$才会发生。于是对于一般的$m$，有

$$\hat{L}_\pm\mid\lambda,m\rangle\sim\mid\lambda,m\pm1\rangle\tag{3.76}$$

即可以利用$\hat{L}_\pm$算符将$\hat{L}_z$的本征值增加或减少$\hbar$。所以$\hat{L}_\pm$算符称为角动量升降算符。

由于$\hat{L}^2$对应于角动量模长的平方，而$\hat{L}_z$对应于角动量在z轴上的投影，$\hat{L}_z$的本征值$m\hbar$一定不会超过$\hat{L}^2$本征值的平方根即$\sqrt{\lambda}\hbar$，我们来证明这一点。注意到

$$\hat{L}^2=\hat{L}_z^2+\hat{L}_x^2+\hat{L}_y^2$$

于是$\langle\lambda,m|\hat{L}^2|\lambda,m\rangle=\lambda\hbar^2\geqslant\langle\lambda,m|\hat{L}_z^2|\lambda,m\rangle=m^2\hbar^2$，即$m^2\leqslant\lambda$。

这表明，虽然$\hat{L}_+$每作用一次，m的值可以增加1，但是这个增加不是可以无限进行下去的。当m增加到接近$\sqrt{\lambda}$的某个值$m_{\max}$时，由于上述取值范围的要求，就不可以再增加了。为了同时满足这一要求和(3.75)式，唯一的办法是$\hat{L}_+|\lambda,m_{\max}\rangle=0$。

同理，虽然$\hat{L}_-$每作用一次，m的值可以减少1，但是这个减少不是可以无限进行下去的。当m减少到接近$-\sqrt{\lambda}$的某个值$m_{\min}$时，由于上述取值范围的要求，就不可以再减少了。为了同时满足这一要求和(3.75)式，唯一的办法是$\hat{L}_-|\lambda,m_{\min}\rangle=0$。

进一步，注意到关系式

$$\hat{L}^2=\hat{L}_z^2+\hbar\hat{L}_z+\hat{L}_-\hat{L}_+\tag{3.77}$$

并且把它作用在$|\lambda,m_{\max}\rangle$上，有

$$\begin{aligned}\lambda\hbar^2\mid\lambda,m_{\max}\rangle=\hat{L}^2\mid\lambda,m_{\max}\rangle&=\hat{L}_z^2\mid\lambda,m_{\max}\rangle+\hbar\hat{L}_z\mid\lambda,m_{\max}\rangle+\hat{L}_-\hat{L}_+\mid\lambda,m_{\max}\rangle\\&=m_{\max}(m_{\max}+1)\hbar^2\mid\lambda,m_{\max}\rangle\end{aligned}$$

即$\lambda=m_{\max}(m_{\max}+1)$。由于$m_{\max}^2\leqslant\lambda$，得到$m_{\max}\geqslant0$，记它为$l$，则$m_{\max}=l$，$\lambda=l(l+1)$。

同理，注意到关系式

$$\hat{L}^2=\hat{L}_z^2-\hbar\hat{L}_z+\hat{L}_+\hat{L}_-\tag{3.78}$$

并且把它作用在$|\lambda,m_{\min}\rangle$上，有

$$\begin{aligned}\lambda\hbar^2\mid\lambda,m_{\min}\rangle=\hat{L}^2\mid\lambda,m_{\min}\rangle&=\hat{L}_z^2\mid\lambda,m_{\min}\rangle-\hbar\hat{L}_z\mid\lambda,m_{\min}\rangle+\hat{L}_+\hat{L}_-\mid\lambda,m_{\min}\rangle\\&=m_{\min}(m_{\min}-1)\hbar^2\mid\lambda,m_{\min}\rangle\end{aligned}$$

即$\lambda=m_{\min}(m_{\min}-1)$。由于$m_{\min}^2\leqslant\lambda$，得到$m_{\min}\leqslant0$，从而解得$m_{\min}=-l$。

重新整理以上结果，我们有以下结论：

$\hat{L}^2$和$\hat{L}_z$的共同本征态可以记作$|l,m\rangle$，它满足本征方程

$$\begin{aligned}\hat{L}^2\mid l,m\rangle&=l(l+1)\hbar^2\mid l,m\rangle\\\hat{L}_z\mid l,m\rangle&=m\hbar\mid l,m\rangle\end{aligned}\tag{3.79}$$

并且m的取值范围为

$$m=-l,\quad -l+1,\quad \cdots,\quad l-1,\quad l\tag{3.80}$$

根据(3.80)式，l的可能取值只能为非负整数或半整数。

m 除(3.80)式给出的取值范围以外,不可能再有别的取值,因为假如存在一个状态 $|l,m'\rangle$,且 m' 不在(3.80)式的范围内,那么不停地用升算符或降算符作用在 $|l,m'\rangle$ 上,最终总会得到一组新的 $m'_{\max}$ 和 $m'_{\min}$(因为所有的 m^2 必须小于等于 $l(l+1)$);而根据(3.77)式和(3.78)式,新的 $m'_{\max}$ 解出来依然是 l,新的 $m'_{\min}$ 解出来依然是 $-l$,从而再用升算符或降算符作用回去,得到的 m' 依然落在(3.80)式的范围内。

事实上,在球坐标系下将(3.67)式代入本征方程(3.79),将解得与 $|l,m\rangle$ 对应的本征函数为球谐函数 $Y_{lm}(\theta,\varphi)$[11,28],它的具体形式为

$$Y_{lm}(\theta,\varphi)=(-1)^m\sqrt{\frac{2l+1}{4\pi}\frac{(l-m)!}{(l+m)!}}P_l^m(\cos\theta)\mathrm{e}^{\mathrm{i}m\varphi} \tag{3.81}$$

$$(l=0,1,2,\cdots,m=-l,-l+1,\cdots,l-1,l)$$

其中 $P_l^m(x)=\dfrac{1}{2^l l!}(1-x^2)^{m/2}\dfrac{\mathrm{d}^{l+m}}{\mathrm{d}x^{l+m}}(x^2-1)^l$ 称为连带勒让德多项式。注意由于 $\mathrm{e}^{\mathrm{i}m\varphi}$ 需要是关于 φ 的周期为 2π 的周期函数,它进一步限定了 l 的取值只能是非负整数。前几个球谐函数具有如下形式:

$$Y_{0,0}=\frac{1}{\sqrt{4\pi}}$$

$$Y_{1,1}=-\sqrt{\frac{3}{8\pi}}\sin\theta\mathrm{e}^{\mathrm{i}\varphi},\quad Y_{1,0}=\sqrt{\frac{3}{4\pi}}\cos\theta,\quad Y_{1,-1}=\sqrt{\frac{3}{8\pi}}\sin\theta\mathrm{e}^{-\mathrm{i}\varphi}$$

$$Y_{2,2}=\sqrt{\frac{15}{32\pi}}\sin^2\theta\mathrm{e}^{2\mathrm{i}\varphi},\quad Y_{2,-2}=\sqrt{\frac{15}{32\pi}}\sin^2\theta\mathrm{e}^{-2\mathrm{i}\varphi}$$

$$Y_{2,1}=-\sqrt{\frac{15}{8\pi}}\sin\theta\cos\theta\mathrm{e}^{\mathrm{i}\varphi},\quad Y_{2,0}=\sqrt{\frac{5}{16\pi}}(3\cos^2\theta-1),\quad Y_{2,-1}=\sqrt{\frac{15}{8\pi}}\sin\theta\cos\theta\mathrm{e}^{-\mathrm{i}\varphi}$$

把 $Y_{lm}(\theta,\varphi)$ 代入定态薛定谔方程

$$-\frac{\hbar^2}{2m_\mathrm{e}}\nabla^2\psi(\boldsymbol{r})-\frac{Ze_S^2}{r}\psi(\boldsymbol{r})=E\psi(\boldsymbol{r}) \tag{3.82}$$

中,并且利用(3.69)式,可以得到关于 $R(r)$ 的方程

$$\left(-\frac{\hbar^2}{2m_\mathrm{e}}\frac{1}{r^2}\frac{\partial}{\partial r}\left(r^2\frac{\partial}{\partial r}\right)-\frac{Ze_S^2}{r}+\frac{l(l+1)\hbar^2}{2m_\mathrm{e}r^2}\right)R(r)=ER(r) \tag{3.83}$$

我们只关注束缚态解($E<0$),可以得到

$$R_{nl}(r)=\frac{2}{(2l+1)!}\sqrt{\frac{Z^3}{a_0^3}\frac{(n+l)!}{(n-l-1)!}}\mathrm{e}^{-\frac{Zr}{na_0}}\left(\frac{2Zr}{na_0}\right)^l F\left(-n+l+1,2l+2,\frac{2Zr}{na_0}\right)$$

$$(n=1,2,3,\cdots;l=0,1,2,\cdots,n-1) \tag{3.84}$$

$R_{nl}(r)$ 称为径向函数,其中 F 代表合流超几何级数[11,28],而 $a_0=\dfrac{\hbar^2}{m_\mathrm{e}e_S^2}=\dfrac{4\pi\varepsilon_0\hbar^2}{m_\mathrm{e}e^2}\simeq5.29\times10^{-11}$ m 称为玻尔半径。前几个径向函数具有如下形式:

$$R_{1,0}(r)=2\left(\frac{Z}{a_0}\right)^{\frac{3}{2}}\mathrm{e}^{-\frac{Zr}{a_0}}$$

$$R_{2,0}(r)=\left(\frac{Z}{2a_0}\right)^{\frac{3}{2}}\left(2-\frac{Zr}{a_0}\right)\mathrm{e}^{-\frac{Zr}{2a_0}},\quad R_{2,1}(r)=\frac{1}{\sqrt{3}}\left(\frac{Z}{2a_0}\right)^{\frac{3}{2}}\frac{Zr}{a_0}\mathrm{e}^{-\frac{Zr}{2a_0}}$$

$$R_{3,0}(r)=\left(\frac{Z}{3a_0}\right)^{\frac{3}{2}}\left(2-\frac{4}{3}\frac{Zr}{a_0}+\frac{4}{27}\left(\frac{Zr}{a_0}\right)^2\right)\mathrm{e}^{-\frac{Zr}{3a_0}}$$

$$R_{3,1}(r) = \left(\frac{2Z}{a_0}\right)^{\frac{3}{2}}\left(\frac{2}{27\sqrt{3}}\frac{Zr}{a_0} - \frac{1}{81\sqrt{3}}\left(\frac{Zr}{a_0}\right)^2\right)e^{-\frac{Zr}{3a_0}}$$

$$R_{3,2}(r) = \frac{1}{81\sqrt{15}}\left(\frac{2Z}{a_0}\right)^{\frac{3}{2}}\left(\frac{Zr}{a_0}\right)^2 e^{-\frac{Zr}{3a_0}}$$

综合考虑(3.81)式和(3.84)式，最终得到(类)氢原子的束缚态波函数为

$$\psi_{nlm}(r,\theta,\varphi) = R_{nl}(r)Y_{lm}(\theta,\varphi)$$
$$(n = 1,2,3,\cdots;l = 0,1,2,\cdots,n-1;m = -l,-l+1,\cdots,l-1,l) \tag{3.85}$$

上式中各下标的取值范围需要特别注意，其中 n 称为主量子数，l 称为角量子数，m 称为磁量子数。所有 $n=1$ 的电子称为处于 K 壳层或第一壳层，所有 $n=2$ 的电子称为处于 L 壳层或第二壳层，所有 $n=3$ 的电子称为处于 M 壳层或第三壳层，等等。对于某一个给定的壳层，所有 $l=0$ 的电子称为处于 s 轨道，所有 $l=1$ 的电子称为处于 p 轨道，所有 $l=2$ 的电子称为处于 d 轨道，所有 $l=3$ 的电子称为处于 f 轨道，等等。第一壳层的 s 轨道称为 1s 轨道；第二壳层的 s 轨道称为 2s 轨道，第二壳层的 p 轨道称为 2p 轨道；第三壳层的 s 轨道称为 3s 轨道，第三壳层的 p 轨道称为 3p 轨道，第三壳层的 d 轨道称为 3d 轨道；等等。更精细地，根据 m 取值的不同并且进行适当的线性组合，可以将 p 轨道分为 p_x,p_y,p_z 轨道，将 d 轨道分为 $d_{xy},d_{yz},d_{zx},d_{z^2},d_{x^2-y^2}$ 轨道，等等。图 3.12、图 3.13 和图 3.14 分别给出了前三个壳层的电子波函数的形状。

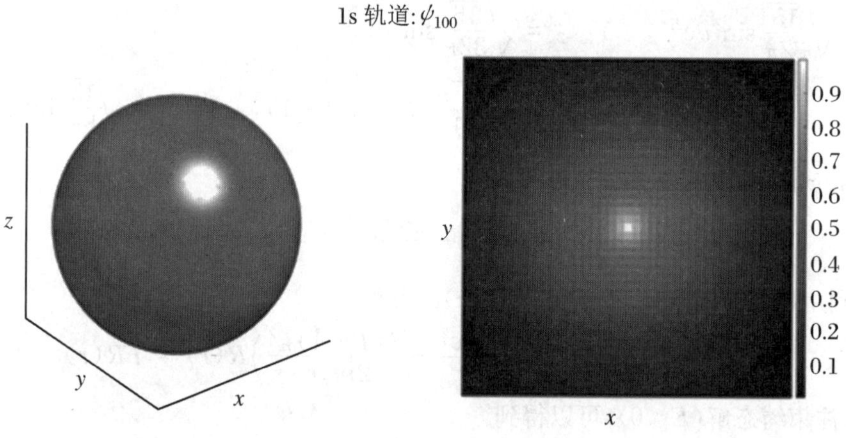

图 3.12　第一壳层的电子波函数；左图为 $|\psi(r)|^2$ 的等值面，右图为 $\psi(r)$ 在 $z=0$ 平面的截面图

与 $\psi_{nlm}(r,\theta,\varphi)$ 对应的本征能量为

$$E_{nlm} = -\frac{m_e Z^2 e_S^4}{2\hbar^2}\frac{1}{n^2} \tag{3.86}$$

即能量只与主量子数有关。从而对于(类)氢原子来说，每个壳层的电子能量相同，或者说是简并的。注意(类)氢原子中相邻壳层的能量差随着主量子数 n 的增加而减小，这与无限深势阱、谐振子均不同。

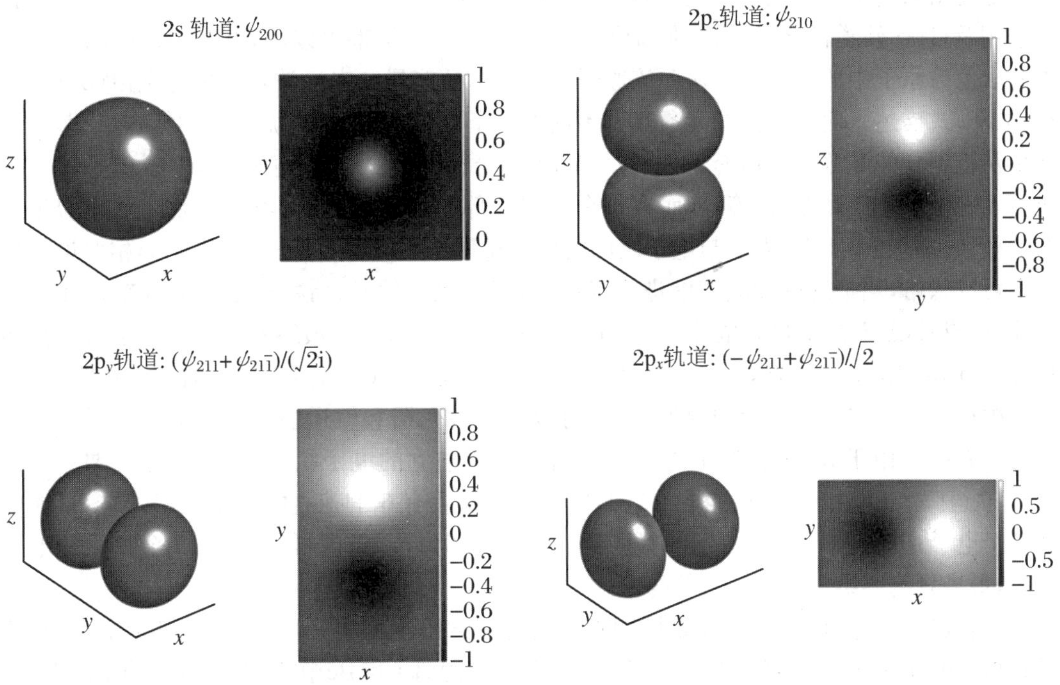

图 3.13　第二壳层的电子波函数;每个轨道对应的左图为 $|\psi(r)|^2$ 的等值面,右图为 $\psi(r)$的截面图

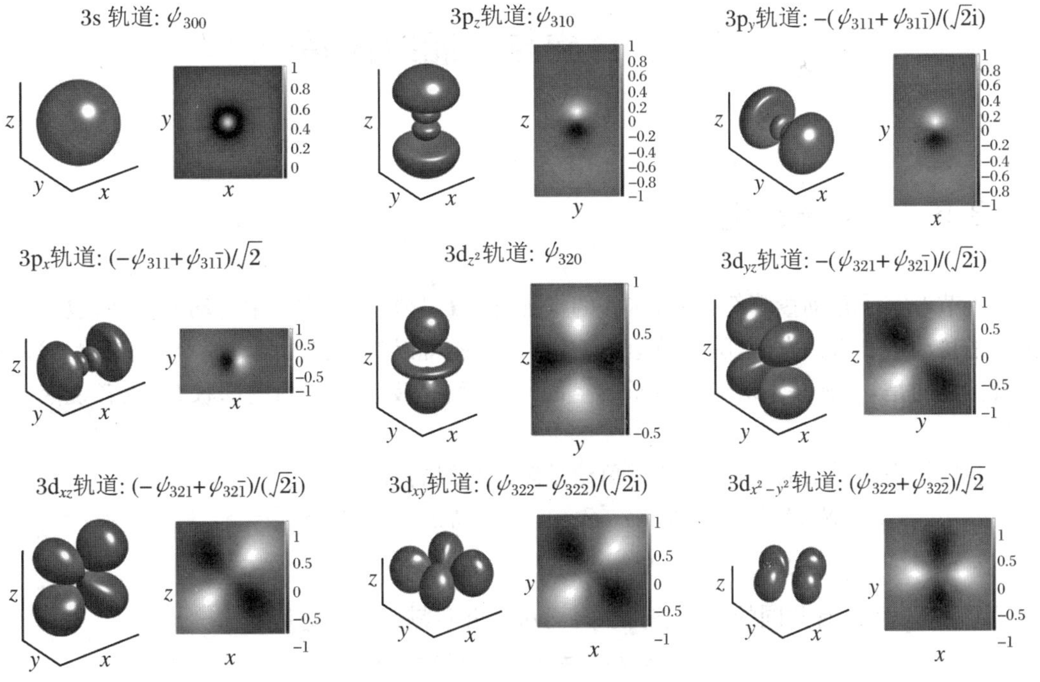

图 3.14　第三壳层的电子波函数;每个轨道对应的左图为 $|\psi(r)|^2$ 的等值面,右图为 $\psi(r)$的截面图

上述结果的重要意义在于,它解释了元素周期表。如果忽略电子与电子之间的库仑排斥作用及自旋-轨道耦合,那么任何原子中的电子哈密顿量都可以由(3.65)式描述,只不过Z的取值为原子中的质子数。从而该原子的电子本征能量和本征波函数也分别由(3.85)式和(3.86)式描述。由于不同的元素具有不同的电子数目,电子将遵循泡利不相容原理,按照能量从低到高的顺序依次填充各能级。由于每个壳层的各状态能量相同,电子似乎将先填充K壳层,再填充L壳层,等等,而在每个壳层内部的各状态之间,电子的填充顺序似乎没有选择性。但是事实上,电子与电子之间的库仑排斥作用以及自旋-轨道耦合等相对论效应并不可以忽略,当把这些效应考虑进去以后,对于多电子原子来说,壳层内的各轨道能量不再简并;或者说,E_{nlm}不再只依赖于n,而是同时依赖于n和l。最终的结果是电子大致按照1s,2s,2p,3s,3p,4s,3d,4p,5s,4d,5p,6s,4f,5d,6p,7s,5f,6d,7p的顺序先后填充各轨道。

根据(3.85)式中各下标的取值范围,可以计算各壳层和轨道能容纳的电子数目。例如s轨道($l=0$),由于m只能取0,考虑自旋后有2个独立的电子状态,最多只能容纳2个电子;p轨道($l=1$),由于m只能取$-1,0,1$,考虑自旋后有6个独立的电子状态,最多只能容纳6个电子;d轨道($l=2$),由于m只能取$-2,-1,0,1,2$,考虑自旋后有10个独立的电子状态,最多只能容纳10个电子;等等。

综合这些规律,可以得到元素周期表中的各元素出现的次序:H原子只有1个电子,所以它填充1s轨道;He原子有2个电子,填满了1s轨道;Li和Be在填满1s轨道的基础上,继续填充2s轨道;B,C,N,O,F,Ne在填满1s和2s轨道的基础上,继续填充2p轨道;等等[29]。

3.5 自旋与二能级体系

3.5.1 电子自旋

上节考察了角动量算符$\hat{\boldsymbol{L}}=\hat{\boldsymbol{r}}\times\hat{\boldsymbol{p}}$的本征态。$\hat{\boldsymbol{L}}$是粒子在空间中运动的体现,也可以称为轨道角动量。人们发现,除了轨道角动量,粒子还可以具有自旋角动量(记作矢量$\hat{S}$)。但需要注意的是,自旋并不对应于粒子的空间运动,而是反映粒子的内部状态,或者说内部自由度。

自旋作为角动量的一种,与轨道角动量满足类似的对易关系:

$$\begin{aligned}&[\hat{S}_x,\hat{S}_y]=\mathrm{i}\hbar\hat{S}_z,\quad[\hat{S}_y,\hat{S}_z]=\mathrm{i}\hbar\hat{S}_x,\quad[\hat{S}_z,\hat{S}_x]=\mathrm{i}\hbar\hat{S}_y\\&[\hat{S}^2,\hat{S}_x]=[\hat{S}^2,\hat{S}_y]=[\hat{S}^2,\hat{S}_z]=0\end{aligned}\tag{3.87}$$

从而$\hat{S}^2$和$\hat{S}_z$可以有共同的本征态,记作$|s,m\rangle$,并且满足本征方程

$$\begin{aligned}\hat{S}^2\mid s,m\rangle&=s(s+1)\hbar^2\mid s,m\rangle\\\hat{S}_z\mid s,m\rangle&=m\hbar\mid s,m\rangle\end{aligned}\tag{3.88}$$

其中m的取值范围为

$$m=-s,\quad -s+1,\quad \cdots,\quad s-1,\quad s\tag{3.89}$$

s的可能取值为非负整数或半整数。

本书只关注电子的自旋。理论和实验证明，任何运动状态下的电子都具有确定的 s 值：

$$s = \frac{1}{2} \tag{3.90}$$

根据(3.89)式，可知 m 的可能取值只有 $-1/2$ 和 $1/2$，于是可以把这两个本征状态分别记作

$$\begin{aligned} |\uparrow_z\rangle &= \left|s = \frac{1}{2}, m = \frac{1}{2}\right\rangle \\ |\downarrow_z\rangle &= \left|s = \frac{1}{2}, m = -\frac{1}{2}\right\rangle \end{aligned} \tag{3.91}$$

当只考虑电子的内部状态时，$|\uparrow_z\rangle$ 和 $|\downarrow_z\rangle$ 构成一组正交归一完备的基矢。在这两个基矢构成的空间里，显然有

$$\hat{S}^2 = \frac{1}{2}\left(\frac{1}{2}+1\right)\hbar^2\begin{bmatrix}1 & 0\\0 & 1\end{bmatrix} = \frac{3}{4}\hbar^2\begin{bmatrix}1 & 0\\0 & 1\end{bmatrix} = \frac{3}{4}\hbar^2 \tag{3.92}$$

(这里把单位矩阵和数1等同，因为它们作用在任意态矢上的效果相同)，以及

$$\hat{S}_z = \frac{\hbar}{2}\begin{bmatrix}1 & 0\\0 & -1\end{bmatrix} = \frac{\hbar}{2}\hat{\sigma}_z \tag{3.93}$$

因为我们是在 $\hat{S}_z$ 的表象中。

$\hat{S}_x$ 和 $\hat{S}_y$ 的矩阵形式可以分别取为

$$\hat{S}_x = \frac{\hbar}{2}\begin{bmatrix}0 & 1\\1 & 0\end{bmatrix} = \frac{\hbar}{2}\hat{\sigma}_x \tag{3.94}$$

$$\hat{S}_y = \frac{\hbar}{2}\begin{bmatrix}0 & -\mathrm{i}\\\mathrm{i} & 0\end{bmatrix} = \frac{\hbar}{2}\hat{\sigma}_y \tag{3.95}$$

其中定义了三个矩阵

$$\hat{\sigma}_x = \begin{bmatrix}0 & 1\\1 & 0\end{bmatrix},\quad \hat{\sigma}_y = \begin{bmatrix}0 & -\mathrm{i}\\\mathrm{i} & 0\end{bmatrix},\quad \hat{\sigma}_z = \begin{bmatrix}1 & 0\\0 & -1\end{bmatrix} \tag{3.96}$$

它们统称为泡利矩阵，并且可以看作矩阵向量 $\boldsymbol{\sigma} = \hat{\sigma}_x\boldsymbol{e}_x + \hat{\sigma}_y\boldsymbol{e}_y + \hat{\sigma}_z\boldsymbol{e}_z$ 的三个笛卡儿分量。

可以很容易地直接验证泡利矩阵之间满足关系

$$\hat{\sigma}_x^2 = \hat{\sigma}_y^2 = \hat{\sigma}_z^2 = -\mathrm{i}\,\hat{\sigma}_x\hat{\sigma}_y\hat{\sigma}_z = \hat{I} \tag{3.97}$$

$$[\hat{\sigma}_x,\hat{\sigma}_y] = 2\mathrm{i}\,\hat{\sigma}_z,\quad [\hat{\sigma}_y,\hat{\sigma}_z] = 2\mathrm{i}\,\hat{\sigma}_x,\quad [\hat{\sigma}_z,\hat{\sigma}_x] = 2\mathrm{i}\,\hat{\sigma}_y \tag{3.98}$$

$$\{\hat{\sigma}_x,\hat{\sigma}_y\} = \{\hat{\sigma}_y,\hat{\sigma}_z\} = \{\hat{\sigma}_z,\hat{\sigma}_x\} = 0 \tag{3.99}$$

其中(3.98)式使得电子的自旋满足对易关系(3.87)式。

三个泡利矩阵的本征值都是 ± 1，对应于电子自旋在三个方向的投影 $\hat{S}_x, \hat{S}_y, \hat{S}_z$ 的本征值都是 $\pm\hbar/2$(回忆前面提到 z 轴实际上是任意取的，所以我们完全可以把现在的 x 轴或 y 轴重新定义成 z 轴，而本征值不应该会有不同)，相应的本征态为

$$\begin{aligned} |\uparrow_x\rangle &= \frac{1}{\sqrt{2}}\begin{bmatrix}1\\1\end{bmatrix},\quad |\downarrow_x\rangle = \frac{1}{\sqrt{2}}\begin{bmatrix}1\\-1\end{bmatrix} \\ |\uparrow_y\rangle &= \frac{1}{\sqrt{2}}\begin{bmatrix}1\\\mathrm{i}\end{bmatrix},\quad |\downarrow_y\rangle = \frac{1}{\sqrt{2}}\begin{bmatrix}1\\-\mathrm{i}\end{bmatrix} \\ |\uparrow_z\rangle &= \begin{bmatrix}1\\0\end{bmatrix},\quad |\downarrow_z\rangle = \begin{bmatrix}0\\1\end{bmatrix} \end{aligned} \tag{3.100}$$

其中最后一行说明我们是在 $\hat{S}_z$ 或 σ_z 的表象中。

3.5.2 电子的量子状态

由于电子的量子状态应该包含其在空间中的运动以及其内部状态，为了完整描述电子，需要同时考虑这两类自由度。

第2章引入的波函数反映了电子在空间中的运动（也可以称为轨道运动），从线性代数的角度，可以把它看成一个维度为 N 的列矢量（N 代表电子可能存在的位置数目，对于连续空间的情况，N 可以看作“无穷大”）：

$$\psi(x) \leftrightarrow \begin{bmatrix} \psi_1 \\ \psi_2 \\ \vdots \\ \psi_N \end{bmatrix}$$

当希望进一步对电子的内部状态进行描述时，需要把这个列矢量的维度加倍：

$$\begin{bmatrix} \psi_{1\uparrow} \\ \psi_{2\uparrow} \\ \vdots \\ \psi_{N\uparrow} \\ \psi_{1\downarrow} \\ \psi_{2\downarrow} \\ \vdots \\ \psi_{N\downarrow} \end{bmatrix} \leftrightarrow \begin{bmatrix} \psi_{\uparrow}(x) \\ \psi_{\downarrow}(x) \end{bmatrix} \tag{3.101}$$

其中 $\psi_{N\uparrow}$ 代表电子位于第 N 个空间位置，且自旋状态为 $\uparrow_z$ 的概率幅；$\psi_{N\downarrow}$ 代表电子位于第 N 个空间位置，且自旋状态为 $\downarrow_z$ 的概率幅。上式右边是连续情况下的记法，即波函数成为一个两分量的函数组合。

同理，在第2章中，所有的算符都对应于一个 $N\times N$ 的矩阵，当考虑自旋以后，算符的阶数也要加倍，变为 $2N\times 2N$ 矩阵。

考虑一个特殊情况：如果哈密顿量 $\hat{H}$ 对应的 $2N\times 2N$ 矩阵可以写成一个 2×2 的矩阵 $\hat{H}_S = \begin{bmatrix} H_{S11} & H_{S12} \\ H_{S21} & H_{S22} \end{bmatrix}$ 和一个 $N\times N$ 矩阵 $\hat{H}_O$ 的直积形式，即

$$\hat{H} = \hat{H}_S \otimes \hat{H}_O = \begin{bmatrix} H_{S11}\hat{H}_O^{N\times N} & H_{S12}\hat{H}_O^{N\times N} \\ H_{S21}\hat{H}_O^{N\times N} & H_{S22}\hat{H}_O^{N\times N} \end{bmatrix} \tag{3.102}$$

那么哈密顿量的本征态 $|\psi\rangle$ 也可以取为一个 2×1 列矢量 $|\chi\rangle = \begin{bmatrix} \chi_\uparrow \\ \chi_\downarrow \end{bmatrix}$ 和一个 $N\times 1$ 列矢量 $|\varphi\rangle$ 的直积形式（即分离变量形式），即

$$|\psi\rangle = |\chi\rangle \otimes |\varphi\rangle = \begin{bmatrix} \chi_\uparrow \varphi^{N\times 1} \\ \chi_\downarrow \varphi^{N\times 1} \end{bmatrix} \tag{3.103}$$

或者写成波函数的形式：

$$\langle \chi | \psi \rangle = \begin{bmatrix} \chi_\uparrow \varphi(x) \\ \chi_\downarrow \varphi(x) \end{bmatrix} \tag{3.104}$$

其中$|\chi\rangle$满足$\hat{H}_S|\chi\rangle=E_S|\chi\rangle$，$|\varphi\rangle$满足$\hat{H}_O|\varphi\rangle=E_O|\varphi\rangle$，从而有

$$\hat{H}|\psi\rangle=\begin{bmatrix}H_{S11}\hat{H}_O^{N\times N} & H_{S12}\hat{H}_O^{N\times N}\\ H_{S21}\hat{H}_O^{N\times N} & H_{S22}\hat{H}_O^{N\times N}\end{bmatrix}\begin{bmatrix}\chi_\uparrow\varphi^{N\times 1}\\ \chi_\downarrow\varphi^{N\times 1}\end{bmatrix}$$

$$=\begin{bmatrix}(H_{S11}\chi_\uparrow+H_{S12}\chi_\downarrow)\hat{H}_O\varphi\\ (H_{S21}\chi_\uparrow+H_{S22}\chi_\downarrow)\hat{H}_O\varphi\end{bmatrix}$$

$$=\begin{bmatrix}E_S\chi_\uparrow E_O\varphi\\ E_S\chi_\downarrow E_O\varphi\end{bmatrix}=E_SE_O|\psi\rangle$$

更进一步，当$\hat{H}_S=I$，即哈密顿量实际上只作用于位置空间中，而对电子的内部状态没有作用时，有

$$\hat{H}=I_{2\times 2}\otimes\hat{H}_O=\begin{bmatrix}\hat{H}_O^{N\times N} & 0\\ 0 & \hat{H}_O^{N\times N}\end{bmatrix}\tag{3.105}$$

从而系统本征态为任意的$|\chi\rangle$与$\hat{H}_O$本征态$|\varphi\rangle$的直积，且本征能量就是E_O。因为I是2×2矩阵，只有两个线性无关的自旋状态，所以$\hat{H}$的(线性无关)本征态个数相比于$\hat{H}_O$的(线性无关)本征态个数加倍，这就是为什么在前面讨论自由电子气的态密度时总是要乘以 2。

除此之外，有些时候系统的哈密顿量可以看作一个只作用在位置空间的哈密顿量与一个只作用在自旋空间的哈密顿量的直接求和，例如忽略自旋-轨道耦合时电磁场中运动的电子。这时有

$$\hat{H}=I_{2\times 2}\otimes\hat{H}_O+\hat{H}_S\otimes I_{N\times N}=\hat{H}_O\oplus\hat{H}_S\tag{3.106}$$

注意第二个等号的右边是$\hat{H}_O$和$\hat{H}_S$的直和，而不是普通的求和，因为$\hat{H}_O$和$\hat{H}_S$的维度一般不同。但是很多时候我们习惯上还是直接写成$\hat{H}_O+\hat{H}_S$这样的形式，只要记住它实际上代表直和即可。在这样的哈密顿量下，容易看出系统的本征态$|\psi\rangle$依然可以写成(3.103)式的分离变量形式，只不过此时系统的本征能量是$\hat{H}_O$和$\hat{H}_S$各自本征能量的和而不是积，即

$$E=E_S+E_O\tag{3.107}$$

3.5.3　二能级体系

前面看到，当只考虑电子自旋状态时，电子的状态空间是二维的，所有可能的态矢都是2×1列矢量，所有可能的算符(包括力学量)都是2×2矩阵。

对于更普遍的体系(可以是与自旋无关的任意体系)，一般来说它可以具有很多个本征态，但是如果当我们感兴趣的只是其中两个本征态(例如半导体价带顶和导带底的两个电子状态，再如原子的某两个能级)，并且其他能级对它们的影响可以忽略时，可以只考虑由这两个本征态(即基矢)所构成的二维线性空间。这时称这个体系为二能级体系。由于本质上都是二维态矢空间，二能级体系与电子自旋具有一一对应的关系。电子自旋的所有结论都可以移植到二能级体系中。

在二能级体系(或者等价地，电子自旋体系)中，任意的可观测力学量一定对应于某个2×2的厄米矩阵$\hat{A}$。很容易证明，$\hat{A}$一定可以写为

$$\hat{A} = b\hat{I} + a_x\hat{\sigma}_x + a_y\hat{\sigma}_y + a_z\hat{\sigma}_z \triangleq b + \boldsymbol{a}\cdot\hat{\boldsymbol{\sigma}} \tag{3.108}$$

的形式,其中 b, a_x, a_y, a_z 均为实数,即任意的 2×2 厄米矩阵可以写为单位矩阵和泡利矩阵的实系数线性叠加。

注意到上式可以进一步写成

$$\hat{A} = b + |\boldsymbol{a}|\boldsymbol{e}_a\cdot\hat{\boldsymbol{\sigma}} = b + |\boldsymbol{a}|\hat{\sigma}_a \tag{3.109}$$

其中 $|\boldsymbol{a}|$ 代表矢量 $\boldsymbol{a}$ 的长度,$\boldsymbol{e}_a$ 代表 $\boldsymbol{a}$ 方向的单位矢量,$\hat{\sigma}_a$ 代表泡利矩阵向量 $\hat{\boldsymbol{\sigma}}$ 在 $\boldsymbol{a}$ 方向的投影。

$\boldsymbol{e}_a$ 是单位矢量,它总可以写成

$$\boldsymbol{e}_a = (\sin\theta\cos\varphi, \sin\theta\sin\varphi, \cos\theta)$$

的形式,因此

$$\hat{\sigma}_a = \begin{bmatrix} \cos\theta & e^{-i\varphi}\sin\theta \\ e^{i\varphi}\sin\theta & -\cos\theta \end{bmatrix}$$

直接计算可以得到 $\hat{\sigma}_a$ 的本征值为 ±1,且相应的本征态分别为

$$|\uparrow_a\rangle = \begin{bmatrix} e^{-i\frac{\varphi}{2}}\cos\dfrac{\theta}{2} \\ e^{i\frac{\varphi}{2}}\sin\dfrac{\theta}{2} \end{bmatrix}, \quad |\downarrow_a\rangle = \begin{bmatrix} -e^{-i\frac{\varphi}{2}}\sin\dfrac{\theta}{2} \\ e^{i\frac{\varphi}{2}}\cos\dfrac{\theta}{2} \end{bmatrix} \tag{3.110}$$

显然,这两个态矢也是(3.108)式中算符 $\hat{A}$ 的本征态,且相应的本征值分别为 $b \pm |\boldsymbol{a}|$。

(3.110)式给出了 $\hat{\boldsymbol{\sigma}}$(或者等价地,电子自旋矢量)在任意方向投影的本征态。反过来,任意的 2×1 列矢量一定等价于某个 $|\uparrow_a\rangle$:因为一般的 2×1 列矢量两个元素均为复数,所以有 4 个待定的独立实数,而归一化条件减少了 1 个自由度,只有 3 个独立实数,态矢的相位因子不确定性(即 $|\psi\rangle$ 等价于 $e^{i\delta}|\psi\rangle$)进一步减少了 1 个自由度,最终任意 2×1 列矢量只由两个实数确定,与 $|\uparrow_a\rangle$ 中的两个实数 (θ,φ) 正好匹配。

(3.110)式给出了 $|\uparrow_a\rangle$ 与单位球面 (θ,φ) 之间的一一对应关系,因此可以说,二能级体系中的任意量子态都可以由单位球面上的一个点表示,记作 $|\uparrow_{\theta,\varphi}\rangle$。这个被赋予二能级体系全部量子态集合含义的单位球面叫作布洛赫(Bloch)球面。根据(3.110)式,Bloch 球面的北极和南极分别为 $|\uparrow_{0,0}\rangle = \begin{bmatrix}1\\0\end{bmatrix}$ 和 $|\uparrow_{\pi,0}\rangle = \begin{bmatrix}0\\1\end{bmatrix}$,是系统的两个基矢。正应该如此,因为极轴的方向是 z 轴,而我们总是把基矢 $|\uparrow_{0,0}\rangle$ 指向的方向定义为 Bloch 球面的 z 轴。

再来讨论二能级体系中态矢随时间的演化。这需要知道体系的哈密顿量。但是不管这个哈密顿量是什么形式的,只要它不显含时间,总可以用哈密顿量的本征矢量作为基矢,对所有的态矢和力学量进行展开,即在哈密顿量自己的表象(能量表象)下考虑问题。在能量表象下,哈密顿量成为对角矩阵

$$\hat{H} = \begin{bmatrix} H_{11} & 0 \\ 0 & H_{22} \end{bmatrix} = \frac{H_{11}+H_{22}}{2} + \frac{H_{11}-H_{22}}{2}\sigma_z = \hbar\Omega + \frac{1}{2}\hbar\omega\sigma_z \tag{3.111}$$

很容易计算,如果初始时刻系统的态矢为 $|\psi(t=0)\rangle = |\uparrow_{\theta,\varphi}\rangle$,即能量表象下 Bloch 球面上的 (θ,φ) 点,那么系统随时间的演化为

$$|\psi(t)\rangle = e^{-i\Omega t}|\uparrow_{\theta,\varphi+\omega t}\rangle \sim |\uparrow_{\theta,\varphi+\omega t}\rangle \tag{3.112}$$

即 Bloch 球面上的 $(\theta,\varphi+\omega t)$ 点。这说明,系统的状态在 Bloch 球面上绕着 z 轴发生转动。对于自旋体系来说,这种转动对应于磁矩在外磁场下的拉莫尔进动。

习　题

1. 已知金属 Cu(铜)在室温下的自由电子浓度为 $8.45\times10^{22}\ \mathrm{cm}^{-3}$,根据三维自由电子气模型,计算其费米波矢和费米能。

2. 假如一个波包的平面波展开系数为 $c(k)=\mathrm{e}^{-\frac{(k-k_0)^2}{2w^2}}\mathrm{e}^{-\mathrm{i}kx_0}$,请写出这个波包的波函数。

3. 请给出一维无限深势阱基态下粒子的动量分布,并计算其位置方差与动量方差的乘积。

4. 假设一个量子点是边长为 10 nm 的立方体,请计算该量子点中电子基态和第一激发态的能量。

5. 计算一维谐振子处于基态时动能和势能的期望值。

6. 证明:在任意给定的态矢下,谐振子的位置期望值$\langle x\rangle$和动量期望值$\langle p\rangle$之间满足关系

$$\frac{\mathrm{d}\langle x\rangle}{\mathrm{d}t}=\frac{\langle p\rangle}{m},\quad \frac{\mathrm{d}\langle p\rangle}{\mathrm{d}t}=-m\omega^2\langle x\rangle$$

7. 证明泡利矩阵之间的关系:(3.97)式、(3.98)式和(3.99)式。

8. 证明:$(\boldsymbol{a}\cdot\boldsymbol{\sigma})(\boldsymbol{b}\cdot\boldsymbol{\sigma})=\boldsymbol{a}\cdot\boldsymbol{b}+\mathrm{i}(\boldsymbol{a}\times\boldsymbol{b})\cdot\boldsymbol{\sigma}$,其中 $\boldsymbol{a}$ 和 $\boldsymbol{b}$ 是欧氏空间中的两个向量,$\boldsymbol{\sigma}$ 是泡利矩阵向量。

第 4 章　界面散射与隧穿

第 3 章对于典型的简单体系，通过严格求解薛定谔方程，得到了电子的本征状态和本征能量。从本章开始，我们将接触更加复杂的体系。本章主要考虑势能函数跃变导致的散射和隧穿效应。

4.1　界 面 散 射

考虑阶跃型的一维势能函数：

$$V(x) = \begin{cases} 0, & x < 0 \\ U, & x \geqslant 0 \end{cases} \tag{4.1}$$

其中 U 为给定的大于零的实数。这相当于在 $x = 0$ 处存在一个界面，界面的两侧势能不同。于是一维粒子的定态薛定谔方程为

$$\left[-\frac{\hbar^2}{2m}\frac{\partial^2}{\partial x^2} + V(x)\right]\psi(x) = E\psi(x) \tag{4.2}$$

我们按照本征能量 E 的大小，分别求解相应的本征函数。

1. $E > U$ 的情况

首先，分别在界面的左侧和右侧求解薛定谔方程。当 $E > U$ 时，(4.2)式可以写为

$$\begin{aligned} \psi''(x) + k_1^2\psi(x) = 0 \quad (x < 0) \\ \psi''(x) + k_2^2\psi(x) = 0 \quad (x > 0) \end{aligned} \tag{4.3}$$

其中 $k_1 = \sqrt{2mE}/\hbar$，$k_2 = \sqrt{2m(E-U)}/\hbar$。所以在 $x<0$ 的区域内，波函数可以表示为

$$\psi_1(x) = A_1 e^{ik_1 x} + B_1 e^{-ik_1 x} \tag{4.4}$$

的形式，其中 A_1 和 B_1 为待定系数。在 $x>0$ 的区域内，波函数可以表示为

$$\psi_2(x) = A_2 e^{ik_2 x} + B_2 e^{-ik_2 x} \tag{4.5}$$

的形式，其中 A_2 和 B_2 为待定系数。

需要注意的是，虽然这里给出的是定态波函数，但是它们实际上对应了界面散射这样一个动态过程。具体来说，我们在 3.1 节中曾经提到，平面波只能是实际粒子波函数的理想极限，所以可以用波包的方式来理解(4.4)式和(4.5)式。以(4.4)式为例，我们用大量形如(4.4)式的波函数叠加成一个波包，并且假设 $t = 0$ 时刻这些波函数的叠加系数为 $c(k_1) = e^{-\frac{(k_1-k_0)^2}{2w^2}} e^{ik_1 x_0}$，其中 x_0 是一个大于 0 的实数。那么容易看出，叠加得到的波函数 $\int dk c(k_1)(A_1 e^{ik_1 x} + B_1 e^{-ik_1 x})$将具有两个峰。其中一个峰对应于 $A_1 e^{ik_1 x}$项，它的中心位于

$-x_0$ 处，并且近似（因为波包较窄）以群速度$\frac{\hbar k_0}{m}$向右运动；另外一个峰对应于 $B_1e^{-ik_1x}$项，它的中心位于 x_0 处，并且近似以群速度$\frac{\hbar k_0}{m}$向左运动。当 $c(k_1)$的分布较宽，或者等价地，波函数的两个峰宽度较窄时，由于(4.4)式是限定在 $x<0$ 区域内的，在 $t=0$ 时刻，可以认为在波函数的定义域内，只有 $A_1e^{ik_1x}$对应的峰占了主导，即在整个 $x<0$ 区域内可以认为几乎只有一个向右运动的波包；而 $B_1e^{-ik_1x}$对应的峰只有在前一个峰运动到界面右侧（即从 $x<0$ 区域内消失）以后，才从界面右侧运动到界面左侧，此后在整个 $x<0$ 区域内可以认为几乎只有一个向左运动的波包。这个过程正对应了粒子从左侧入射，并被界面反射的过程。当波包的宽度趋于无穷大时，群速度就严格地是波包的运动速度，我们依然可以安全地认为在 $t\to-\infty$时，粒子从左侧无限远处入射，而在 $t\to+\infty$时，粒子被反射回左侧无限远处。同理，(4.5)式中的两项也可作类似的分析，即 $A_2e^{ik_2x}$对应于从界面向右侧发射出的波包，而 $B_2e^{-ik_2x}$对应于从右侧入射到界面处的波包。

对于势能有限的情况，在界面处，波函数及其导数都需要满足连续条件，即

$$\begin{aligned}\psi(x=0_-)&=\psi(x=0_+)\\ \psi'(x=0_-)&=\psi'(x=0_+)\end{aligned}\tag{4.6}$$

把(4.4)式和(4.5)式代入上式，得到

$$\begin{aligned}A_1+B_1&=A_2+B_2\\ k_1(A_1-B_1)&=k_2(A_2-B_2)\end{aligned}\tag{4.7}$$

在上式中，如果已知四个未知数 A_1,B_1,A_2,B_2 中的任意两个，就可以得到另外两个。

当考虑平面波是从左侧入射时（对应于 $A_1e^{ik_1x}$项），这个入射波在界面处只会发生反射（对应于 $B_1e^{-ik_1x}$项）和透射（对应于 $A_2e^{ik_2x}$项），而不会产生从右侧入射到界面处的分量（对应于 $B_2e^{-ik_2x}$项）。所以对于这种情况，可知 $B_2=0$。从而根据(4.7)式，解出

$$\begin{aligned}B_1&=\frac{k_1-k_2}{k_1+k_2}A_1\\ A_2&=\frac{2k_1}{k_1+k_2}A_1\end{aligned}\tag{4.8}$$

注意到根据(2.20)式，一维平面波 Ae^{ikx}具有概率流密度

$$j=\frac{\hbar k}{m}|A|^2\tag{4.9}$$

可以定义反射波和入射波的概率流密度之比为反射系数 R，透射波和入射波的概率流密度之比为透射系数 T，即

$$\begin{aligned}R&=\frac{|B_1|^2}{|A_1|^2}\\ T&=\frac{|A_2|^2k_2}{|A_1|^2k_1}\end{aligned}\tag{4.10}$$

把(4.8)式代入上式，得到

$$\begin{aligned}R&=\frac{(k_1-k_2)^2}{(k_1+k_2)^2}\\ T&=\frac{4k_1k_2}{(k_1+k_2)^2}\end{aligned}\tag{4.11}$$

从而有

$$R + T = 1 \tag{4.12}$$

即透射系数与反射系数之和为 1,这是概率守恒的必然要求:单位时间内流出界面的概率密度应该等于单位时间内流入界面的概率密度。

当考虑 B_2 项时,相当于又有一束平面波从界面的右侧入射,这时它的反射项会叠加到 $A_2 e^{ik_2 x}$ 中,而透射项会叠加到 $B_1 e^{-ik_1 x}$ 中。或者等价地,可以直接利用(4.7)式,解出出射波振幅 B_1,A_2 与入射波振幅 A_1,B_2 之间的依赖关系:

$$\begin{bmatrix} B_1 \\ A_2 \end{bmatrix} = \begin{bmatrix} \dfrac{k_1 - k_2}{k_1 + k_2} & \dfrac{2k_2}{k_1 + k_2} \\ \dfrac{2k_1}{k_1 + k_2} & -\dfrac{k_1 - k_2}{k_1 + k_2} \end{bmatrix} \begin{bmatrix} A_1 \\ B_2 \end{bmatrix} = [S] \begin{bmatrix} A_1 \\ B_2 \end{bmatrix} \tag{4.13}$$

其中$[S] = \begin{bmatrix} \dfrac{k_1 - k_2}{k_1 + k_2} & \dfrac{2k_2}{k_1 + k_2} \\ \dfrac{2k_1}{k_1 + k_2} & -\dfrac{k_1 - k_2}{k_1 + k_2} \end{bmatrix}$称为散射矩阵。

等价地,我们也可以通过(4.7)式,得到 A_2,B_2 与 A_1,B_1 之间的依赖关系:

$$\begin{bmatrix} A_2 \\ B_2 \end{bmatrix} = \frac{1}{2} \begin{bmatrix} 1 + \dfrac{k_1}{k_2} & 1 - \dfrac{k_1}{k_2} \\ 1 - \dfrac{k_1}{k_2} & 1 + \dfrac{k_1}{k_2} \end{bmatrix} \begin{bmatrix} A_1 \\ B_1 \end{bmatrix} = [T_{12}] \begin{bmatrix} A_1 \\ B_1 \end{bmatrix} \tag{4.14}$$

其中$[T_{12}] = \dfrac{1}{2} \begin{bmatrix} 1 + \dfrac{k_1}{k_2} & 1 - \dfrac{k_1}{k_2} \\ 1 - \dfrac{k_1}{k_2} & 1 + \dfrac{k_1}{k_2} \end{bmatrix}$称为界面转移矩阵,下标"12"代表它是 1,2 两个均匀区域的界面。它把界面右侧和左侧的波振幅联系起来(见图 4.1)。

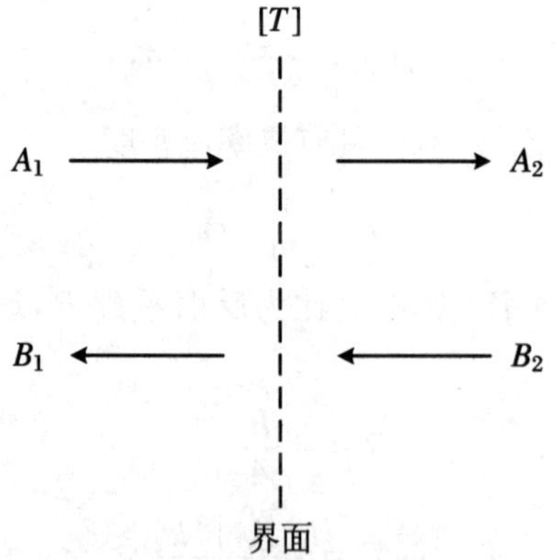

图 4.1　界面转移矩阵示意图

另外,注意到平面波自由传播一段距离 L 之后,会发生相位的变化,右向传播与左向传播的平面波分别获得相位 kL 和 $-kL$,于是可以对这段自由传播过程也定义一个转移矩阵,或者称为传播矩阵:

$$[M(L)] = \begin{bmatrix} \exp(ikL) & 0 \\ 0 & \exp(-ikL) \end{bmatrix} \tag{4.15}$$

它把这段长度为 L 的均匀区域右侧和左侧的波振幅联系起来。当我们考虑多个阶跃势的级联时,可以利用转移矩阵(4.14)和(4.15)的级联,把复杂的多界面条件问题转化为矩阵乘法问题,得到系统总的转移矩阵。

注意到粒子入射到阶跃型势能函数的界面处,既有反射,也有透射。这体现了其波动特性:如果粒子没有波动特性,而只是一个经典的质点,那么一个形如(4.1)式的阶跃势相当于一个在很小范围内的力场;当入射粒子的能量(即动能)大于 U 时,粒子虽然在这个力场中发生了减速,但是一定可以穿过力场的作用范围,到达 $x>0$ 的区域,或者说总是会发生100%的透射,而没有任何反射。

2. $0<E<U$ 的情况

当 $0<E<U$ 时,(4.2)式可以写为

$$\begin{aligned} \psi''(x) + k_1^2\psi(x) &= 0 \quad (x<0) \\ \psi''(x) - \lambda_2^2\psi(x) &= 0 \quad (x>0) \end{aligned} \tag{4.16}$$

其中 $k_1 = \sqrt{2mE}/\hbar$,$\lambda_2 = \sqrt{2m(U-E)}/\hbar$。所以在 $x<0$ 的区域内,波函数依然可以表达成(4.4)式的形式,但是在 $x>0$ 的区域内,波函数应该写为

$$\psi_2(x) = A_2\exp(-\lambda_2 x) + B_2\exp(\lambda_2 x) \tag{4.17}$$

的形式。

$B_2\exp(\lambda_2 x)$项会导致波函数在 $x\to\infty$ 时发散,因此 $B_2=0$。利用边界条件(4.6)式,可得

$$\begin{aligned} B_1 &= \frac{k_1 - i\lambda_2}{k_1 + i\lambda_2}A_1 \\ A_2 &= \frac{2k_1}{k_1 + i\lambda_2}A_1 \end{aligned} \tag{4.18}$$

这相当于在(4.8)式中将 k_2 换成 $i\lambda_2$。

如果从转移矩阵的观点来看,直接将(4.14)式中的 k_2 换成 $i\lambda_2$ 就可以得到 $0<E<U$ 情况下的转移矩阵,即

$$\begin{bmatrix} A_2 \\ B_2 \end{bmatrix} = \frac{1}{2}\begin{bmatrix} 1+\dfrac{k_1}{i\lambda_2} & 1-\dfrac{k_1}{i\lambda_2} \\ 1-\dfrac{k_1}{i\lambda_2} & 1+\dfrac{k_1}{i\lambda_2} \end{bmatrix}\begin{bmatrix} A_1 \\ B_1 \end{bmatrix} \tag{4.19}$$

而 $B_1'=0$ 由传播矩阵$\begin{bmatrix} \exp(-\lambda_2 L) & 0 \\ 0 & \exp(\lambda_2 L) \end{bmatrix}$在 $L\to\infty$ 不发散的要求下给出。

代入反射系数的计算公式(4.10),我们发现 $R=1$,即粒子100%发生了反射。这与经典质点的情况是一致的:当入射质点的动能小于势垒高度时,质点在力场中的运动速度逐渐减小到零,并且发生反向运动,最终被反射回来。然而与经典质点不同的是,虽然100%发生了反射,但是在 $x>0$ 的区域内,波函数并不为零,而是以 $A_2\exp(-\lambda_2 x)$ 的形式指数衰减。这种指数衰减的波称为倏逝波。这个情况非常类似于光的全反射:光从光密介质入射到光疏介质中,当入射角大于临界角时,会发生全反射;但是全反射时,光疏介质中并不是没有任何电磁场,而是电磁场以倏逝波的形式被束缚在界面附近(见图4.2)。

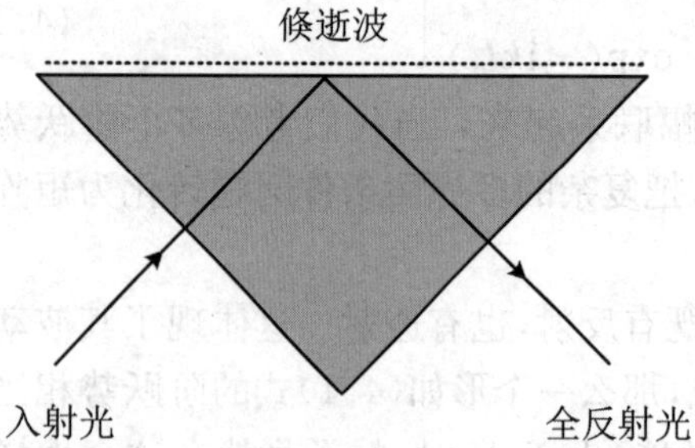

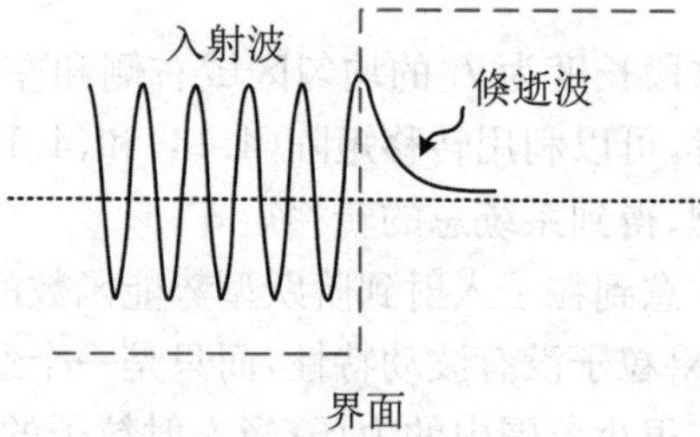

图 4.2 左图展示发生全反射时，光疏介质中存在被束缚在界面附近的倏逝波；右图展示量子物理中，界面散射导致的倏逝波（为简洁起见，图中没有画出反射波）

3. $E<0$ 的情况

当 $E<0$ 时，(4.2)式可以写为

$$\begin{aligned} \psi''(x) - \lambda_1^2\psi(x) &= 0 \quad (x<0) \\ \psi''(x) - \lambda_2^2\psi(x) &= 0 \quad (x>0) \end{aligned} \tag{4.20}$$

其中 $\lambda_1 = \sqrt{-2mE}/\hbar$，$\lambda_2 = \sqrt{2m(U-E)}/\hbar$。所以在 $x<0$ 的区域内，波函数应表示为

$$\psi_1(x) = A_1\exp(-\lambda_1 x) + B_1\exp(\lambda_1 x) \tag{4.21}$$

而在 $x>0$ 的区域内，波函数依然由(4.17)式给出。

因为波函数在 $x\to\pm\infty$ 时不应该发散，所以 $A_1 = B_2 = 0$。利用边界条件(4.6)式，很容易进一步得到 $A_2 = B_1 = 0$，即不存在波函数满足 $E<0$。

4.2 隧　　穿

由上节可知当入射粒子的能量低于 U 时，阶跃势将 100% 反射粒子。但是由于粒子的波动特性，在界面右侧依然存在倏逝波。如果我们在 $x>0$ 的区域再放置一个向下跳变的阶跃势，那么这个倏逝波有可能穿过第二个界面，再次转化成平面波（类比光路可逆原理）。

为了定量描述这一问题，假设一维粒子在如下势场中运动：

$$V(x) = \begin{cases} U, & 0<x<a \\ 0, & \text{其余情况} \end{cases} \tag{4.22}$$

并且考虑 $0<E<U$ 的情况。这种内高外低的势能分布称为势垒（见图 4.3）。

代入定态薛定谔方程，我们得到波函数在三个区域中的形式分别为

$$\begin{aligned} \psi_1(x) &= A_1\exp(\mathrm{i}kx) + B_1\exp(-\mathrm{i}kx) \quad (x<0) \\ \psi_2(x) &= A_2\exp(-\lambda x) + B_2\exp(\lambda x) \quad (0<x<a) \\ \psi_3(x) &= A_3\exp[\mathrm{i}k(x-a)] + B_3\exp[-\mathrm{i}k(x-a)] \quad (x>a) \end{aligned} \tag{4.23}$$

其中 $k = \sqrt{2mE}/\hbar$，$\lambda = \sqrt{2m(U-E)}/\hbar$。

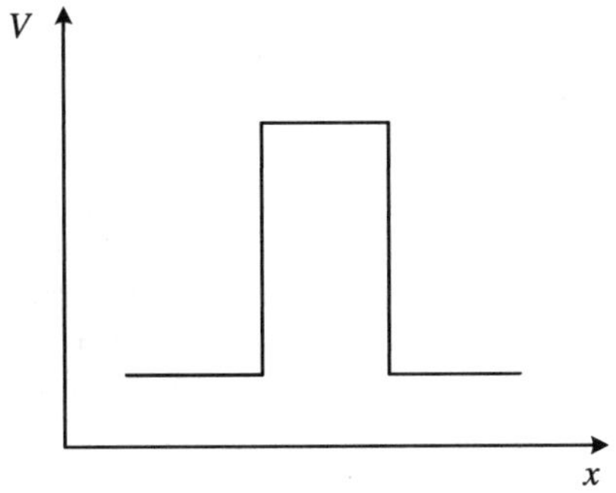

图 4.3　势垒示意图

利用上节转移矩阵级联的方法,可得

$$
\begin{aligned}
\begin{bmatrix} A_3 \\ B_3 \end{bmatrix} &= [T_{23}][M_2(a)][T_{12}]\begin{bmatrix} A_1 \\ B_1 \end{bmatrix} \\
&= \frac{1}{2}\begin{bmatrix} 1+\frac{i\lambda}{k} & 1-\frac{i\lambda}{k} \\ 1-\frac{i\lambda}{k} & 1+\frac{i\lambda}{k} \end{bmatrix}\begin{bmatrix} e^{-\lambda a} & 0 \\ 0 & e^{\lambda a} \end{bmatrix}\frac{1}{2}\begin{bmatrix} 1+\frac{k}{i\lambda} & 1-\frac{k}{i\lambda} \\ 1-\frac{k}{i\lambda} & 1+\frac{k}{i\lambda} \end{bmatrix}\begin{bmatrix} A_1 \\ B_1 \end{bmatrix} \\
&= \frac{1}{4}\begin{bmatrix} \left(1+\frac{i\lambda}{k}\right)\left(1+\frac{k}{i\lambda}\right)e^{-\lambda a}+\left(1-\frac{i\lambda}{k}\right)\left(1-\frac{k}{i\lambda}\right)e^{\lambda a} & \left(1+\frac{i\lambda}{k}\right)\left(1-\frac{k}{i\lambda}\right)e^{-\lambda a}+\left(1-\frac{i\lambda}{k}\right)\left(1+\frac{k}{i\lambda}\right)e^{\lambda a} \\ \left(1-\frac{i\lambda}{k}\right)\left(1+\frac{k}{i\lambda}\right)e^{-\lambda a}+\left(1+\frac{i\lambda}{k}\right)\left(1-\frac{k}{i\lambda}\right)e^{\lambda a} & \left(1-\frac{i\lambda}{k}\right)\left(1-\frac{k}{i\lambda}\right)e^{-\lambda a}+\left(1+\frac{i\lambda}{k}\right)\left(1+\frac{k}{i\lambda}\right)e^{\lambda a} \end{bmatrix}\begin{bmatrix} A_1 \\ B_1 \end{bmatrix} \\
&= \frac{1}{4ik\lambda}\begin{bmatrix} -(\lambda-ik)^2e^{-\lambda a}+(\lambda+ik)^2e^{\lambda a} & (\lambda^2+k^2)(-e^{-\lambda a}+e^{\lambda a}) \\ (\lambda^2+k^2)(e^{-\lambda a}-e^{\lambda a}) & (\lambda+ik)^2e^{-\lambda a}-(\lambda-ik)^2e^{\lambda a} \end{bmatrix}\begin{bmatrix} A_1 \\ B_1 \end{bmatrix}
\end{aligned}
\tag{4.24}
$$

由于平面波的来源只是 $A_1\exp(ikx)$项,要求 $B_3=0$,代入上式解得

$$
\begin{aligned}
B_1 &= \frac{(\lambda^2+k^2)(e^{\lambda a}-e^{-\lambda a})}{(\lambda+ik)^2e^{-\lambda a}-(\lambda-ik)^2e^{\lambda a}}A_1 \\
A_3 &= \frac{4i\lambda k e^{-ika}}{(\lambda+ik)^2e^{-\lambda a}-(\lambda-ik)^2e^{\lambda a}}A_1
\end{aligned}
\tag{4.25}
$$

即透射系数 $T=\frac{|A_3|^2}{|A_1|^2}$不为零。当 $E\ll U$ 时,有 $k\ll\lambda$,从而可得

$$
T \sim \frac{16E}{U}e^{-2\frac{\sqrt{2mU}}{\hbar}a}
\tag{4.26}
$$

即透射系数随着势垒宽度 a 的增加而指数衰减。

这说明势垒区($0<x<a$)的倏逝波的确通过第二个界面又转化为了平面波传播出去,这种现象叫作量子隧穿。它是一种纯量子效应,或者说它是粒子具有波动特性的推论。如果我们考虑的是一个 $0<E<U$ 的经典质点,那么它从左侧入射到高度为 U、宽度为 a 的势垒处,只会被弹性反射回 $x<0$ 的区域,而绝对没有任何可能出现在 $x>a$ 的区域。只有当考虑的粒子具有波的特性时,才会有隧穿现象发生。既然隧穿现象是一种波动现象,它在光学中一定也有对应,这就是受抑制全反射现象:如图 4.2 所示,当光以大角度入射到一块单独的棱镜中时,会在长边发生全反射,即反射率达到 100%。但是如果在这块棱镜的上方再反向放置一块棱镜,如图 4.4 所示,并且使得两块棱镜之间的间隙很小,此时光就有可能借助第一块棱镜界面处的倏逝波耦合到第二块棱镜中,最终从第二块棱镜透射出去。相应地,整个系统的反射率会降低到 100%以下,即全反射受到了抑制。量子隧穿可以看作物质波版本的受抑制全反射。

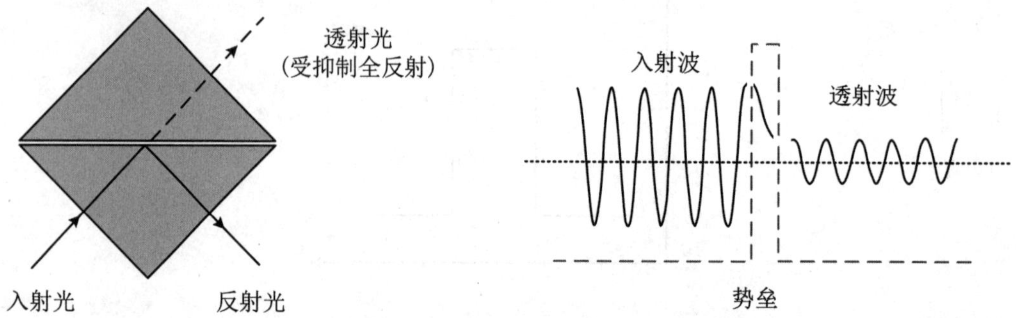

图 4.4　左图为受抑制全反射的示意图；右图为量子隧穿的示意图（为简洁起见，图中没有画出反射波）

人们利用量子隧穿的原理，制造出了扫描隧道显微镜(STM)、浮栅存储器等。扫描隧道显微镜是一种利用尖端极细小的导电探针在导电物体表面扫描，从而对其进行高分辨率成像的装置。如图 4.5 所示，当探针与样品离得很近时，电子可以隧穿通过这层很薄的真空势垒，从探针进入样品（或者反过来从样品进入探针）。当在探针与样品之间加上电压时，由于隧穿效应的存在，就会导致有电流流过探针并且被检测到（6.5 节将会讨论隧穿电流产生的原理）。根据(4.26)式，样品表面高度的起伏会导致势垒宽度 a 的变化，从而改变隧穿概率及电流。另外，样品局域表面性质的不同也会导致电流的不同。总之当探针扫过样品表面时，可以通过探测电流的变化对样品进行成像。

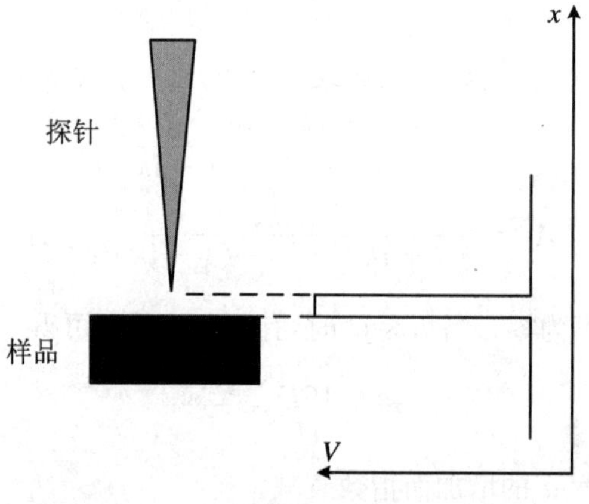

图 4.5　扫描隧道显微镜的原理示意图

浮栅存储器是华人科学家施敏发明的，它可以看作图 1.3 中的场效应晶体管的变体。如图 4.6 所示，比起场效应晶体管，浮栅存储器相当于在栅极下面的氧化层内部又埋入了一块导体，即浮栅。由于浮栅的周围都是不导电介质，电子一旦进入浮栅中，就会被俘获而很难逃逸，并且会影响栅极 G 对导电沟道的控制特性，从而浮栅是否带电荷就可以作为 0 和 1 两种不同的状态，用于信息的存储记录。那么浮栅存储器怎么进行信息的写入，或者说怎么向浮栅中充放电呢？这就可以用到隧穿效应：虽然浮栅的周围都是不导电的介质，但是由于隧穿效应的存在，电子依然有一定的概率穿过这些介质。因此，如果在浮栅与源极或漏极之间施加一个比较大的电压，就可以利用电子的隧穿实现浮栅的充、放电。

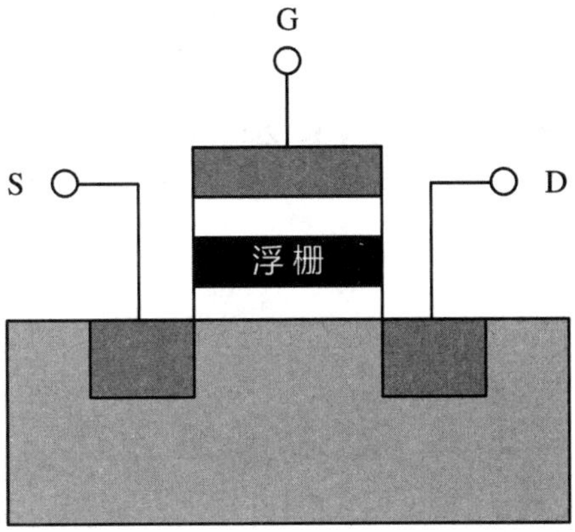

图 4.6　浮栅存储器示意图

既然隧穿效应能够导致绝缘层无法完全阻隔电子，那么这个效应在传统的晶体管中也应有体现。的确，随着集成电路工艺节点的不断演进，晶体管的尺寸不断微缩。晶体管(见图 1.3)实际上是一个由栅极电控的开关元件，而栅极对这个开关的控制能力可以大致用栅极-氧化层-衬底这个平行板电容器的电容来衡量。平行板电容器的电容值为 $C=\frac{\varepsilon S}{d}$，其中 ε 是氧化层的介电常数，S 是电容器的面积，d 是氧化层的厚度。当晶体管横向尺寸缩小(也就是 S 缩小)时，为了维持栅极的控制能力，需要把氧化层的厚度也相应减小。然而根据(4.26)式，可知氧化层的厚度越薄，电子隧穿通过它的概率就越大，这会导致栅极漏电，从而增加晶体管的静态功耗，并且影响器件的稳定性。此前，晶体管中的氧化层一般采用氧化硅材料，它的介电常数大约为 4。到 45 nm 工艺节点前后，人们发现进一步减薄氧化硅所带来的隧穿效应已经无法承受，从而逐渐用二氧化铪等高介电常数的介质替代了氧化硅，这些介质的介电常数往往在 15 以上，从而相比于氧化硅，可以在保持同样栅控能力的前提下，把绝缘层的厚度提高数倍以上，有效抑制了隧穿效应。

习　题

1. 在 4.1 节中，我们考虑了 $E>U$ 和 $E<U$ 的情况，那么如果 $E=U$，又会怎么样?

2. 在 4.2 节中，我们只考虑了粒子能量 E 小于势垒高度 U 的情况。现在假设从左侧入射的平面波能量 $E>U$，请计算这种情况下平面波穿过势垒区的透射系数。

第 5 章　固体能带理论简介

5.1　定态微扰方法

通过前面几章的学习，我们掌握了一些典型体系薛定谔方程的解。因为这些体系比较简单，所以定态薛定谔方程是可以严格求解的。但是对于很多实际体系，哈密顿量往往是比较复杂的，这个时候直接求解薛定谔方程会比较困难。正像 3.1 节中论述的那样，一个切实可行的办法就是首先抓主要矛盾，通过适当的近似(零级近似)，把复杂的哈密顿量变为一个简单好解的哈密顿量，从而得到这个简单体系的解；然后在这个简单解的基础上，逐步加入之前没有考虑的因素。

具体来说，把系统的哈密顿量分为两个部分：$\hat{H}=\hat{H}^{(0)}+\hat{H}^{(1)}$。其中$\hat{H}^{(0)}$是零级近似的哈密顿量，即主要矛盾；$\hat{H}^{(1)}$是次要矛盾，即一个小量。我们假设$\hat{H}^{(0)}$的本征方程可以严格求解，其结果为

$$\hat{H}^{(0)} \mid \psi_n^{(0)} \rangle = E_n^{(0)} \mid \psi_n^{(0)} \rangle \tag{5.1}$$

其中$\{\mid \psi_n^{(0)} \rangle\}$构成正交归一完备基组。在此基础上，考虑 $\hat{H}$ 的本征方程。

首先，因为$\hat{H}^{(1)}$比较小，所以我们可以预期 $\hat{H}$ 的解与$\hat{H}^{(0)}$的解相差不多，于是 $\hat{H}$ 的解应该是在 $E_n^{(0)}$ 和$\mid \psi_n^{(0)} \rangle$的基础上做一些小的修正。把这些修正写成逐级展开的形式，上标代表小量的级数：

$$\mid \psi_n \rangle = \mid \psi_n^{(0)} \rangle + \mid \psi_n^{(1)} \rangle + \mid \psi_n^{(2)} \rangle + \cdots \tag{5.2}$$

$$E_n = E_n^{(0)} + E_n^{(1)} + E_n^{(2)} + \cdots \tag{5.3}$$

然后，把它们代入 $\hat{H}$ 的本征方程，有

$$\hat{H} \mid \psi_n \rangle = E_n \mid \psi_n \rangle \tag{5.4}$$

有

$$\begin{aligned} &(\hat{H}^{(0)} + \hat{H}^{(1)})(\mid \psi_n^{(0)} \rangle + \mid \psi_n^{(1)} \rangle + \mid \psi_n^{(2)} \rangle + \cdots) \\ &= (E_n^{(0)} + E_n^{(1)} + E_n^{(2)} + \cdots)(\mid \psi_n^{(0)} \rangle + \mid \psi_n^{(1)} \rangle + \mid \psi_n^{(2)} \rangle + \cdots) \end{aligned} \tag{5.5}$$

上式应该在各级小量的意义下都成立，所以逐级展开，并且要求左、右相等，有

$$\hat{H}^{(0)} \mid \psi_n^{(0)} \rangle = E_n^{(0)} \mid \psi_n^{(0)} \rangle \quad \text{(零级展开)}$$

这就是方程(5.1)。

$$\hat{H}^{(0)} \mid \psi_n^{(1)} \rangle + \hat{H}^{(1)} \mid \psi_n^{(0)} \rangle = E_n^{(0)} \mid \psi_n^{(1)} \rangle + E_n^{(1)} \mid \psi_n^{(0)} \rangle \quad \text{(一级展开)} \tag{5.6}$$

$$\hat{H}^{(0)} \mid \psi_n^{(2)} \rangle + \hat{H}^{(1)} \mid \psi_n^{(1)} \rangle = E_n^{(0)} \mid \psi_n^{(2)} \rangle + E_n^{(1)} \mid \psi_n^{(1)} \rangle + E_n^{(2)} \mid \psi_n^{(0)} \rangle \quad \text{(二级展开)} \tag{5.7}$$

以此类推。

5.1.1　非简并微扰

首先,处理一级展开项:在(5.6)式两边同时作用左矢$\langle \psi_n^{(0)}|$,有

$$\begin{aligned}\langle \psi_n^{(0)} | \hat{H}^{(0)} | \psi_n^{(1)} \rangle + \langle \psi_n^{(0)} | \hat{H}^{(1)} | \psi_n^{(0)} \rangle &= E_n^{(0)} \langle \psi_n^{(0)} | \psi_n^{(1)} \rangle + \langle \psi_n^{(0)} | \hat{H}^{(1)} | \psi_n^{(0)} \rangle \\ &= \langle \psi_n^{(0)} | E_n^{(0)} | \psi_n^{(1)} \rangle + \langle \psi_n^{(0)} | H_n^{(1)} | \psi_n^{(0)} \rangle \\ &= E_n^{(0)} \langle \psi_n^{(0)} | \psi_n^{(1)} \rangle + E_n^{(1)}\end{aligned}$$

从而得到

$$E_n^{(1)} = \langle \psi_n^{(0)} | \hat{H}^{(1)} | \psi_n^{(0)} \rangle \tag{5.8}$$

这是本征能量的一阶修正,它就是$\hat{H}^{(1)}$在态矢$|\psi_n^{(0)}\rangle$中的期望值。

在(5.6)式两边同时作用左矢$\langle \psi_m^{(0)}|$,并且要求$m \neq n$(从而$\langle \psi_m^{(0)} | \psi_n^{(0)} \rangle = 0$),有

$$\begin{aligned}\langle \psi_m^{(0)} | \hat{H}^{(0)} | \psi_n^{(1)} \rangle + \langle \psi_m^{(0)} | \hat{H}^{(1)} | \psi_n^{(0)} \rangle &= E_m^{(0)} \langle \psi_m^{(0)} | \psi_n^{(1)} \rangle + \langle \psi_m^{(0)} | \hat{H}^{(1)} | \psi_n^{(0)} \rangle \\ &= \langle \psi_m^{(0)} | E_n^{(0)} | \psi_n^{(1)} \rangle + \langle \psi_m^{(0)} | E_n^{(1)} | \psi_n^{(0)} \rangle \\ &= E_n^{(0)} \langle \psi_m^{(0)} | \psi_n^{(1)} \rangle\end{aligned}$$

如果(5.1)式不存在简并,那么$E_n^{(0)}$和$E_m^{(0)}$一定不相等,从而得到

$$\langle \psi_m^{(0)} | \psi_n^{(1)} \rangle = \frac{\langle \psi_m^{(0)} | \hat{H}^{(1)} | \psi_n^{(0)} \rangle}{E_n^{(0)} - E_m^{(0)}}$$

由于$\{|\psi_m^{(0)}\rangle\}$是正交归一完备基组,$|\psi_n^{(1)}\rangle$一定可以用它们展开,那么上式相当于给出了相应的展开系数。所以$|\psi_n^{(1)}\rangle$可以写为

$$|\psi_n^{(1)}\rangle = \sum_{m \neq n} \frac{\langle \psi_m^{(0)} | \hat{H}^{(1)} | \psi_n^{(0)} \rangle}{E_n^{(0)} - E_m^{(0)}} |\psi_m^{(0)}\rangle \tag{5.9}$$

这就是波函数的一阶修正。注意上式没有加入$m = n$的项,这是因为加入这一项只相当于在$|\psi_n^{(0)}\rangle$上附加一个相位因子,相当于选取另一组合法的零级态矢[28]。(5.9)式说明,原则上每个$|\psi_m^{(0)}\rangle$都参与$|\psi_n\rangle$的一阶修正,并且其相应的贡献大小正比于矩阵元$\langle \psi_m^{(0)} | \hat{H}^{(1)} | \psi_n^{(0)} \rangle$,且反比于$|\psi_n^{(0)}\rangle$和$|\psi_m^{(0)}\rangle$的能量差。

然后,对(5.7)式进行类似的处理,最终可以得到能量的二阶修正为

$$E_n^{(2)} = \sum_{m \neq n} \frac{|\langle \psi_m^{(0)} | \hat{H}^{(1)} | \psi_n^{(0)} \rangle|^2}{E_n^{(0)} - E_m^{(0)}} \tag{5.10}$$

同理,也可以得到波函数的二阶修正,以及能量和波函数的更高阶修正,这里不再给出具体的表达式。但需要注意的一点是,根据(5.10)式,假如$|\psi_n^{(0)}\rangle$是系统的非简并基态,并且能量的一阶微扰为零,那么经过二阶微扰之后,基态一定是能量变得更低,因为上式中$E_n^{(0)} < E_m^{(0)}$,从而所有修正项都是负的。

从矩阵元的角度理解非简并微扰,即以$\{|\psi_n^{(0)}\rangle\}$为基矢,矩阵$\hat{H}^{(1)}$的对角元$\langle \psi_n^{(0)} | \hat{H}^{(1)} | \psi_n^{(0)} \rangle$就是本征能量的一阶修正;而矩阵$\hat{H}^{(1)}$的非对角元作为分子项,贡献到本征态的一阶修正和本征能量的二阶修正中。

5.1.2　简并微扰

得到(5.9)式的前提是$\hat{H}^{(0)}$不存在简并。如果这一要求不成立,那么在(5.9)式中,简并

的那些项会导致 $E_n^{(0)}-E_m^{(0)}=0$,从而使得整个表达式发散。这提示我们这些项应该出现在比一级修正更低阶的修正即零级修正中。换句话说,对于$\hat{H}^{(0)}$存在简并的情况,应该先做态矢的零级修正,然后再去做一阶微扰。

可以从矩阵的角度理解这件事情。以$\{|\psi_n^{(0)}\rangle\}$为基矢,$\hat{H}^{(0)}$成为对角矩阵。如果$\hat{H}^{(0)}$存在简并,例如$|\psi_{n_1}^{(0)}\rangle,|\psi_{n_2}^{(0)}\rangle,\cdots,|\psi_{n_M}^{(0)}\rangle$具有相同的本征能量 $E_n^{(0)}$(简并度为 M),那么对角矩阵$\hat{H}^{(0)}$可以写为

$$\hat{H}^{(0)}=\begin{bmatrix} E_1^{(0)} & & & & & & & & \\ & \ddots & & & & & & & \\ & & E_{n-1}^{(0)} & & & & & & \\ & & & E_{n_1}^{(0)} & & & & & \\ & & & & E_{n_2}^{(0)} & & & & \\ & & & & & \ddots & & & \\ & & & & & & E_{n_M}^{(0)} & & \\ & & & & & & & E_{n+1}^{(0)} & \\ & & & & & & & & \ddots \\ & & & & & & & & & E_N^{(0)} \end{bmatrix} \tag{5.11}$$

其中空白的矩阵元都是零。虚线框出的是一个 $M\times M$ 的子矩阵,记作$\widetilde{H}_{M\times M}^{(0)}$,它其实就是常数 $E_n^{(0)}$ 乘以单位矩阵$I_{M\times M}$,因为 $E_{n_1}^{(0)}=E_{n_2}^{(0)}=\cdots=E_{n_M}^{(0)}=E_n^{(0)}$。在一阶微扰公式(5.9)中,正是这些本征能量对应的本征态之间发生了强烈的耦合(即分母为零)。与此同时,$\hat{H}^{(1)}$矩阵可以写为

$$\hat{H}^{(1)}=\begin{bmatrix} & & & & & \\ & H_{n_1,n_1}^{(1)} & H_{n_1,n_2}^{(1)} & \cdots & H_{n_1,n_M}^{(1)} & \\ & H_{n_2,n_1}^{(1)} & H_{n_2,n_2}^{(1)} & \cdots & H_{n_2,n_M}^{(1)} & \\ & \vdots & \vdots & \ddots & \vdots & \\ & H_{n_M,n_1}^{(1)} & H_{n_M,n_2}^{(1)} & \cdots & H_{n_M,n_M}^{(1)} & \\ & & & & & \end{bmatrix} \tag{5.12}$$

其中空白的矩阵元可能取任意值,我们忽略不写,只关注与$\widetilde{H}_{M\times M}^{(0)}$同样位置的那个子矩阵$\widetilde{H}_{M\times M}^{(1)}$。这个子矩阵中的非对角元素作为分子,出现在$|\psi_{nm}\rangle$的一阶微扰公式(5.9)中分子为零的那些项中。如果可以设法把这个子矩阵化成对角矩阵,那么这些非对角元就都是零,这样(5.9)式原本由分母为零导致的发散或许就可以避免了。

这个将$\widetilde{H}_{M\times M}^{(1)}$对角化的过程称为简并微扰。具体来说,我们希望将$|\psi_{n_1}^{(0)}\rangle,|\psi_{n_2}^{(0)}\rangle,\cdots,|\psi_{n_M}^{(0)}\rangle$重新进行线性组合,得到一个新的线性无关集合$\{|\varphi_{n_1}^{(0)}\rangle,|\varphi_{n_2}^{(0)}\rangle,\cdots,|\varphi_{n_M}^{(0)}\rangle\}$,即态矢的零级修正,并且用这个新的集合作为基矢展开$\widetilde{H}_{M\times M}^{(0)}$和$\widetilde{H}_{M\times M}^{(1)}$。因为$|\psi_{n_1}^{(0)}\rangle,|\psi_{n_2}^{(0)}\rangle,\cdots,|\psi_{n_M}^{(0)}\rangle$都是$\widetilde{H}_{M\times M}^{(0)}$的对应于本征值为$E_n^{(0)}$ 的本征态矢,所以在新的基矢$\{|\varphi_{n_1}^{(0)}\rangle,|\varphi_{n_2}^{(0)}\rangle,\cdots,$

$|\varphi_{n_M}^{(0)}\rangle\}$下，$\widetilde{H}_{M\times M}^{(0)}$自动依然是对角矩阵。而为了使得$\widetilde{H}_{M\times M}^{(1)}$在新的基矢下成为对角矩阵，要求$\{|\varphi_{n_1}^{(0)}\rangle,|\varphi_{n_2}^{(0)}\rangle,\cdots,|\varphi_{n_M}^{(0)}\rangle\}$中的任意一个元素$|\varphi_{n_m}^{(0)}\rangle$都满足$\widetilde{H}_{M\times M}^{(1)}$的本征方程：

$$\widetilde{H}_{M\times M}^{(1)}\ |\varphi_{n_m}^{(0)}\rangle = E_{n_m}^{(1)}\ |\varphi_{n_m}^{(0)}\rangle \quad (\forall m \in \{1,2,\cdots,M\}) \tag{5.13}$$

记

$$|\varphi_{n_m}^{(0)}\rangle = \sum_{m'} c_{m_{m'}}|\psi_{n_{m'}}^{(0)}\rangle \tag{5.14}$$

(5.13)式可以写为矩阵方程

$$\begin{bmatrix} H_{n_1,n_1}^{(1)} & H_{n_1,n_2}^{(1)} & \cdots & H_{n_1,n_M}^{(1)} \\ H_{n_2,n_1}^{(1)} & H_{n_2,n_2}^{(1)} & \cdots & H_{n_2,n_M}^{(1)} \\ \vdots & \vdots & \ddots & \vdots \\ H_{n_M,n_1}^{(1)} & H_{n_M,n_2}^{(1)} & \cdots & H_{n_M,n_M}^{(1)} \end{bmatrix}\begin{bmatrix} c_{m_1} \\ c_{m_2} \\ \vdots \\ c_{m_M} \end{bmatrix} = E_{n_m}^{(1)}\begin{bmatrix} c_{m_1} \\ c_{m_2} \\ \vdots \\ c_{m_M} \end{bmatrix} \quad (\forall m \in \{1,2,\cdots,M\}) \tag{5.15}$$

这个矩阵$\widetilde{H}_{M\times M}^{(1)}$的本征方程也称为久期方程。求解这个方程，得到 M 个本征矢量$\begin{bmatrix} c_{m_1} \\ c_{m_2} \\ \vdots \\ c_{m_M} \end{bmatrix}$，它们就是零级修正后的本征态矢$|\varphi_{n_m}^{(0)}\rangle$用$\{|\psi_{n_1}^{(0)}\rangle,|\psi_{n_2}^{(0)}\rangle,\cdots,|\psi_{n_M}^{(0)}\rangle\}$展开的展开系数，而相应的 M 个本征值$E_{n_m}^{(1)}$是本征能量的修正（接下来将看到它们确实是一阶修正）。用$\{|\varphi_{n_1}^{(0)}\rangle,|\varphi_{n_2}^{(0)}\rangle,\cdots,|\varphi_{n_M}^{(0)}\rangle\}$替换原来的$\{|\psi_{n_1}^{(0)}\rangle,|\psi_{n_2}^{(0)}\rangle,\cdots,|\psi_{n_M}^{(0)}\rangle\}$作为基矢，并且重新分割零级和一级哈密顿量，就可以继续采用非简并微扰的方法进行后续处理了。

为了使上述描述具体化，我们举一个例子：假设一个体系原本的哈密顿量为$\hat{H}^{(0)}=\begin{bmatrix} 1 & 0 & 0 \\ 0 & 1 & 0 \\ 0 & 0 & 2 \end{bmatrix}$，微扰哈密顿量为$\hat{H}^{(1)}=\begin{bmatrix} 0 & \alpha & 0 \\ \alpha & 0 & \beta \\ 0 & \beta & \gamma \end{bmatrix}$，其中 α,β,γ 都是远小于 1 的实数。注意到$\hat{H}^{(0)}$存在简并，即 $E_{1_1}^{(0)}=E_{1_2}^{(0)}=E_1^{(0)}=1$，$E_2^{(0)}=2$，所以先做简并微扰，即对角化子矩阵$\widetilde{H}_{2\times 2}^{(1)}=\begin{bmatrix} 0 & \alpha \\ \alpha & 0 \end{bmatrix}$，解其本征方程(5.13)或(5.15)，得到

$$E_{1_1}^{(1)} = \alpha,\quad E_{1_2}^{(1)} = -\alpha$$

进一步，我们计算与 $E_{1_1}^{(1)}$ 和 $E_{1_2}^{(1)}$ 相对应的本征态，得到

$$\begin{bmatrix} c_{1_1} \\ c_{1_2} \end{bmatrix} = \frac{1}{\sqrt{2}}\begin{bmatrix} 1 \\ 1 \end{bmatrix} \Rightarrow |\varphi_{1_1}^{(0)}\rangle = \frac{1}{\sqrt{2}}\{|\psi_{1_1}^{(0)}\rangle + |\psi_{1_2}^{(0)}\rangle\} = \frac{1}{\sqrt{2}}\left\{\begin{bmatrix} 1 \\ 0 \\ 0 \end{bmatrix} + \begin{bmatrix} 0 \\ 1 \\ 0 \end{bmatrix}\right\} = \frac{1}{\sqrt{2}}\begin{bmatrix} 1 \\ 1 \\ 0 \end{bmatrix}$$

$$\begin{bmatrix} c_{2_1} \\ c_{2_2} \end{bmatrix} = \frac{1}{\sqrt{2}}\begin{bmatrix} 1 \\ -1 \end{bmatrix} \Rightarrow |\varphi_{1_2}^{(0)}\rangle = \frac{1}{\sqrt{2}}\{|\psi_{1_1}^{(0)}\rangle - |\psi_{1_2}^{(0)}\rangle\} = \frac{1}{\sqrt{2}}\left\{\begin{bmatrix} 1 \\ 0 \\ 0 \end{bmatrix} - \begin{bmatrix} 0 \\ 1 \\ 0 \end{bmatrix}\right\} = \frac{1}{\sqrt{2}}\begin{bmatrix} 1 \\ -1 \\ 0 \end{bmatrix}$$

用$|\varphi_{1_1}^{(0)}\rangle=\frac{1}{\sqrt{2}}\begin{bmatrix} 1 \\ 1 \\ 0 \end{bmatrix}$，$|\varphi_{1_2}^{(0)}\rangle=\frac{1}{\sqrt{2}}\begin{bmatrix} 1 \\ -1 \\ 0 \end{bmatrix}$和原来的第三个基矢$|\psi_2^{(0)}\rangle=\begin{bmatrix} 0 \\ 0 \\ 1 \end{bmatrix}$作为新的基矢，展

开哈密顿量$\hat{H}^{(0)}$和$\hat{H}^{(1)}$，有

$$\hat{H}'^{(0)} = \begin{bmatrix} 1 & 0 & 0 \\ 0 & 1 & 0 \\ 0 & 0 & 2 \end{bmatrix}, \quad \hat{H}'^{(1)} = \begin{bmatrix} \alpha & 0 & \frac{\beta}{\sqrt{2}} \\ 0 & -\alpha & -\frac{\beta}{\sqrt{2}} \\ \frac{\beta}{\sqrt{2}} & -\frac{\beta}{\sqrt{2}} & \gamma \end{bmatrix}$$

为了进一步做更高阶的微扰，把哈密顿量进行重新分割，使得

$$\hat{H}''^{(0)} = \begin{bmatrix} 1+\alpha & 0 & 0 \\ 0 & 1-\alpha & 0 \\ 0 & 0 & 2 \end{bmatrix}, \quad \hat{H}''^{(1)} = \begin{bmatrix} 0 & 0 & \frac{\beta}{\sqrt{2}} \\ 0 & 0 & -\frac{\beta}{\sqrt{2}} \\ \frac{\beta}{\sqrt{2}} & -\frac{\beta}{\sqrt{2}} & \gamma \end{bmatrix}$$

这样零级哈密顿量不再有简并，并且一级哈密顿量在原来简并的子空间内的子矩阵成为零矩阵。由于$\hat{H}''^{(1)}$的前两个对角元为零，所有状态的能量精确到一阶下的修正为$E_{1_1} = E_{1_1}^{(0)} + E_{1_1}^{(1)} = 1+\alpha, E_{1_2} = E_{1_2}^{(0)} + E_{1_2}^{(1)} = 1-\alpha, E_2 = E_2^{(0)} + E_2^{(1)} = 2+\gamma$。这意味着前面解出的$E_{1_1}^{(1)}$和$E_{1_2}^{(1)}$确实是本征能量的一阶修正。

5.2 晶体结构简介

3.4节初步讨论了电子在一个原子中的运动情况。固态物质是由大量原子组成的，为了研究电子在其中的运动，需要首先对固体中原子的排布方式有所了解。

5.2.1 晶体

按照原子排列是否有序，大致可以把固体分为晶体和非晶体两大类。在晶体中，原子的排列是周期性的。如果一块物质整体都能保持这种周期性，那么称之为单晶；如果一块物质可以看作多个排列方式不同的小单晶（称为晶粒）的组合体，那么称之为多晶，其中相邻两个晶粒之间的界面称为晶界。生活中常见的晶体包括食盐（单晶或多晶）、冰糖（单晶或多晶）、钻石（单晶）、常见金属材料（一般是多晶）等。而在非晶物质中，原子的排列不具备周期性。生活中常见的非晶物质包括玻璃、橡胶、木材等。

在3.4节中，我们知道电子围绕原子核运动，其本征波函数可能是球对称的（例如s轨道），也可能是具有空间取向的（例如p轨道）。当大量的原子紧密结合在一起时，相邻的原子可以通过外层电子转移产生库仑吸引而形成离子键，或者通过共有电子产生净的吸引作用而形成共价键或金属键，从而降低体系的总能量，形成稳固的结构，即固体。

假如外层电子的波函数是球对称的，那么可以把原子想象成一个个大小相同的球体，以二维排布为例（见图5.1左图），我们发现这些球体最紧密的排布方式是周期的；假如成键电

子的波函数具有空间取向，那么由于空间取向性，相邻的原子也倾向于在空间中形成规则的周期排布(见图 5.1 右图)。

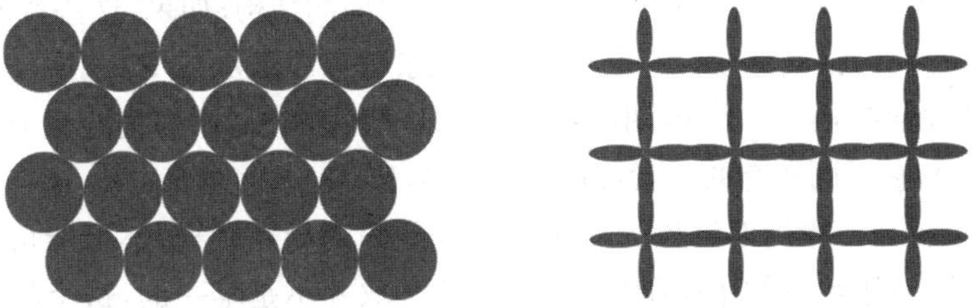

图 5.1　左图:球体的二维密堆积结构;右图:假如成键的电子波函数有空间取向,那么原子也倾向于形成规则的周期排布

由于上述原因，固态物质在理想状态下往往倾向于形成周期结构，这就是为什么在日常生活中晶体物质那么常见。另外，由于多晶可以看作单晶的组合体，研究清楚单晶是进一步理解多晶的基础；而非晶材料由于原子的非周期排列，从理论上处理起来有较大的困难，因此，本章主要讨论单晶。从应用的角度来说，相比于非晶和多晶材料，单晶往往具有更好的电子传输性质，因此集成电路中的晶体管目前都以单晶材料为基底制备(图 1.3 中灰色的衬底就是单晶硅)。

5.2.2　周期结构的数学描述

所谓周期结构，就是“把整个结构按照某些特定的矢量平移，得到的新结构与原来的结构没有任何区别”，即具有平移不变性的结构。

首先，这要求周期结构能够扩展到无穷远，否则平移一个矢量之后，边界将发生移动，更无从谈起结构不发生任何改变。严格来说，这个要求对于实际的晶体是不成立的。但是由于晶体(包括很多多晶材料中的晶粒)的宏观尺度一般远大于原子尺度，可以近似认为晶体都是无穷大的。

其次，“某些特定矢量”到底是哪些矢量呢?

我们知道，对于任何一个给定的周期结构，“这些特定矢量”一定不只包含一个矢量，而是一系列矢量：因为假如一个矢量能够满足给定结构的平移不变，那么这个矢量乘以 2，乘以 3 等也一定能够满足这个结构的平移不变；如果两个矢量都能满足给定结构的平移不变，那么这两个矢量的和(或差)也一定能够满足这个结构的平移不变。总而言之，如果一些矢量 $\boldsymbol{R}_1, \boldsymbol{R}_2, \boldsymbol{R}_3, \cdots$ 能够满足给定结构的平移不变，那么这些矢量的任意整系数线性组合 $n_1\boldsymbol{R}_1 + n_2\boldsymbol{R}_2 + n_3\boldsymbol{R}_3 + \cdots$ 也一定能够满足这个结构的平移不变。这意味着“这些特定矢量”的集合实际上有无穷多个元素。

不管这个集合多么复杂，可以确定的一点是，一旦给定了某个周期结构，“这些特定矢量”的集合也就给定了。如果把这个集合中的每个矢量表示为欧氏空间中的一个点(例如让每个矢量都从原点出发，取矢量的末端点)，那么所有这些点组成的点阵就称为与给定的周期结构对应的布拉维格子或布拉维点阵。将布拉维格子中每个具体的点称为格点。所以布拉维格子与“这些特定矢量”(可以相应地称为“格矢”)的集合是等价的两个概念，确定一个周期结构的布拉维格子，就是确定这个结构对于哪些矢量平移不变。

我们根据“这些特定矢量”的集合(等价于布拉维格子)所包含的基矢个数,划分周期结构的维度。如果“这些特定矢量”的集合只有一个基矢 $\boldsymbol{a}$,换句话说,它里面所有的元素都可以表示成 $\boldsymbol{R}_n = n\boldsymbol{a}$ 的形式,那么这个周期结构是一维周期结构;如果“这些特定矢量”的集合只有两个基矢 $\boldsymbol{a}_1,\boldsymbol{a}_2$,换句话说,它里面所有的元素都可以表示成 $\boldsymbol{R}_{n_1,n_2} = n_1\boldsymbol{a}_1 + n_2\boldsymbol{a}_2$ 的形式,那么这个周期结构是二维周期结构;如果“这些特定矢量”的集合只有三个基矢 $\boldsymbol{a}_1$,$\boldsymbol{a}_2,\boldsymbol{a}_3$,换句话说,它里面所有的元素都可以表示成 $\boldsymbol{R}_{n_1,n_2,n_3} = n_1\boldsymbol{a}_1 + n_2\boldsymbol{a}_2 + n_3\boldsymbol{a}_3$ 的形式,那么这个周期结构是三维周期结构。对于三维空间内的周期结构,不可能再有更多的基矢了。但需要注意,对于给定的布拉维格子,基矢的选取并不是唯一的,这个结论我们在关于线性空间的一般讨论中已经熟知了(2.3 节)。例如在图 5.2 中,对于给定的某个二维布拉维格子,1,2,3,4 四个数字标出了四种不同的基矢选取。

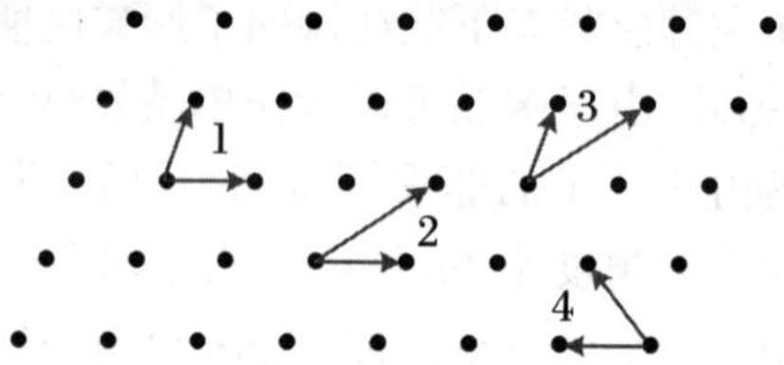

图 5.2　布拉维格子基矢的选取不是唯一的

布拉维格子相当于周期结构的“骨架”,那么周期结构的“肌肉”是什么呢?实际上,总可以把周期结构看作一个基本单元按照布拉维格子给出的 $\boldsymbol{R}_{n_1,n_2,n_3}$ 这些矢量平移,并且互不重叠地相互拼接而成。这个基本单元叫作原胞,它是周期结构的“肌肉”。例如图 5.3 中,每个基本单元(云朵)按照图示的布拉维格子重复拼接,组成了一个周期结构。

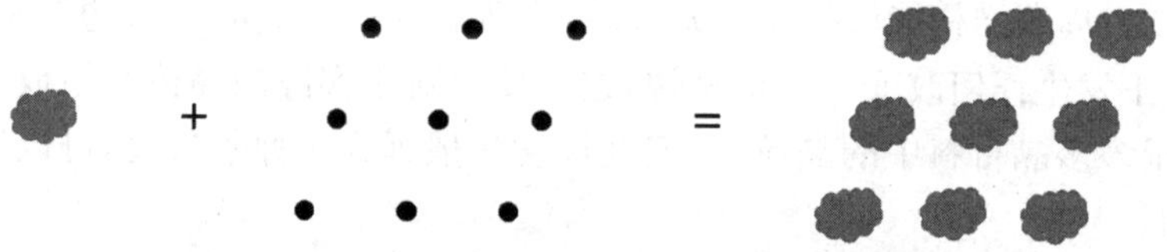

图 5.3　原胞 + 布拉维格子 = 周期结构

为了便于分析,我们习惯于在选取原胞时,连同它周围的空间一起考虑进去。这样图 5.2 中的云朵,实际上应该包含它周围的空间,即最终的原胞为如图 5.4 所示的平行四边形。

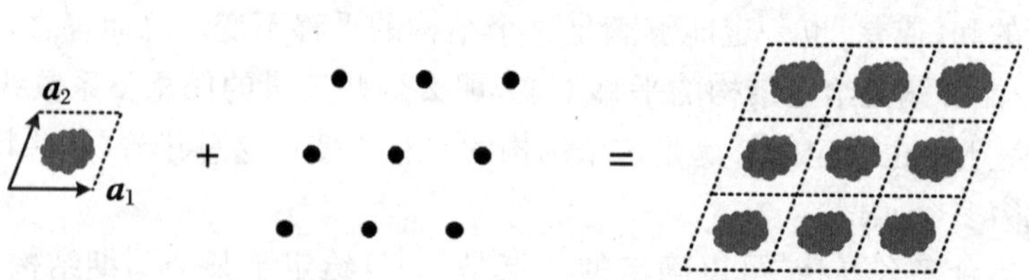

图 5.4　包含周围空间的原胞。在这种选取方式下,原胞的边就是基矢

这样的话,一维周期结构的原胞总是可以选择为一条直线段,并且基矢 $\boldsymbol{a}$ 就对应于这条线段;二维周期结构的原胞总是可以选择为一个平行四边形,并且基矢 $\boldsymbol{a}_1,\boldsymbol{a}_2$ 就对应于这个平行四边形的两条边;三维周期结构的原胞总是可以选择为一个平行六面体,并且基矢 $\boldsymbol{a}_1$,

$\boldsymbol{a}_2$，$\boldsymbol{a}_3$ 就对应于这个平行六面体的三条边。这样做的另外一个好处是，基矢和原胞同时由布拉维格子给出，而周期结构的"肌肉"（例如图 5.4 中的云朵）只是在原胞里面填上具体的内容。需要注意的是，对于给定的周期结构，例如图 5.4 最右侧的结构，云朵具体填在原胞里的什么位置并没有关系，例如图 5.5 是一种等价的填充方式，它给出完全相同的周期结构。

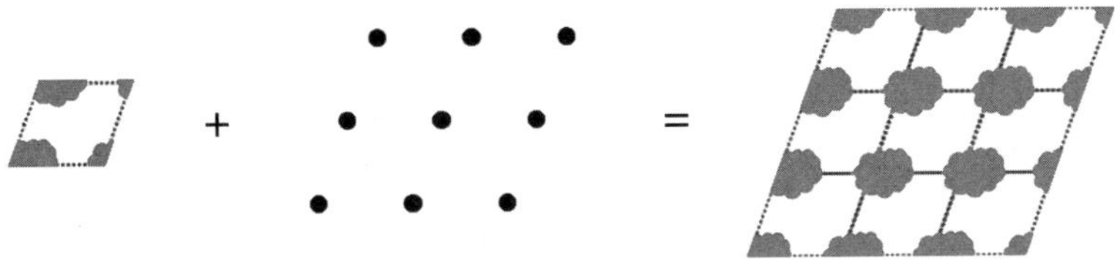

图 5.5　不论云朵具体填在原胞里的什么位置，都给出同样的周期结构

除用基矢围成的平行六面体（或平行四边形、线段）作为原胞以外，还有一种常见的原胞取法，称为 Wigner-Seitz（维格纳-赛茨）原胞。它是首先作从原点出发的各格矢的垂直平分面，然后由这些垂直平分面所围成的最小体积作为原胞。相比其他的选择，Wigner-Seitz 原胞围绕原点具有更高的对称性。

虽然周期结构可以看作由原胞和布拉维格子两大要素构成，但在很多时候，往往出于对称性和便于观察描述等考虑，选取比原胞大一些的单元作为基本考察对象，这种单元称为惯用晶胞。原胞和惯用晶胞都可以看作晶体的重复单元，因此统称它们为晶胞，只不过原胞是体积最小的晶胞。

5.2.3　布拉维格子的对称性

不同的布拉维格子可能具有不同的对称性，下面以二维格子为例进行介绍。如果随机生成一个二维布拉维格子（即随机选取基矢 $\boldsymbol{a}_1$，$\boldsymbol{a}_2$），那么大概率会得到如图 5.2 所示的格子，这种布拉维格子只有平移对称性和旋转 180°对称性，称为倾斜型。但是如果 $\boldsymbol{a}_1$ 和 $\boldsymbol{a}_2$ 之间的夹角为 90°，那么这个布拉维格子会额外出现一些新的对称性，例如关于图 5.6(a)中虚线表示的轴，它具有镜面对称性，称这种布拉维格子为矩形格子。如果再进一步 $\boldsymbol{a}_1$ 和 $\boldsymbol{a}_2$ 的长度也是相等的，那么得到的周期结构将比矩形格子的对称性还要高，例如它关于图5.6(b)中沿对角线的虚线也是镜面对称的，再如它具有 90°的旋转对称性。这种布拉维格子被称为正方格子。除此之外，人们发现还有有心矩形、六角两类二维布拉维格子。

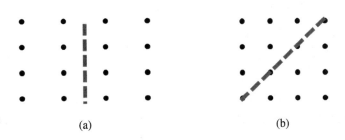

图 5.6　矩形格子和正方格子

总之，二维布拉维格子只有下述五种可能(见图 5.7)，或者说所有的二维布拉维格子都可以归入以下五类之一。其中，六角格子一定可以取基矢 $\boldsymbol{a}_1$，$\boldsymbol{a}_2$，使它们满足 $a_1 = a_2$，并且 $\boldsymbol{a}_1$，$\boldsymbol{a}_2$ 之间的夹角 $\theta = 120^\circ$；正方格子一定可以取互相垂直的基矢 $\boldsymbol{a}_1$，$\boldsymbol{a}_2$，使它们满足 $a_1 = a_2$；矩形格子一定可以取互相垂直的基矢 $\boldsymbol{a}_1$，$\boldsymbol{a}_2$，但是这样取出来的两个基矢长度一定不相等；有心矩形格子一定可以取基矢 $\boldsymbol{a}_1$，$\boldsymbol{a}_2$，使它们满足 $2a_2\cos\theta = a_1$，但是这样取出来的两个基矢夹角一定不为 60°；以上条件均无法满足的格子就是倾斜格子。

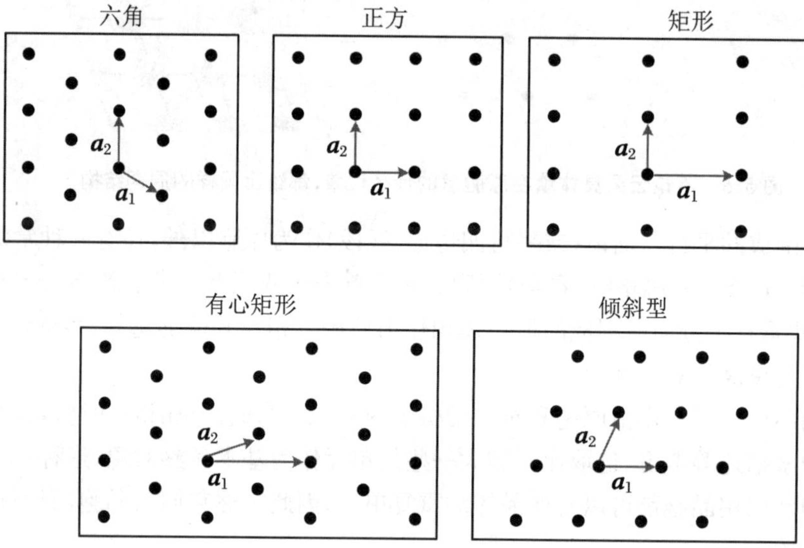

图 5.7　五种二维布拉维格子

对于三维布拉维格子，类似地，人们发现总共可以分为十四类[30]。这里不再一一列举，只是挑选其中比较常见的几类加以介绍。

5.2.4　常见的三维晶体结构

简立方(simple cubic，简称 sc)可以认为是最简单的三维布拉维格子。如图 5.8 所示，它的惯用晶胞(也是原胞)为立方体，且立方体的每个顶点都有一个布拉维格点。简立方结构的一个典型例子就是 CsCl 晶体。图 5.8 给出了 CsCl 的惯用晶胞，我们看到 Cl 原子占据了立方体晶胞的八个顶点，而 Cs 原子占据了立方体的中心。首先，平均来说，每个晶胞中 Cs 原子和 Cl 原子的数目是相同的，因为每个顶角 Cl 原子需要被八个相邻的晶胞共享，所以平均下来，每个晶胞正好包含一个 Cs 原子和一个 Cl 原子。其次，Cs 原子和 Cl 原子的位置是完全等价的。虽然在这种晶胞的取法中，Cl 原子占据的是顶点位置，但是如果以某个 Cl 原子为中心，周围都会有八个这样的晶胞围绕，每个晶胞中心有一个 Cs 原子，从而每个 Cl 原子也可以看作被围绕在八个 Cs 原子组成的立方体的中心。最后，为什么 CsCl 的布拉维格子属于简立方？因为这个晶体的最小重复单元就是图中画出的晶胞，它包含一个 Cs 和一个 Cl，即这个晶胞也是 CsCl 的原胞。由这个原胞的三个边作为基矢组成的布拉维格子显然是简立方格子。

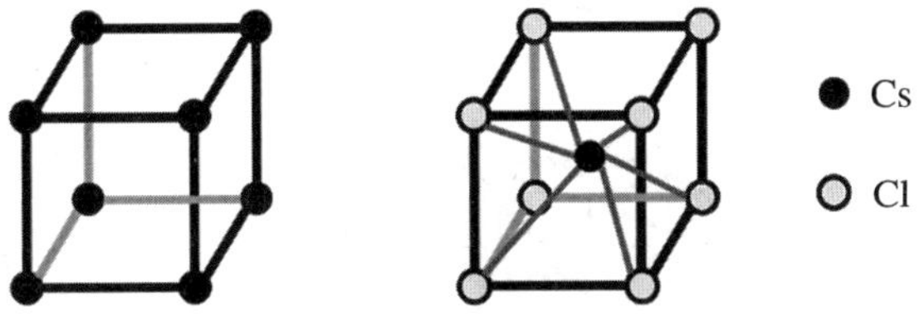

简立方晶格　　　　　　CsCl的原胞

图 5.8　简立方晶格及其例子

另外一种常见的三维布拉维格子是体心立方(body centered cubic,简称 bcc),如图 5.9 所示。它的惯用晶胞也是立方体,除在立方体的每个顶点都有一个布拉维格点以外,立方体的中心也有一个布拉维格点。很多金属单质,如 Li,Na,K,W,V,Fe 等都具有体心立方结构。在这些单质晶体中,体心立方的每个布拉维格点上都有一个金属原子。注意前面介绍的 CsCl 并不是体心立方结构,因为体心的原子与顶点不同。另外需要注意,图 5.9 中体心立方的晶胞并不是它的原胞(例如通过简单计数可知图中的单元包含了两个布拉维格点,而原胞应该只包含一个布拉维格点)。

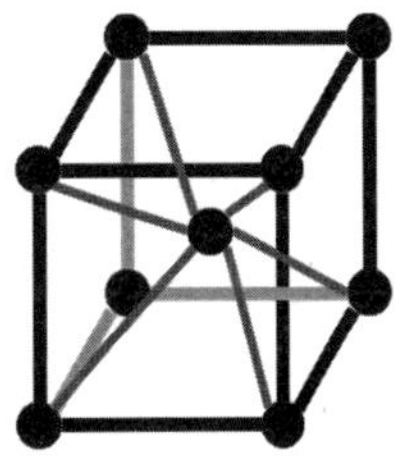

图 5.9　体心立方晶格

还有一种常见的三维布拉维格子是面心立方(face centered cubic,简称 fcc),如图 5.10 所示。它们的惯用晶胞也是立方体,除了立方体的每个顶点都有一个格点,立方体每个面的中心也有一个格点。金属单质,如 Cu,Ag,Au,Al 等都具有面心立方结构。在这些单质晶体中,面心立方的每个布拉维格点上都有一个金属原子。面心立方的另外一个典型例子是 NaCl,如图 5.10 所示,Cl 原子占据了立方体晶胞的顶点和面心,而 Na 原子占据了体心和棱心。可以把 NaCl 中相邻的一对 Na 原子和 Cl 原子看作基本单元(原胞),容易看出这个基本单元是按照面心立方的布拉维格点重复拼接的。金刚石(钻石)也是面心立方结构,如图 5.10 所示。在金刚石中,面心立方的每个布拉维格点上都有一个 C 原子,除此之外,在每个 C 原子沿着立方体晶胞对角线平移四分之一处,还有一个 C 原子。可以把互相平移四分之一对角线的每对 C 原子看作原胞,它的重复拼接方式也是面心立方。在金刚石中,每个 C 原子都处于周围四个最近邻 C 原子所组成的正四面体的中心。半导体 Si(硅)及 Ge(锗)的晶格结构与金刚石相同,只不过把 C 原子换成 Si 原子或 Ge 原子。半导体 GaAs(砷化镓)也具有类似的结构,Ga 原子占据了立方晶胞的顶点和面心,而每个 Ga 原子平移四分之一对角线的位置处有一个 As 原子,GaAs 的这种晶格结构也叫作闪锌矿结构。

有意思的是,面心立方实际上是一种三维密堆积结构。当以如图 5.1 所示的二维密堆积为基础,往高度方向再堆积球体时,我们会发现,这实际上相当于把二维密堆积球体进行一层层的堆叠。在保证最紧密堆积的前提下,不同层之间的相对位置可以有不同的选择自由,如图 5.11 中的 ABC 所标出。当各层按照 ABCABCABC…的方式堆叠时,从另外一个角度去看这个结构,可以发现它就是面心立方。而当各层按照 ABABABAB…的方式堆叠时,会形成另外一种晶格结构,叫作六角密排结构(hexagonal closepacked structure,简称 hcp)。金属单质,如 Be,Mg,Zn,Cd 等具有六角密排结构。半导体 GaN(氮化镓)在最稳定的状态下，其布拉维格子也是六角密排结构。

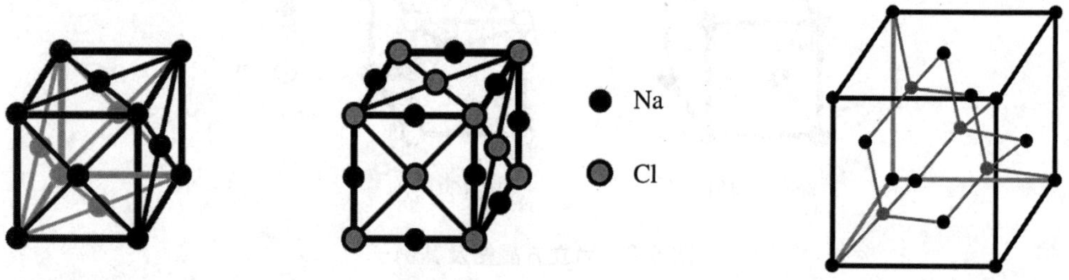

面心立方晶格　　NaCl的惯用晶胞　　金刚石的惯用晶胞

图 5.10　面心立方晶格及其例子

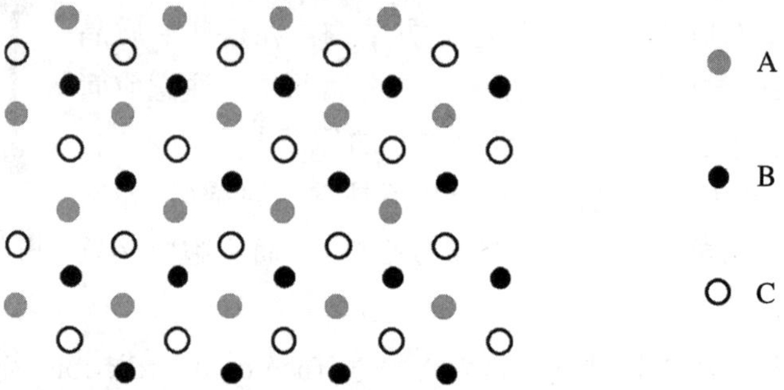

图 5.11　二维密堆积的三种位置选择

5.2.5　晶向、晶面和它们的标志

集成电路中的器件一般都需要用 Si，Ge，GaAs 等半导体单晶作为衬底进行制备，而这些衬底的表面就是周期性晶体的截止面。同一种半导体，表面取向不同，制备出的器件性能也往往不同，所以区分晶体表面的取向是一件非常重要的事情。为了区分不同的晶体表面，以及晶体中不同的方向，我们需要对晶面、晶向有一套通用的标记。

我们知道两点决定一条直线，从而在任何给定的布拉维格子中，把其中一个格点作为原点，将它与任意另外一个格点连接，就会唯一确定一条射线。这条射线的方向就称为晶向。在理想情况下（即假设晶体无穷大），任意一个晶向上一定有无穷多个格点。假设其中距离原点最近的那个格点坐标为 $l_1\boldsymbol{a}_1+l_2\boldsymbol{a}_2+l_3\boldsymbol{a}_3$（其中 l_1,l_2,l_3 一定为整数），那么我们用 $[l_1l_2l_3]$ 标志该晶向。如果 l_1,l_2,l_3 中有负数，就在它上面加一横，以避免写负号带来的歧义。一个晶向实际上代表了一系列平行的射线，这些射线的起点可以是任何一个格点。例如简立方格点中，[100]，[010]，[001]，$[\bar{1}00]$，$[0\bar{1}0]$，$[00\bar{1}]$ 等六个晶向代表了立方体边的各个方向。由于晶格的对称性，这六个晶向实际上是等价的，可以用一个符号⟨100⟩统一指代它们。类似地，⟨110⟩统一指代了沿立方体各面对角线的那些晶向，而⟨111⟩统一指代了沿立方体各体对角线的那些晶向。

同理，三点决定一个平面，从而在任何给定的布拉维格子中，把其中一个格点作为原点，三个基矢相当于形成了三个坐标轴 $\boldsymbol{a}_1,\boldsymbol{a}_2,\boldsymbol{a}_3$。如果取 $\boldsymbol{a}_1/h_1$ 作为第一点，取 $\boldsymbol{a}_2/h_2$ 作为第二点，取 $\boldsymbol{a}_3/h_3$ 作为第三点，其中 h_1,h_2,h_3 为整数，那么这三点就唯一确定了一个平面，这个平面称为晶面，记作$(h_1h_2h_3)$。一个晶面实际上代表了一系列平行的平面，这些平面所对应的原点可以是任何一个格点。可以证明，在理想情况下(即假设晶体无穷大)，任意一个晶面(即 h_1,h_2,h_3 为任意整数)上一定有无穷多个格点。我们用$(h_1h_2h_3)$标记晶面，称为密勒指数。例如在简立方格点中，(100)，(010)，(001)，$(\bar{1}00)$，$(0\bar{1}0)$，$(00\bar{1})$六个晶面代表了立方体的六个面。由于晶格的对称性，这六个晶面实际上是等价的，可以用符号{100}统一指代它们。类似地，{110}统一指代了立方体中两条棱及两条面对角线所围成的那些晶面，而{111}统一指代了立方体中由三条面对角线所围成的那些晶面。我们注意到在简立方晶格中，晶向$[l_1l_2l_3]$一定是晶面$(l_1l_2l_3)$的法线方向，这对于把晶面和晶向直观化是非常有利的。

由于简立方晶格的上述优点，对于体心立方、面心立方等晶格结构，在标记晶向和晶面的时候，并不是采用它们各自原胞的基矢，而是依然采用惯用晶胞(即图 5.9 和图 5.10 所示的立方体晶胞)的基矢来标记，这一点需要特别注意。

5.2.6　倒格子

虽然目前为止，我们主要关心的是原子的周期性排布，但是关于周期结构的描述并不限于原子的排布。一般来说，只要一个函数 $f(\boldsymbol{r})$满足平移不变性，那么这个函数就可以称为周期函数，而周期函数也是一种周期结构，它的周期性同样对应于一个布拉维点阵 $\boldsymbol{R}_{n_1,n_2,n_3}=n_1\boldsymbol{a}_1+n_2\boldsymbol{a}_2+n_3\boldsymbol{a}_3$，即 $f(\boldsymbol{r}+\boldsymbol{R}_{n_1,n_2,n_3})=f(\boldsymbol{r})$。对于一维周期函数，我们知道怎么作傅里叶展开，那么对于更一般的三维周期结构，特别是 $\boldsymbol{a}_1,\boldsymbol{a}_2,\boldsymbol{a}_3$ 并不互相正交的情况，应该怎么作傅里叶展开呢?

由于傅里叶展开实际上就是用复指数型的基本周期函数展开给定的周期函数，因此首先需要弄清楚在三维情况下，复指数型的基本周期函数是什么。在一维情况下，这种函数形如 $\mathrm{e}^{\mathrm{i}kx}$，那么在三维情况下，它应该写为 $\mathrm{e}^{\mathrm{i}\boldsymbol{k}\cdot\boldsymbol{r}}$。在一维情况下，周期条件给出了 k 的取值范围，那么在三维情况下也应该如此。把这个基本函数代入周期性函数的定义，有

$$\mathrm{e}^{\mathrm{i}\boldsymbol{k}\cdot(\boldsymbol{r}+\boldsymbol{R}_{n_1,n_2,n_3})}=\mathrm{e}^{\mathrm{i}\boldsymbol{k}\cdot\boldsymbol{r}}$$

即

$$\mathrm{e}^{\mathrm{i}\boldsymbol{k}\cdot\boldsymbol{R}_{n_1,n_2,n_3}}=1 \tag{5.16}$$

容易看出，这要求 $\boldsymbol{k}\cdot\boldsymbol{R}_{n_1,n_2,n_3}$对于所有可能的 n_1,n_2,n_3 取值都是 2π 的整数倍。如果存在三个新的基矢 $\boldsymbol{g}_1,\boldsymbol{g}_2,\boldsymbol{g}_3$，使得

$$\boldsymbol{g}_i\cdot\boldsymbol{a}_j=2\pi\delta_{ij} \tag{5.17}$$

那么 $\boldsymbol{k}$ 的取值范围就会被限定为

$$\boldsymbol{k}=\boldsymbol{G}_{m_1,m_2,m_3}=m_1\boldsymbol{g}_1+m_2\boldsymbol{g}_2+m_3\boldsymbol{g}_3\quad(\forall\, m_1,m_2,m_3\in\mathbf{Z}) \tag{5.18}$$

容易证明，只要 $\boldsymbol{k}$ 满足(5.18)式，就符合(5.16)式的要求；相反，只要 $\boldsymbol{k}$ 不满足(5.18)式，就不符合(5.16)式的要求。换句话说，(5.18)式和(5.16)式等价。

那么这样的三个基矢 $\boldsymbol{g}_1,\boldsymbol{g}_2,\boldsymbol{g}_3$ 是否存在呢？回答是肯定的，因为我们可以取

$$\boldsymbol{g}_1=\frac{2\pi\boldsymbol{a}_2\times\boldsymbol{a}_3}{\boldsymbol{a}_1\cdot(\boldsymbol{a}_2\times\boldsymbol{a}_3)},\quad \boldsymbol{g}_2=\frac{2\pi\boldsymbol{a}_3\times\boldsymbol{a}_1}{\boldsymbol{a}_2\cdot(\boldsymbol{a}_3\times\boldsymbol{a}_1)},\quad \boldsymbol{g}_3=\frac{2\pi\boldsymbol{a}_1\times\boldsymbol{a}_2}{\boldsymbol{a}_3\cdot(\boldsymbol{a}_1\times\boldsymbol{a}_2)} \tag{5.19}$$

很容易证明,它们一定满足(5.17)式的要求。

注意(5.18)式实际上给出了一个新的布拉维点阵,而且这个点阵的基矢 $\boldsymbol{g}_1,\boldsymbol{g}_2,\boldsymbol{g}_3$ 与原点阵的基矢 $\boldsymbol{a}_1,\boldsymbol{a}_2,\boldsymbol{a}_3$ 之间满足关系(5.19)式。这个新的点阵叫作原先点阵的倒易点阵,或者称为倒格子。由原点阵的基矢 $\boldsymbol{a}_1,\boldsymbol{a}_2,\boldsymbol{a}_3$ 所张的空间一般称为实空间,而由倒易点阵的基矢 $\boldsymbol{g}_1,\boldsymbol{g}_2,\boldsymbol{g}_3$ 所张的空间一般称为倒空间。

基于以上结论,任意由布拉维点阵 $\boldsymbol{R}_{n_1,n_2,n_3}=n_1\boldsymbol{a}_1+n_2\boldsymbol{a}_2+n_3\boldsymbol{a}_3$ 描述的周期函数 $f(\boldsymbol{r})$一定可以写成如下的傅里叶展开形式:

$$f(\boldsymbol{r})=\sum_{m_1,m_2,m_3} f_{m_1,m_2,m_3}\mathrm{e}^{\mathrm{i}\boldsymbol{G}_{m_1,m_2,m_3}\cdot\boldsymbol{r}} \tag{5.20}$$

利用$\{\mathrm{e}^{\mathrm{i}\boldsymbol{G}_{m_1,m_2,m_3}\cdot\boldsymbol{r}}\}$的正交性容易证明,上式中的展开系数为

$$f_{m_1,m_2,m_3}=\frac{1}{|\boldsymbol{a}_1\cdot(\boldsymbol{a}_2\times\boldsymbol{a}_3)|}\int f(\boldsymbol{r})\mathrm{e}^{-\mathrm{i}\boldsymbol{G}_{m_1,m_2,m_3}\cdot\boldsymbol{r}}\mathrm{d}\boldsymbol{r} \tag{5.21}$$

其中积分范围为 $\boldsymbol{a}_1,\boldsymbol{a}_2,\boldsymbol{a}_3$ 所张成的原胞。

对于二维布拉维点阵 $\boldsymbol{R}_{n_1,n_2}=n_1\boldsymbol{a}_1+n_2\boldsymbol{a}_2$,其倒格子也是二维的,具体为

$$\boldsymbol{G}_{m_1,m_2}=m_1\boldsymbol{g}_1+m_2\boldsymbol{g}_2\quad(\forall\, m_1,m_2\in\mathbf{Z}) \tag{5.22}$$

其中

$$\boldsymbol{g}_1=\frac{2\pi\boldsymbol{a}_2\times\boldsymbol{e}_z}{\boldsymbol{a}_1\cdot(\boldsymbol{a}_2\times\boldsymbol{e}_z)},\quad \boldsymbol{g}_2=\frac{2\pi\boldsymbol{e}_z\times\boldsymbol{a}_1}{\boldsymbol{a}_2\cdot(\boldsymbol{e}_z\times\boldsymbol{a}_1)} \tag{5.23}$$

5.3 布洛赫定理

现在我们来讨论晶体中电子的运动状态。晶体是一种周期排布的原子结构,而原子可以分解为离子实(包括原子核和内层电子)与外层电子。为了完整描述整个体系的量子状态,需要把所有的离子实和外层电子作为一个量子体系进行考虑,从而整个体系的波函数应该写为

$$\psi(\boldsymbol{R}_1,\boldsymbol{R}_2,\boldsymbol{R}_3,\cdots,\boldsymbol{r}_1,\boldsymbol{r}_2,\boldsymbol{r}_3,\cdots) \tag{5.24}$$

其中 $\boldsymbol{R}_1,\boldsymbol{R}_2,\boldsymbol{R}_3,\cdots$代表所有离子实的位置,$\boldsymbol{r}_1,\boldsymbol{r}_2,\boldsymbol{r}_3,\cdots$代表所有电子的位置,而系统的哈密顿量需要考虑所有这些粒子两两之间的相互作用:

$$\begin{aligned}\hat{H}=&\sum_i\left(-\frac{\hbar^2}{2M_i}\right)\nabla^2_{\boldsymbol{R}_i}+\sum_i\left(-\frac{\hbar^2}{2m_\mathrm{e}}\right)\nabla^2_{\boldsymbol{r}_i}+\frac{1}{2}\sum_{i\neq j}\frac{Q_iQ_j}{4\pi\varepsilon_0}\frac{1}{|\boldsymbol{R}_i-\boldsymbol{R}_j|}\\&+\frac{1}{2}\frac{e^2}{4\pi\varepsilon_0}\sum_{i\neq j}\frac{1}{|\boldsymbol{r}_i-\boldsymbol{r}_j|}-\sum_{ij}\frac{eQ_j}{4\pi\varepsilon_0}\frac{1}{|\boldsymbol{r}_i-\boldsymbol{R}_j|}\end{aligned} \tag{5.25}$$

上式中第一项是离子实的动能,简写为$\hat{T}_\mathrm{I}$;第二项是电子的动能,简写为$\hat{T}_\mathrm{e}$;第三项是离子实与离子实之间的库仑相互作用,简写为$\hat{V}_{\mathrm{I\text{-}I}}$;第四项是电子与电子之间的库仑相互作用,简写为$\hat{V}_{\mathrm{e\text{-}e}}$;第五项是离子实与电子之间的库仑相互作用,简写为$\hat{V}_{\mathrm{I\text{-}e}}$。

体系的量子状态由定态薛定谔方程

$$\hat{H}\psi(\boldsymbol{R}_1,\boldsymbol{R}_2,\boldsymbol{R}_3,\cdots,\boldsymbol{r}_1,\boldsymbol{r}_2,\boldsymbol{r}_3,\cdots)=E\psi(\boldsymbol{R}_1,\boldsymbol{R}_2,\boldsymbol{R}_3,\cdots,\boldsymbol{r}_1,\boldsymbol{r}_2,\boldsymbol{r}_3,\cdots)$$

解出。然而除非在一些特殊情况下,这个方程目前并没有获得解析解的一般方法,即使是数值解也会随着粒子数的增加变得非常复杂。所以一个切实可行的办法是做合理的近似。

5.3.1　单电子近似

1. 绝热近似(玻恩-奥本海默近似)

首先,注意到离子实的质量远大于电子的质量,我们可以认为电子的运动比离子实快很多,所以在离子实运动(即晶格振动)的每个瞬间,电子都会很快地适应离子实体系的位形。这时,我们可以把波函数分离变量为离子部分和电子部分:

$$\psi(\boldsymbol{R}_1,\boldsymbol{R}_2,\cdots,\boldsymbol{r}_1,\boldsymbol{r}_2,\cdots)=\psi_{\mathrm{I}}(\boldsymbol{R}_1,\boldsymbol{R}_2,\cdots)\psi_{\mathrm{e},\{\boldsymbol{R}_1,\boldsymbol{R}_2,\cdots\}}(\boldsymbol{r}_1,\boldsymbol{r}_2,\cdots) \tag{5.26}$$

其中 $\psi_{\mathrm{e},\{\boldsymbol{R}_1,\boldsymbol{R}_2,\cdots\}}(\boldsymbol{r}_1,\boldsymbol{r}_2,\cdots)$表示在离子实位置为$\{\boldsymbol{R}_1,\boldsymbol{R}_2,\cdots\}$时多电子体系的波函数。于是对于任意给定的$\{\boldsymbol{R}_1,\boldsymbol{R}_2,\cdots\}$集合,可以先求解电子部分的哈密顿量:

$$\begin{aligned}\hat{H}_{\mathrm{e},\{\boldsymbol{R}_1,\boldsymbol{R}_2,\cdots\}}&=\hat{T}_{\mathrm{e}}+\hat{V}_{\mathrm{e\text{-}e}}+\hat{V}_{\mathrm{I\text{-}e},\{\boldsymbol{R}_1,\boldsymbol{R}_2,\cdots\}}\\&=\sum_i\left(-\frac{\hbar^2}{2m_{\mathrm{e}}}\right)\nabla_{\boldsymbol{r}_i}^2+\frac{1}{2}\frac{e^2}{4\pi\varepsilon_0}\sum_{i\neq j}\frac{1}{|\boldsymbol{r}_i-\boldsymbol{r}_j|}-\sum_{ij}\frac{eQ_j}{4\pi\varepsilon_0}\frac{1}{|\boldsymbol{r}_i-\boldsymbol{R}_j|}\end{aligned} \tag{5.27}$$

即求解本征方程

$$\begin{aligned}&\hat{H}_{\mathrm{e},\{\boldsymbol{R}_1,\boldsymbol{R}_2,\cdots\}}\psi_{\mathrm{e},\{\boldsymbol{R}_1,\boldsymbol{R}_2,\cdots\}}(\boldsymbol{r}_1,\boldsymbol{r}_2,\cdots)\\&\quad=E_{\mathrm{e}}(\boldsymbol{R}_1,\boldsymbol{R}_2,\cdots)\psi_{\mathrm{e},\{\boldsymbol{R}_1,\boldsymbol{R}_2,\cdots\}}(\boldsymbol{r}_1,\boldsymbol{r}_2,\cdots)\end{aligned} \tag{5.28}$$

然后,得到对应于$\{\boldsymbol{R}_1,\boldsymbol{R}_2,\cdots\}$的电子体系基态能量 $E_{\mathrm{e}}^0(\boldsymbol{R}_1,\boldsymbol{R}_2,\cdots)$(或者在一定统计分布下的电子体系能量期望值$\langle E_{\mathrm{e}}(\boldsymbol{R}_1,\boldsymbol{R}_2,\cdots)\rangle$)后,将其代替$\hat{T}_{\mathrm{e}}+\hat{V}_{\mathrm{e\text{-}e}}+\hat{V}_{\mathrm{I\text{-}e}}$三项代入到原来的哈密顿量中,有

$$\hat{H}=\hat{H}_{\mathrm{I}}=\hat{T}_{\mathrm{I}}+\hat{V}_{\mathrm{I\text{-}I}}+\langle E_{\mathrm{e}}(\boldsymbol{R}_1,\boldsymbol{R}_2,\cdots)\rangle \tag{5.29}$$

并且用这个哈密顿量解出离子实的状态,即求解

$$\hat{H}_{\mathrm{I}}\psi_{\mathrm{I}}(\boldsymbol{R}_1,\boldsymbol{R}_2,\cdots)=E\psi_{\mathrm{I}}(\boldsymbol{R}_1,\boldsymbol{R}_2,\cdots) \tag{5.30}$$

有了绝热近似,我们就可以先不关注离子体系的运动,而只集中精力求解电子体系的薛定谔方程((5.28)式)。更进一步,作为一个初步的近似,我们假设体系处于绝对零度下,即离子实均处于其平衡位置处,从而在(5.27)式中,$-\sum_{ij}\frac{eQ_j}{4\pi\varepsilon_0}\frac{1}{|\boldsymbol{r}_i-\boldsymbol{R}_j|}$ 项中的$\{\boldsymbol{R}_1,\boldsymbol{R}_2,\cdots\}$全部位于周期排列的位点上。

2. 平均场近似

(5.28)式依然是一个多粒子体系的薛定谔方程,处理起来非常复杂,为进一步简化问题,我们把电子与电子之间的相互作用看作一种平均的势场,并且适应离子实位置的周期性。从而(5.27)式的最后两项合并成为一个周期的势能项:

$$\frac{1}{2}\frac{e_ie_j}{4\pi\varepsilon_0}\sum_{i\neq j}\frac{1}{|\boldsymbol{r}_i-\boldsymbol{r}_j|}-\sum_{ij}\frac{eQ_j}{4\pi\varepsilon_0}\frac{1}{|\boldsymbol{r}_i-\boldsymbol{R}_j|}=\sum_i V(\boldsymbol{r}_i)$$

注意这个 $V(\boldsymbol{r}_i)$与所考虑的是“哪一个电子”没有关系，所有的电子都感受到相同的平均势场。从而电子体系的哈密顿量简化为

$$\hat{H}_e=\sum_i\left(-\frac{\hbar^2}{2m_e}\nabla_{r_i}^2\right)+\sum_i V(\boldsymbol{r}_i)=\sum_i\left[-\frac{\hbar^2}{2m_e}\nabla_{r_i}^2+V(\boldsymbol{r}_i)\right]=\sum_i\hat{H}_i \tag{5.31}$$

其中定义了$\hat{H}_i=-\frac{\hbar^2}{2m_e}\nabla_{r_i}^2+V(\boldsymbol{r}_i)$。通过对波函数直接分离变量：

$$\psi_e(\boldsymbol{r}_1,\boldsymbol{r}_2,\cdots)=\psi_1(\boldsymbol{r}_1)\psi_2(\boldsymbol{r}_2)\cdots \tag{5.32}$$

可以把这个哈密顿量的本征方程

$$\hat{H}_e\psi_e(\boldsymbol{r}_1,\boldsymbol{r}_2,\cdots)=\sum_i\hat{H}_i\psi_e(\boldsymbol{r}_1,\boldsymbol{r}_2,\cdots)=E\psi_e(\boldsymbol{r}_1,\boldsymbol{r}_2,\cdots)$$

分解为一个个独立的单电子本征方程

$$\hat{H}_i\psi_i(\boldsymbol{r}_i)=E_i\psi_i(\boldsymbol{r}_i) \tag{5.33}$$

总的本征函数是一个个单电子本征函数 $\psi_i(\boldsymbol{r}_i)$的乘积，总的本征能量是一个个单电子本征能量 E_i 的和，即 $E=\sum_i E_i$。①

(5.31)式对于每个电子 i 具有完全相同的形式，于是可以删掉这个下标，直接把单个电子的薛定谔方程写作

$$\hat{H}\psi(\boldsymbol{r})=\left[-\frac{\hbar^2}{2m}\nabla^2+V(\boldsymbol{r})\right]\psi(\boldsymbol{r})=E\psi(\boldsymbol{r}) \tag{5.34}$$

其中 $V(\boldsymbol{r})$是周期函数，其周期由离子实的排布周期决定。

经过这样的简化，我们最终把晶体这样一个包含大量离子实和电子的体系简化成了一个个独立的单电子体系，求解(5.34)式（即周期势场中的定态薛定谔方程），就能够较好地描述晶体中的电子状态。

5.3.2 一维周期势场

1. 平面波展开

我们的任务是解(5.34)式。依然从简单情形出发，先考虑一维周期势场，这时薛定谔方程为

$$\hat{H}\psi(x)=\left[-\frac{\hbar^2}{2m}\frac{\partial^2}{\partial x^2}+V(x)\right]\psi(x)=E\psi(x) \tag{5.35}$$

其中 $V(x)$是一维周期函数，满足 $V(x+a)=V(x)$，a 为周期。

周期函数总是可以进行傅里叶展开，因此把势场展开为

① 第 6 章将会介绍，多电子体系的总波函数应该是反对称的，即(5.32) 式应当改写为反对称的形式，但是这不影响我们的结论。

$$V(x) = \sum_n V_n e^{iG_n x} \tag{5.36}$$

其中 $G_n = nG = \dfrac{2\pi n}{a}$，$n$ 取所有整数。进一步，把波函数也写作傅里叶变换（平面波叠加）的形式，即

$$\psi(x) = \int c(k') e^{ik'x} dk' \tag{5.37}$$

其中 $c(k')$ 是对应于平面波分量 $e^{ik'x}$ 的展开系数。把(5.36)式和(5.37)式代入(5.35)式，得到

$$\int \frac{\hbar^2 k'^2}{2m} c(k') e^{ik'x} dk' + \sum_n V_n \int c(k') e^{i(k'+G_n)x} dk' = E\int c(k') e^{ik'x} dk'$$

为了得到 $c(k')$ 的方程，把上式两边同时与平面波 e^{ikx} 作内积，有

$$\int \frac{\hbar^2 k'^2}{2m} c(k') e^{i(k'-k)x} dk' dx + \sum_n V_n \int c(k') e^{i(k'+G_n-k)x} dk' dx$$

$$= E\int c(k') e^{i(k'-k)x} dk' dx$$

利用 $\int e^{i(k'-k)x} dx = 2\pi\delta(k'-k)$，上式变为

$$\int \frac{\hbar^2 k'^2}{2m} c(k') \delta(k'-k) dk' + \sum_n V_n \int c(k') \delta(k'+G_n-k) dk'$$

$$= E\int c(k') \delta(k'-k) dk'$$

即

$$\frac{\hbar^2 k^2}{2m} c(k) + \sum_n V_n c(k-G_n) = Ec(k) \tag{5.38}$$

这个方程就是平面波展开下的薛定谔方程，或者说是动量表象下的薛定谔方程。通过这个方程解出波函数的平面波展开系数 $c(k)$，就得到了电子的定态波函数。

2. 布洛赫定理

由于 $V(x)$ 的存在，单纯的平面波 e^{ikx} 不再是(5.38)式的解，因为对于给定的 k，$c(k)$ 的值不能任意取，而是依赖于所有的 $c(k-G_n)$；同样的道理，$c(k-G_{\pm1})$，$c(k-G_{\pm2})$ 等值也依赖于所有的 $c(k-G_n)$。所以(5.38)式实际上是关于 $c(k-G_n)$ 的一个线性方程组（对于给定的 E，未知数的个数等于方程的个数）。把它写成矩阵方程的形式，即

$$\begin{bmatrix} \ddots & \ddots & \ddots & \ddots & \ddots & \ddots & \ddots \\ \ddots & \ddots & \varepsilon_{k-G_1}+V_0 & V_{-1} & V_{-2} & \ddots & \ddots \\ \ddots & \ddots & V_1 & \varepsilon_k + V_0 & V_{-1} & \ddots & \ddots \\ \ddots & \ddots & V_2 & V_1 & \varepsilon_{k-G_{-1}}+V_0 & \ddots & \ddots \\ \ddots & \ddots & \ddots & \ddots & \ddots & \ddots & \ddots \end{bmatrix} \begin{bmatrix} \vdots \\ c(k-G_1) \\ c(k) \\ c(k-G_{-1}) \\ \vdots \end{bmatrix} = E \begin{bmatrix} \vdots \\ c(k-G_1) \\ c(k) \\ c(k-G_{-1}) \\ \vdots \end{bmatrix} \tag{5.39}$$

其中 $\varepsilon_{k-G_n} = \dfrac{\hbar^2(k-G_n)^2}{2m}$。这就是矩阵

$$M(k) = \begin{bmatrix} \ddots & \ddots & \ddots & \ddots & \ddots & \ddots & \ddots \\ \ddots & \ddots & \varepsilon_{k-G_1} + V_0 & V_{-1} & V_{-2} & \ddots & \ddots \\ \ddots & \ddots & V_1 & \varepsilon_k + V_0 & V_{-1} & \ddots & \ddots \\ \ddots & \ddots & V_2 & V_1 & \varepsilon_{k-G_{-1}} + V_0 & \ddots & \ddots \\ \ddots & \ddots & \ddots & \ddots & \ddots & \ddots & \ddots \end{bmatrix}$$

的本征方程。注意到这个矩阵是 k 的函数。(5.38)式能写成这种形式,其实说明了 $\hat{H}$ 在平面波基组下的矩阵是分块对角矩阵,“每个”不同的 k 决定了一个对角子矩阵(注意这个名词是指哈密顿量对角位置处的子矩阵,但并不意味着这个子矩阵是对角矩阵),即 $M(k)$。还需要注意的是,对于任何的实数 k 与整数 n,$M(k)$与 $M(k-G_n)$一定对应的是同一个子矩阵。这样的话,为了合理地标识各对角子矩阵而不至于出现重复,我们需要限定 k 的取值范围,不能让它取任意实数。具体来说,一般选择

$$k \in \left[-\frac{G}{2}, \frac{G}{2}\right) \tag{5.40}$$

在这样的限定下,$M(k)$恰好涵盖了哈密顿量的所有对角子矩阵,且没有任何重复。区间 $\left[-\frac{G}{2}, \frac{G}{2}\right)$称为第一布里渊区。被限定在第一布里渊区中并且代表了哈密顿量的相应对角子矩阵的 k,被称为约化波矢或布洛赫波矢。

解本征方程(5.39),我们可以得到一系列的本征矢量 $|\psi_{nk}\rangle = \begin{bmatrix} \vdots \\ c_n(k-G_1) \\ c_n(k) \\ c_n(k-G_{-1}) \\ \vdots \end{bmatrix}$ 和相应的本征能量 E_{nk},注意到 $\begin{bmatrix} \vdots \\ c_{nk}(k-G_1) \\ c_{nk}(k) \\ c_{nk}(k-G_{-1}) \\ \vdots \end{bmatrix}$ 实际上是波函数的平面波展开系数,恢复原来的展开式形式,有

$$\psi_{nk}(x) = \sum_m c_{nk}(k-G_m) e^{i(k-G_m)x}$$

把 $c_{nk}(k-G_m)$简写为 $c_{nk,m}$,并且提取公共项 e^{ikx},有

$$\psi_{nk}(x) = e^{ikx} \sum_m c_{nk,m} e^{-iG_m x}$$

由于 $\sum_m c_{nk,m} e^{-iG_m x}$ 显然是某个周期函数的傅里叶展开形式,上式可以进一步写为

$$\psi_{nk}(x) = e^{ikx} u_{nk}(x) \tag{5.41}$$

其中 $u_{nk}(x)$是与 $V(x)$具有相同周期的周期函数:$u_{nk}(x+a) = u_{nk}(x)$。与本征波函数 $\psi_{nk}(x)$对应的本征能量记作 E_{nk} 或 $E_n(k)$,其中 n 是离散参数,而 k 可以连续取值。对于

每个给定的 n,$E_n(k)$一般会随着 k 的变化而连续变化,从而类似于 3.2 节关于量子阱的讨论,可以认为每个 n 对应了一个能带。对于给定的能带,$E_n(k)$实际上给出了本征能量与布洛赫波矢 k 之间的色散关系。

这就是布洛赫定理,即周期势场中的定态波函数一定是一个受平面波调制的周期函数,称为布洛赫波函数。布洛赫波函数中的平面波项 e^{ikx} 体现晶体中的电子部分继承了自由电子的性质,而周期函数 $u_{nk}(x)$体现晶体中的电子也部分继承了一个个独立的原子波函数的性质。

5.3.3　三维周期势场

根据 5.2 节的内容,三维周期结构可以用三维布拉维点阵来表示,换句话说,三维周期势场 $V(\boldsymbol{r})$应该满足

$$V(\boldsymbol{r}+\boldsymbol{R}_{m_1,m_2,m_3})=V(\boldsymbol{r}),\quad \boldsymbol{R}_{m_1,m_2,m_3}=m_1\boldsymbol{a}_1+m_2\boldsymbol{a}_2+m_3\boldsymbol{a}_3\quad(\forall m_1,m_2,m_3\in\mathbf{Z}) \tag{5.42}$$

根据(5.20)式,三维周期势场可以写成傅里叶展开的形式,即

$$V(\boldsymbol{r})=\sum_{n_1,n_2,n_3}V_{n_1,n_2,n_3}e^{i\boldsymbol{G}_{n_1,n_2,n_3}\cdot\boldsymbol{r}} \tag{5.43}$$

其中 $\boldsymbol{G}_{n_1,n_2,n_3}=n_1\boldsymbol{g}_1+n_2\boldsymbol{g}_2+n_3\boldsymbol{g}_3$ 为与布拉维格点 $\boldsymbol{R}_{m_1,m_2,m_3}$对应的倒格矢。

与一维情况完全类似,这样的周期势场使得哈密顿量在平面波基组下成为分块对角矩阵,从而定态波函数成为布洛赫函数

$$\psi_{n\boldsymbol{k}}(\boldsymbol{r})=e^{i\boldsymbol{k}\cdot\boldsymbol{r}}u_{n\boldsymbol{k}}(\boldsymbol{r}) \tag{5.44}$$

其中 $u_{n\boldsymbol{k}}(\boldsymbol{r})$是与 $V(\boldsymbol{r})$具有相同周期的周期函数。相应的本征能量记为 $E_{n\boldsymbol{k}}$或$E_n(\boldsymbol{k})$,并且每个 n 对应一个能带。

类似于一维情况,任意的 $\boldsymbol{k}$ 与$\boldsymbol{k}-\boldsymbol{G}_{n_1,n_2,n_3}$对应的一定是哈密顿量的同一个子矩阵,从而需要把布洛赫波矢 $\boldsymbol{k}$ 限制在第一布里渊区内,第一布里渊区内的点需要既能代表哈密顿量的所有对角子矩阵,又能使两两之间不会相差任意倒格矢 $\boldsymbol{G}_{n_1,n_2,n_3}$。一个简便的取法是直接取 $\boldsymbol{g}_1,\boldsymbol{g}_2,\boldsymbol{g}_3$ 所张成的平行六面体,但是这样的选择在实际计算中并不是最方便的。一个更加常见的取法是取倒易点阵的 Wigner-Seitz 原胞,即从原点出发作各倒格矢的垂直平分面,由这些垂直平分面所围成的最小体积作为第一布里渊区。例如(5.38)式就可以看作一维情况下倒易点阵的 Wigner-Seitz 原胞。这样选择的第一布里渊区围绕原点具有更高的对称性,从而在实际计算中可以充分利用这种对称性,只对第一布里渊区内一个连续的部分进行计算,而其余部分由对称性直接得到。

5.3.4　能带的对称性

$E_n(\boldsymbol{k})$代表了“以 $\boldsymbol{k}$ 为标识的分块对角矩阵的第n 个本征值”,也可以把它理解成“包含波矢为 $\boldsymbol{k}$ 的平面波的分块对角矩阵的第 n 个本征值”。注意到前一种表述内禀地要求 $\boldsymbol{k}$ 是布洛赫波矢,即在第一布里渊区内,而后一种表述允许 $\boldsymbol{k}$ 取任何值:如果 $\boldsymbol{k}$ 在第一布里渊区

内,那么它和前一种表述给出相同的结果;如果 $\boldsymbol{k}$ 在第一布里渊区以外,那么它也会给出一个唯一的值,即 $E_n(\boldsymbol{k}-\boldsymbol{G}_{n_1,n_2,n_3})$,其中 $\boldsymbol{k}-\boldsymbol{G}_{n_1,n_2,n_3}$ 在第一布里渊区内。在这个意义下,我们可以用第二种表述扩展函数 $E_n(\boldsymbol{k})$,从而把它看作定义在整个 $\boldsymbol{k}$ 空间的函数,显然在这样的扩展下,它是一个周期函数,以任意倒格矢 $\boldsymbol{G}_{n_1,n_2,n_3}$ 为周期。这种经过扩展的能带图像称为周期布里渊区图像,而原本未经扩展的图像称为简约布里渊区图像。简约布里渊区图像可以看作周期布里渊区图像在倒易空间中的原胞。周期布里渊区图像的方便之处在于去除了 $\boldsymbol{k}$ 的取值限制,但是它的不便之处在于对电子的状态进行了重复标识。如果不加特殊说明,后面的讨论都将在简约布里渊区图像下开展。

通过上述周期布里渊区图像的讨论,我们可以得出一个推论,即在简约布里渊区图像下,$E_n(\boldsymbol{k})$也是一个"周期函数",只不过因为这个"周期函数"的定义域恰好是原胞,所以只"重复"了一次。这使得第一布里渊区边界处的本征能量要与对面边界处的本征能量相等。具体来说,以一维情况为例,第一布里渊区是$\left[-\frac{G}{2},\frac{G}{2}\right)$,那么我们一定有

$$E_n\left(k\rightarrow\frac{G}{2}\right)=E_n\left(-\frac{G}{2}\right)\tag{5.45}$$

除了周期性,在不考虑自旋的情况下,能带还具有"时间反演对称性"。具体来说,我们知道布洛赫函数(5.44)式满足定态薛定谔方程

$$\left[-\frac{\hbar^2}{2m}\nabla^2+V(\boldsymbol{r})\right]\psi_{n\boldsymbol{k}}(\boldsymbol{r})=E_n(\boldsymbol{k})\psi_{n\boldsymbol{k}}(\boldsymbol{r})\tag{5.46}$$

对上式两边取复共轭,有

$$\left[-\frac{\hbar^2}{2m}\nabla^2+V(\boldsymbol{r})\right]\psi^*_{n\boldsymbol{k}}(\boldsymbol{r})=E_n(\boldsymbol{k})\psi^*_{n\boldsymbol{k}}(\boldsymbol{r})\tag{5.47}$$

注意到 $\psi^*_{n\boldsymbol{k}}(\boldsymbol{r})=\mathrm{e}^{-\mathrm{i}\boldsymbol{k}\cdot\boldsymbol{r}}u^*_{n\boldsymbol{k}}(\boldsymbol{r})$,所以首先它也满足布洛赫函数的形式,并且对应于波矢 $-\boldsymbol{k}$。其次,(5.47)式说明它也是定态薛定谔方程的解,从而它一定是对应于波矢 $-\boldsymbol{k}$ 的某个本征波函数,或者说它的本征值应该是某个 $E_m(-\boldsymbol{k})$。最后,根据(5.47)式,$E_m(-\boldsymbol{k})=E_n(\boldsymbol{k})$,即每个波矢为 $\boldsymbol{k}$ 的本征态都有一个与它能量相同的波矢为 $-\boldsymbol{k}$ 的本征态,反之亦然(即两者一一对应)。由于下标 n 或 m 一般是按照能量从低到高排列的,因此 m 和 n 必然是同一个整数。综合以上讨论,我们得到了等式

$$E_n(\boldsymbol{k})=E_n(-\boldsymbol{k})\tag{5.48}$$

或者说 $\psi_{n\boldsymbol{k}}(\boldsymbol{r})$与 $\psi_{n,-\boldsymbol{k}}(\boldsymbol{r})$是简并态。

另外可以证明,如果晶格在旋转、镜面或反演等对称操作下不变(对于给定的晶格结构,这些对称操作的集合称为点群),那么该晶体的电子能带也具有同样的对称性。[30]这使得我们在进行能带的数值计算时,可以只考虑第一布里渊区内的一个小区域(称为不可约布里渊区),其他区域可以由不可约布里渊区通过对称性扩展直接得到。

5.4 准平面波近似与紧束缚近似

上节我们根据方程(5.39)得到了布洛赫定理,并且了解了晶体中的电子会形成一个个

能带。然而，布洛赫波函数 $\psi_{nk}(\boldsymbol{r})$ 以及色散关系 $E_n(\boldsymbol{k})$ 的具体形式需要对方程(5.39)进行具体求解才能得到。为了进一步理解方程(5.39)解的性质，本节将采用定态微扰的思想，分别在两种极端情况下具体分析。简单起见，我们只考虑一维情况。

5.4.1　准平面波近似

上节提到，晶体中的电子具有两个相互竞争的趋势：一是自由运动的趋势，二是被离子实束缚的趋势。前面说过，布洛赫定理就是两者共同作用的体现。现在考虑一个极端情况，假设电子自由运动的趋势很强，而被离子实束缚的趋势很弱。转化成数学语言，就是说哈密顿量 $\hat{H}=-\frac{\hbar^2}{2m}\frac{\partial^2}{\partial x^2}+V(x)$ 中的势能项 $V(x)$ 非常小。这时我们可以令 $\hat{H}^{(0)}=-\frac{\hbar^2}{2m}\frac{\partial^2}{\partial x^2}$，而把 $V(x)$ 作为微扰。

根据 3.1 节，$\hat{H}^{(0)}$ 的本征函数就是平面波 e^{ikx}，并且当 $V(x)$ 趋于零时，$\hat{H}$ 趋于 $\hat{H}^{(0)}$，我们期待 $\hat{H}$ 的本征函数一定也趋于平面波，即布洛赫波函数(5.41)式中的 $u_{nk}(x)$ 趋于常数。

但是这里存在一个问题，平面波的波矢是可以任意取值的，而布洛赫函数的波矢是约化波矢，应该在第一布里渊区内取值。为了解决这一矛盾，我们回忆 5.3 节的内容，假如某个布洛赫函数为 $\psi_{nk}(x)$，那么它一定由波矢为 $k-G_n$ 的平面波叠加而成。这样的话，假如某个平面波 $e^{ik'x}$ 的波矢 k' 位于第一布里渊区以外，那么我们总可以找到第一布里渊区内的某个波矢 k 与它相差某个倒格矢 G_n，即 $k=k'+G_n$，而平面波 $e^{ik'x}$ 一定是某个 $\psi_{nk}(x)$ 在 $V(x)$ 趋于零情况下的极限。相应地，与平面波 $e^{ik'x}$ 对应的本征能量 $\hbar^2k'^2/(2m)$ 也应该是 $E_n(k)$ 在 $V(x)$ 趋于零情况下的极限。

基于这些结论，可以画出当 $V(x)$ 趋于零时的色散曲线 $E_n(k)$。首先，布洛赫波矢 k 位于区间$[-G/2,G/2)$即$[-\pi/a,\pi/a)$内。其次，波矢位于第一布里渊区内的平面波 e^{ikx} 贡献了一段色散曲线 $E_n(k)=\hbar^2k^2/(2m)$；波矢位于区间$[G/2,3G/2)$内的平面波贡献了一段色散曲线 $E_n(k)=\hbar^2(k+G)^2/(2m)$；波矢位于区间$[-3G/2,-G/2)$内的平面波贡献了一段色散曲线 $E_n(k)=\hbar^2(k-G)^2/(2m)$；以此类推。如图 5.12 所示，这就是把原本平面波的抛物线型色散曲线，通过分段平移 G_n 的方式折叠到第一布里渊区内。

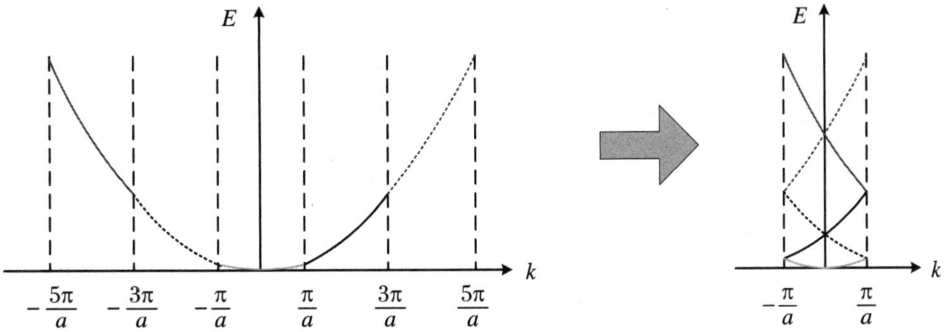

图 5.12　准平面波近似下的能带图

从(5.39)式出发,也可以得到相同的结论:当势场为零时,(5.39)式中的矩阵 $M(k)$成为一个对角矩阵

$$M^{(0)}(k)=\begin{bmatrix}\ddots & \ddots & \ddots & \ddots & \ddots & \ddots\\ \ddots & \ddots & \varepsilon_{k-G} & 0 & 0 & \ddots\\ \ddots & \ddots & 0 & \varepsilon_k & 0 & \ddots\\ \ddots & \ddots & 0 & 0 & \varepsilon_{k+G} & \ddots\\ \ddots & \ddots & \ddots & \ddots & \ddots & \ddots\end{bmatrix}$$

从而对于给定的约化波矢 k,本征波函数就是一个个基矢(平面波 $e^{i(k-G_n)x}$),相应的本征能量由 $M(k)$的对角元 ε_{k-G_n} 给出,这同样意味着需要把自由电子的色散曲线分段平移到第一布里渊区内。

弄清楚 $\hat{H}^{(0)}$ 的本征波函数和本征能量后,我们进一步考虑 $V(x)$很小的情况。此时可以把 $V(x)$作为微扰考虑进去。在5.1节中(例如(5.9)式),我们提到当哈密顿量叠加了一项微扰项以后,原先的本征波函数$|\psi_n^{(0)}\rangle$会与其他本征波函数$|\psi_m^{(0)}\rangle$叠加产生修正后的波函数,但是其他波函数的贡献大小是与能量差 $E_n^{(0)}-E_m^{(0)}$ 成反比的。于是作为低阶近似,在考虑微扰时,可以只考虑能量差比较小的那些状态之间的混合。

在图5.12中,哪些状态之间的能量差比较小呢?我们发现在 $k=G/2$ 附近,ε_k 与 ε_{k-G} 很接近;在 $k=-G/2$ 附近,ε_k 与 ε_{k+G} 很接近;在 $k=0$ 附近,ε_{k-G} 与 ε_{k+G} 很接近……总的来说,在第一布里渊区的右边界处,ε_{k+nG} 与 $\varepsilon_{k-(n+1)G}$ 接近;在第一布里渊区的左边界处,ε_{k-nG} 与 $\varepsilon_{k+(n+1)G}$ 接近;在第一布里渊区的中心处,ε_{k-nG} 与 ε_{k+nG} 接近。

于是在低阶近似下,我们可以只考虑这些能量接近的平面波之间的耦合。具体来说,我们在(5.39)式的矩阵 $M(k)$中找到它们对应的 2×2 子矩阵并且对角化即可。为了简单起见,只以第一布里渊区中心处的情况举例。在 $k=0$ 附近,ε_{k-nG} 与 ε_{k+nG} 接近,所以我们找到它们对应的子矩阵,即

$$M^{(n)}(k)=\begin{bmatrix}\varepsilon_{k-nG}+V_0 & V_{-2n}\\ V_{2n} & \varepsilon_{k+nG}+V_0\end{bmatrix}$$

注意由于势场 $V(x)$总是一个实函数,根据(5.36)式,$V_{-2n}=V_{2n}^*$,即这个子矩阵一定是一个厄米矩阵。当 $V(x)=0$ 时,它的两个本征矢量就是$\begin{bmatrix}1\\0\end{bmatrix}$和$\begin{bmatrix}0\\1\end{bmatrix}$,对应于两个平面波 $e^{i(k-nG)x}$ 和 $e^{i(k+nG)x}$。当 $V(x)\neq0$ 时,利用3.5节的方法,把它用泡利矩阵展开,即

$$M^{(n)}(k)=\left(\frac{\varepsilon_{k-nG}+\varepsilon_{k+nG}}{2}+V_0\right)I_{2\times2}+\Delta(\boldsymbol{\sigma}\cdot\boldsymbol{n})$$

其中 $\Delta=\sqrt{\left(\frac{\varepsilon_{k-nG}-\varepsilon_{k+nG}}{2}\right)^2+|V_{2n}|^2}$,单位矢量 $\boldsymbol{n}=\frac{1}{\Delta}\left(\mathrm{Re}(V_{2n})\boldsymbol{e}_x+\mathrm{Im}(V_{2n})\boldsymbol{e}_y+\frac{\varepsilon_{k-nG}-\varepsilon_{k+nG}}{2}\boldsymbol{e}_z\right)$。于是对角化 $M^{(n)}(k)$后,两个本征矢量分别为$|\uparrow_n\rangle$和$|\downarrow_n\rangle$,相应的本征能量分别为$\frac{\varepsilon_{k-nG}+\varepsilon_{k+nG}}{2}+V_0+\Delta$ 和$\frac{\varepsilon_{k-nG}+\varepsilon_{k+nG}}{2}+V_0-\Delta$。

注意到当 $|V_{2n}|\neq 0$ 时，Δ 总是大于 $\left|\frac{\varepsilon_{k-nG}-\varepsilon_{k+nG}}{2}\right|$ 的，于是微扰的结果是在把所有能量加上 V_0 之后，再使得原本能量高一些的状态能量变得更高，而原本能量低一些的状态能量变得更低。这与我们关于(5.10)式的讨论是类似的。特别地，在 $k=0$ 处，原本简并的两个平面波 e^{-inGx} 与 e^{+inGx} 经过势场的微扰之后，变得不再简并，而是产生了 $2|V_{2n}|$ 的能量差。如果我们利用(5.1)节中的简并微扰进行计算，会得到相同的结论。

类似地，在第一布里渊区的左边界处，原本简并的两个平面波 $e^{i\left(n+\frac{1}{2}\right)Gx}$ 与 $e^{-i\left(n+\frac{1}{2}\right)Gx}$ 经过势场的微扰之后，变得不再简并，而是产生了 $2|V_{2n+1}|$ 的能量差；同理，在第一布里渊区的右边界处，原本几乎简并的两个平面波 $e^{-i\left(n+\frac{1}{2}+0^+\right)Gx}$ 与 $e^{i\left(n+\frac{1}{2}-0^+\right)Gx}$ 经过势场的微扰之后，也产生了 $2|V_{2n+1}|+0^+$ 的能量差(其中 0^+ 代表某个趋于零的实数，因为严格来说第一布里渊区是一个半开半闭区间，参见(5.40)式)。

把这些结果画在图 5.13 中，可以看出，由于周期势场的存在，原本连续分布的本征能量被分割成了一个个分立的条带，这些分立的条带就对应于一个个能带，即对应于 $E_n(k)$ 中 n 的不同取值。而相邻的能带之间没有任何本征态存在，这些能量区间称为禁带。禁带的宽度称为带隙。根据上面的推导，图 5.13 中的各带隙大小分别为 $2|V_1|, 2|V_2|, 2|V_3|, \cdots$。需要注意的是，由于 V_n 是势能的傅里叶系数，它有可能为零，此时在准平面波近似下，它所对应的带隙 $2|V_n|$ 也为零，与之相应的两个能带可以认为合并成了一个能带。

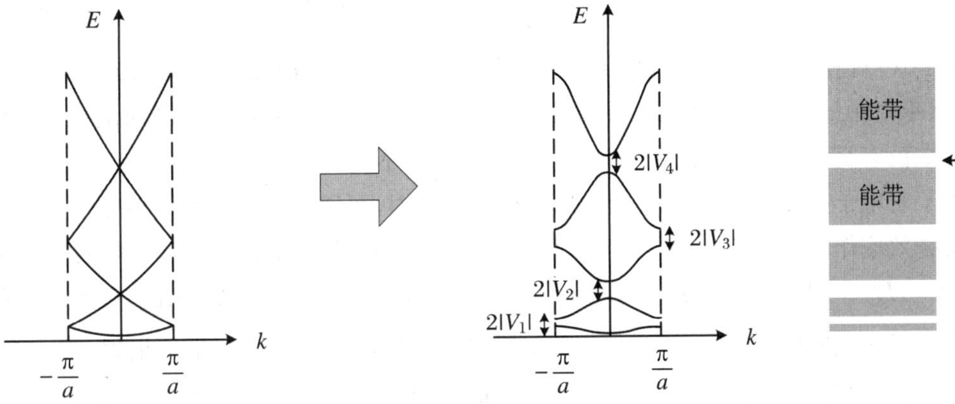

图 5.13　准平面波近似下的能带与带隙

5.4.2　紧束缚近似

现在考虑另外一个相反的极端情况：电子被离子实束缚的趋势很强，从而相对来说自由运动的趋势就很弱。这时单原子哈密顿量成为零级哈密顿量 $\hat{H}^{(0)}$，而所有其余的项 $\hat{H}-\hat{H}^{(0)}$ 成为微扰项。

$\hat{H}^{(0)}$ 的本征函数是一个个单原子波函数 $\Phi_n(x-a_m)$，其中 $a_m=ma$ 是第 m 个离子实的位置，下标 n 用于标识不同的原子能级。这些离子实是相同的，因此这些本征函数应该具有相同的能量即原子能级 E_n，或者说它们是简并的。

根据简并微扰的思想,我们应该把考虑微扰以后的波函数修正为

$$\psi_n(x) = \sum_m c_{nm} \Phi_n(x - a_m)$$

即对这些简并波函数作线性组合。根据布洛赫定理,$\psi_n(x)$应该还有另外一个下标 k,即微扰后的波函数应该表达为

$$\psi_{nk}(x) = \sum_m c_{nkm} \Phi_n(x - a_m) \tag{5.49}$$

且满足

$$\psi_{nk}(x + a_m) = \mathrm{e}^{\mathrm{i}ka_m} \psi_{nk}(x) \tag{5.50}$$

其中(5.50)式可以直接由布洛赫定理推论得到。把(5.49)式代入(5.50)式,有

$$\sum_{m'} c_{nk(m'+m)} \Phi_n(x - a_{m'}) = \mathrm{e}^{\mathrm{i}ka_m} \sum_{m'} c_{nkm'} \Phi_n(x - a_{m'})$$

当离子束缚极端强,即只考虑 $\hat{H}^{(0)}$ 时,可以认为单原子波函数被完全束缚在离子周围,从而不同位置处的单原子波函数没有任何交叠,即$\{\Phi_n(x - a_m)\}$是互相正交的,从而上式中各项的系数应相等,即 $c_{nk(m'+m)} = \mathrm{e}^{\mathrm{i}ka_m} c_{nkm'}$。取 $m' = 0$,有

$$c_{nkm} = \mathrm{e}^{\mathrm{i}ka_m} c_{nk0}$$

代回(5.49)式,可以看出公因子 c_{nk0}成为归一化因子。如果假设$\{\Phi_n(x - a_m)\}$不仅是正交的,而且是归一的,那么 $c_{nk0} = 1/\sqrt{N}$,其中 N 是离子实的个数。最终得到

$$\psi_{nk}(x) = \frac{1}{\sqrt{N}} \sum_m \mathrm{e}^{\mathrm{i}ka_m} \Phi_n(x - a_m) \tag{5.51}$$

那么与 $\psi_{nk}(x)$对应的本征能量 $E_n(k)$又是什么呢?在只考虑 $\hat{H}^{(0)}$ 时,以$\{\Phi_n(x - a_m)\}$为基矢,显然哈密顿量是 $E_n I$,其中 E_n 是原子能级,I 是单位矩阵。它反映了不同位置处的单原子波函数没有交叠。从而当改变 k 时,$\psi_{nk}(x)$的能量不变,恒为 E_n。

当离子对电子并非完全束缚,但是束缚依然比较强时,可以在此基础上把单原子波函数的轻微交叠效应作为微扰 $\hat{H} - \hat{H}^{(0)}$。在低阶近似下,可以只考虑相邻单原子波函数的交叠。从而在 $\hat{H} - \hat{H}^{(0)}$ 中,只有形如 $H_{m,m-1}$ 和 $H_{m,m+1}$ 这些非对角元才不为零。由于每个原子所处的周边环境是相同的,$H_{m,m-1}$一定与 m 无关,假设它是一个常数 t_n,那么根据 $\hat{H} - \hat{H}^{(0)}$ 的厄米特性,一定有 $H_{m,m+1} = H^*_{m+1,m} = t^*_n$。于是,考虑微扰的哈密顿量 $\hat{H}$ 为三对角矩阵

$$\hat{H}_n = \begin{bmatrix} \ddots & \ddots & \ddots & \ddots & \ddots & \ddots & \ddots \\ \ddots & \ddots & \ddots & 0 & 0 & 0 & \ddots \\ \ddots & t_n & E_n & t^*_n & 0 & 0 & \ddots \\ \ddots & 0 & t_n & E_n & t^*_n & 0 & \ddots \\ \ddots & 0 & 0 & t_n & E_n & t^*_n & \ddots \\ \ddots & 0 & 0 & 0 & \ddots & \ddots & \ddots \\ \ddots & \ddots & \ddots & \ddots & \ddots & \ddots & \ddots \end{bmatrix}$$

注意我们在哈密顿量中加入了下标 n,表示是在 n 相同的那些单原子波函数张成的子空间里考虑问题。

在矩阵表示下，(5.51)式对应的 $\psi_{nk}(x)$ 成为一个列矢量 $|\psi_{nk}\rangle=\frac{1}{\sqrt{N}}\begin{bmatrix}\vdots\\\vdots\\e^{ika_{m-1}}\\e^{ika_m}\\e^{ika_{m+1}}\\\vdots\\\vdots\end{bmatrix}$。① 把 $\hat{H}_n$ 作用在 $|\psi_{nk}\rangle$ 上，可以直接得到

$$\hat{H}_n|\psi_{nk}\rangle=(E_n+t_ne^{ika}+t_n^*e^{-ika})|\psi_{nk}\rangle$$

从而我们得到与 $\psi_{nk}(x)$ 对应的本征能量为

$$E_n(k)=E_n+t_ne^{ika}+t_n^*e^{-ika}=E_n+2|t_n|\cos(ka-\arg(t_n))\tag{5.52}$$

如图 5.14 所示，这意味着，原本对于不同位置的原子来说互相简并的单原子能级 E_n，在电子自由运动趋势的微扰下成为了一个连续分布的能带。单原子有大量的能级，每个单原子能级在紧束缚近似下都被扩展为一个宽度为 $4|t_n|$ 的能带。

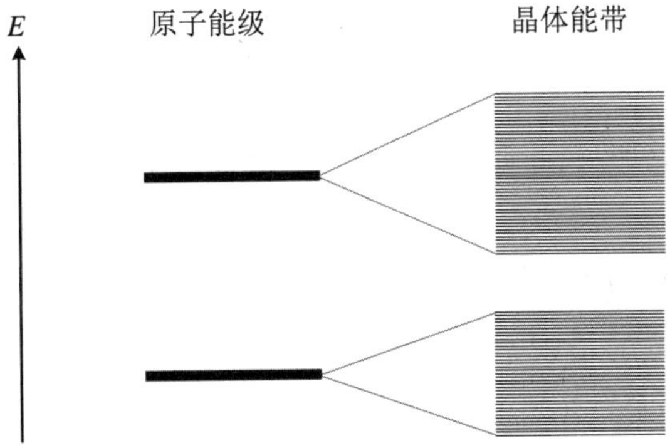

图 5.14　紧束缚近似下能带的形成

这样，我们利用紧束缚近似，同样得到了晶体中的电子形成一个个能带的结论。但需要注意的是，在紧束缚近似中，当相邻的两个原子能级 E_n 和 E_{n+1} 能量比较接近，而它们的能带宽度又比较大，即 $2(|t_n|+|t_{n+1}|)>|E_{n+1}-E_n|$ 时，这两个原子能级所扩展成的能带会发生相互交叠。此时也可以认为这两个能带合并成了一个能带。

虽然这里的讨论都是针对一维体系的，但是实际材料一般都是三维或二维的，此时准平面波近似和紧束缚近似给出的基本结论（即电子形成能带）不变，只不过我们需要在三维或二维的第一布里渊区内考虑相应的问题。

① 一开始假设了单原子波函数没有任何交叠，从而得到(5.51)式；这里，我们开始考虑单原子波函数之间的交叠，但是依然把它们看作正交基矢并且使用(5.51)式，严格来说，这只能是一种近似。不过，如果我们并不要求一开始选择的 $\Phi_n(x-a_m)$ 就是真正的单原子波函数，那么可以证明，使得 $\{\Phi_n(x-a_m)\}$ 互相正交（注意这只是说它们的内积为零，不代表它们在空间上没有任何交叠，从而 $\hat{H}_n$ 可以有非零的非对角元）的选择总是存在的，这就是瓦尼尔函数[30]。以瓦尼尔函数作为基矢，这里的讨论就是严格的了。

5.5 电子与空穴

5.5.1 布洛赫电子的运动

类似于自由电子,我们可以利用布洛赫函数组成波包,从而用经典质点的观点近似理解电子的运动。假设电子的初始波函数由某个确定的能带中的一系列布洛赫函数叠加而成,这些布洛赫函数的约化波矢围绕中心波矢 k 分布,宽度为 $2\Delta k \ll k$,即

$$\begin{aligned}\psi(x,t=0) &\sim \int_{-\Delta k}^{\Delta k} c(\delta k)\psi_{n,k+\delta k}(x)\mathrm{d}\delta k \\ &= \mathrm{e}^{\mathrm{i}kx}\int_{-\Delta k}^{\Delta k} c(\delta k)\mathrm{e}^{\mathrm{i}\delta kx}u_{n,k+\delta k}(x)\mathrm{d}\delta k\end{aligned}$$

假设相比于 $\mathrm{e}^{\mathrm{i}kx}$,$u_{nk}(x)$是一个关于 k 的缓变函数,从而可以把上式写为

$$\psi(x,t=0) = \mathrm{e}^{\mathrm{i}kx}u_{nk}(x)\int_{-\Delta k}^{\Delta k} c(\delta k)\mathrm{e}^{\mathrm{i}\delta kx}\mathrm{d}\delta k \tag{5.53}$$

类似于 3.1 节平面波的叠加,我们把这样的叠加状态称为布洛赫波包。这个波包随时间的演化方式为

$$\psi(x,t) = \mathrm{e}^{\mathrm{i}kx}u_{nk}(x)\int_{-\Delta k}^{\Delta k} c(\delta k)\mathrm{e}^{\mathrm{i}\delta kx}\mathrm{e}^{-\frac{\mathrm{i}}{\hbar}E_n(k+\delta k)t}\mathrm{d}\delta k$$

类似于 3.1 节中平面波的情况,我们对 $E_n(k+\delta k)$ 作一阶泰勒展开,从而可以把 $|\psi(x,t)|^2$ 看作一个在包络 $|u_{nk}(x)|^2$ 下以群速度

$$v_{\mathrm{g}} = \frac{1}{\hbar}\frac{\mathrm{d}E_n(k)}{\mathrm{d}k} \tag{5.54}$$

运动的函数。换句话说,当我们以经典质点的观念理解布洛赫电子时,处于状态 k 的电子在实空间中以 v_{g} 的速度运动。

类似地,在三维情况下,布洛赫波包群速度的表达式为

$$\boldsymbol{v}_{\mathrm{g}} = \frac{1}{\hbar}\nabla_{\boldsymbol{k}}E_n(\boldsymbol{k}) \tag{5.55}$$

在外场的作用下,布洛赫电子可能会发生状态的改变。假设外力 $\boldsymbol{F}$ 作用了一段时间 $\mathrm{d}t$,那么由于这段时间内电子的位移为 $\mathrm{d}\boldsymbol{r}=\boldsymbol{v}_{\mathrm{g}}\mathrm{d}t$,外力将做功 $\mathrm{d}W=\boldsymbol{F}\cdot\boldsymbol{v}_{\mathrm{g}}\mathrm{d}t$,于是电子的能量应该相应地提升 $\mathrm{d}E$。由于布洛赫电子的能量是波矢的函数,能量的改变也对应于电子波矢的改变 $\mathrm{d}\boldsymbol{k}$,从而 $\mathrm{d}E=\hbar\boldsymbol{v}_{\mathrm{g}}\cdot\mathrm{d}\boldsymbol{k}$。利用 $\mathrm{d}E=\mathrm{d}W$,有

$$\boldsymbol{F} = \frac{\mathrm{d}}{\mathrm{d}t}(\hbar\boldsymbol{k}) \tag{5.56}$$

把 $\hbar\boldsymbol{k}$ 称为布洛赫电子的准动量,它与经典质点的动量类似,在外场下的变化率等于外力。需要注意的是,这里的 $\boldsymbol{k}$ 是简约波矢,它的取值范围是第一布里渊区,而第一布里渊区是有边界的。那么如果(5.56)式要求 $\boldsymbol{k}$ 跨出第一布里渊区,应该怎么处理呢?以一维情况为例,由(5.45)式可知,每当 k 在外场的作用下增加并且即将跨越第一布里渊区的右边界$\dfrac{G}{2}$时,等

价于它从第一布里渊区的左边界 $-\frac{G}{2}$ 重新进入第一布里渊区；同理，每当 k 在外场的作用下减小并且即将跨越第一布里渊区的左边界 $-\frac{G}{2}$ 时，等价于它从第一布里渊区的右边界 $\frac{G}{2}$ 重新进入第一布里渊区。换句话说，不光能带的色散关系是以第一布里渊区为原胞的周期函数，还可以在布洛赫电子运动的意义下把第一布里渊区看作周期性的。

有了速度、准动量的概念以后，需要再考察一下电子的加速度。经典质点满足牛顿第二定律 $\boldsymbol{F}=m\boldsymbol{a}$，对于布洛赫电子，我们注意到由于外场导致了波矢 $\boldsymbol{k}$ 的变化，从而根据(5.55)式，电子的群速度也会发生变化，这相当于电子在外场产生了一个加速度，即

$$\boldsymbol{a}=\frac{\mathrm{d}}{\mathrm{d}t}\boldsymbol{v}_{\mathrm{g}}=\nabla_k\boldsymbol{v}_{\mathrm{g}}\frac{\mathrm{d}k}{\mathrm{d}t}=\frac{1}{\hbar^2}\nabla_k\nabla_kE_n(\boldsymbol{k})\cdot\boldsymbol{F}$$

或者写成分量的形式，有

$$\begin{bmatrix}\boldsymbol{a}_x\\\boldsymbol{a}_y\\\boldsymbol{a}_z\end{bmatrix}=\frac{1}{\hbar^2}\begin{bmatrix}\frac{\partial^2E_n(\boldsymbol{k})}{\partial k_x^2} & \frac{\partial^2E_n(\boldsymbol{k})}{\partial k_x\partial k_y} & \frac{\partial^2E_n(\boldsymbol{k})}{\partial k_z\partial k_x}\\\frac{\partial^2E_n(\boldsymbol{k})}{\partial k_x\partial k_y} & \frac{\partial^2E_n(\boldsymbol{k})}{\partial k_y^2} & \frac{\partial^2E_n(\boldsymbol{k})}{\partial k_y\partial k_z}\\\frac{\partial^2E_n(\boldsymbol{k})}{\partial k_z\partial k_x} & \frac{\partial^2E_n(\boldsymbol{k})}{\partial k_y\partial k_z} & \frac{\partial^2E_n(\boldsymbol{k})}{\partial k_z^2}\end{bmatrix}\begin{bmatrix}\boldsymbol{F}_x\\\boldsymbol{F}_y\\\boldsymbol{F}_z\end{bmatrix}=\left[\frac{1}{m^*}\right]\begin{bmatrix}\boldsymbol{F}_x\\\boldsymbol{F}_y\\\boldsymbol{F}_z\end{bmatrix}\tag{5.57}$$

其中把矩阵 $\frac{1}{\hbar^2}\begin{bmatrix}\frac{\partial^2E_n(\boldsymbol{k})}{\partial k_x^2} & \frac{\partial^2E_n(\boldsymbol{k})}{\partial k_x\partial k_y} & \frac{\partial^2E_n(\boldsymbol{k})}{\partial k_z\partial k_x}\\\frac{\partial^2E_n(\boldsymbol{k})}{\partial k_x\partial k_y} & \frac{\partial^2E_n(\boldsymbol{k})}{\partial k_y^2} & \frac{\partial^2E_n(\boldsymbol{k})}{\partial k_y\partial k_z}\\\frac{\partial^2E_n(\boldsymbol{k})}{\partial k_z\partial k_x} & \frac{\partial^2E_n(\boldsymbol{k})}{\partial k_y\partial k_z} & \frac{\partial^2E_n(\boldsymbol{k})}{\partial k_z^2}\end{bmatrix}$ 记作 $\left[\frac{1}{m^*}\right]$，称为布洛赫电子的“倒有效质量张量”。如果 $\left[\frac{1}{m^*}\right]$ 有逆，可以把它的逆矩阵 $\left[\frac{1}{m^*}\right]^{-1}$ 称为布洛赫电子的“有效质量张量”，并记作 $[m^*]$。与经典质点不同，布洛赫电子的 $\left[\frac{1}{m^*}\right]$ 一般来说不再是标量，而是一个实对称张量(矩阵)。这意味着在某个方向施加电场，不光能够引起这个方向的加速度，还有可能引起其他方向的加速度。这是因为电子的群速度变化是由波矢 $\boldsymbol{k}$ 变化，从而色散关系的梯度发生变化导致的；而色散关系 $E(\boldsymbol{k})$ 的形式取决于具体的体系，关于 $\boldsymbol{k}$ 并不一定是各向同性的，从而它的梯度变化可以具有不同的分量。

对于一维情形，上述情况得到简化，有效质量回归为一个标量：

$$m^*=\hbar^2/\frac{\partial^2E_n(k)}{\partial k^2}\tag{5.58}$$

需要注意，有效质量可以与电子的实际质量差别很大，甚至可以是负数，因为它包含了周期晶格对电子的作用。

有了群速度、准动量和有效质量，我们就可以用类似经典质点的观点理解布洛赫电子的运动：不同波矢的布洛赫电子具有相应的运动速度(群速度)，在外场(外力)作用下，布洛赫电子的准动量按照(5.56)式发生改变(即波矢发生改变)，并且根据推广的牛顿第二定律(参见(5.57)式)产生加速度。

5.5.2 能带的导电特性

我们注意到，实际的晶体总是具有有限尺寸的。类似于我们在3.1节中做的，当晶体尺寸是宏观有限时，可以选择周期边界条件。以一维体系为例讨论，假设晶体的总长度为 $L=Ma$，其中 a 是晶体的周期，M 是晶体包含的原胞个数，那么周期边界条件要求布洛赫波函数满足

$$\psi_{nk}(x+L)=\psi_{nk}(x) \tag{5.59}$$

注意到 $\psi_{nk}(x)=e^{ikx}u_{nk}(x)$，而 $u_{nk}(x)$ 是一个以 a 为周期的函数，所以它一定满足 $u_{nk}(x+L)=u_{nk}(x)$，从而(5.59)式等价于 $e^{ikL}=1$，这与3.1节的情况是完全一致的，从而有

$$k_m=\frac{2\pi}{L}m \quad (m \text{ 取任意整数}) \tag{5.60}$$

即布洛赫波矢离散取值，并且可以认为每个布洛赫状态在 k 轴上占据了

$$\Delta k=\frac{2\pi}{L} \tag{5.61}$$

的长度。与3.1节不同的是，这里的 k 是布洛赫波矢，只能在第一布里渊区内取值。从而每个能带的本征状态个数是确定的：

$$M_s=2\times\frac{2\pi/a}{\Delta k}=2\frac{L}{a}=2M \tag{5.62}$$

其中因子2是考虑了电子的自旋。这表明，一个能带中电子状态的总数等于晶体中周期数目的2倍，或者说原胞数目的2倍。可以证明，这个结论对于二维和三维晶体也是成立的。

在绝对零度下，电子将按照能量从低到高的顺序填充能带。如果某能带没有被填满，如图5.15所示，那么被填充的状态由图中的实点标示，没有被填充的状态由空心点标示。与3.1节的情况类似，可以认为存在一个费米能 E_F，所有能量小于 E_F 的状态都是被占据的，所有能量大于 E_F 的状态都是未被占据的。

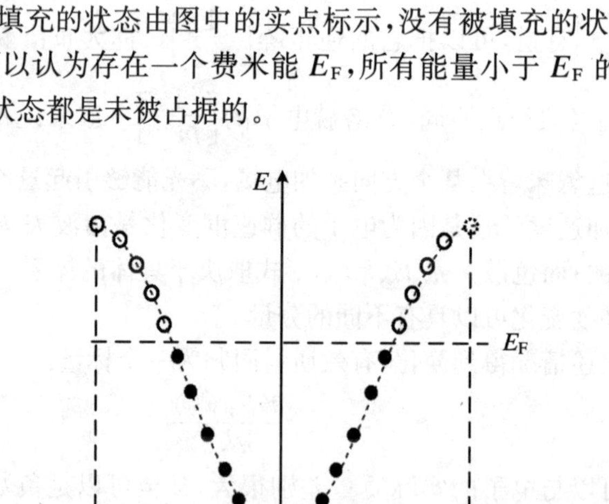

图 5.15 无外场时电子的占据情况

每个状态上的电子都具有特定的群速度，由(5.54)式给出。假设能带是时间反演对称的(参见(5.48)式)，那么图中 $k<0$ 的那些状态具有负的群速度，图中 $k>0$ 的那些状态具有正的群速度。在这些被填充的状态中，每有一个群速度向左的电子，一定也有一个群速度

大小与它相等、方向与它相反(即向右)的电子。从而总的来说,所有电子产生的电流互相抵消,整个体系不体现出净电流。

但是如果这时对晶体施加一个电场(假设电场方向向左),每个电子都将受到一个向右的力,那么根据(5.56)式,所有的电子都要随时间向右线性改变它们的 k。这相当于图 5.15 中的每个实心点都要向右移动。图 5.16 展示了经过外场作用一小段时间之后的可能情况。

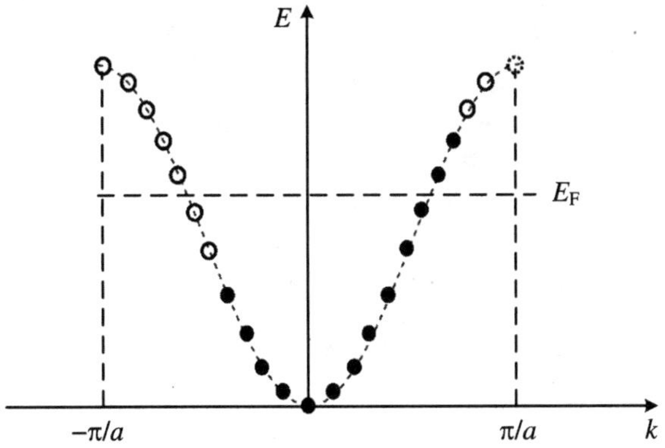

图 5.16　外场作用一段时间后电子的占据情况

由于所有电子的状态都在 k 轴上右移,总的来说,导致 $k=0$ 轴右侧的电子比左侧的电子更多。在这个状态下,体系中向右运动的电子多于向左运动的电子,从而整体出现一个净的向左的电流。相比于图 5.15 的状态,可以认为图 5.16 所示的状态是 $k=0$ 轴左侧费米能以下的两个电子被转移到了 $k=0$ 轴右侧费米能以上的两个状态上。正是这样的电子转移导致群速度的不平衡,从而产生了净电流。从这个意义上说,当体系偏离平衡状态(即图 5.15 代表的状态)的程度较小时,可以认为能带中参与导电的仅是费米能附近的电子。

如果这个电场持续作用,可以想象每个电子的 k 值继续增加,每当某个电子移出第一布里渊区的右边界后,它又从左边界进入第一布里渊区。这样经过一段时间,体系一定会进入左侧电子比右侧电子多的状态,此时能带整体展现出向右的电流。由于每个电子的 k 还在持续增加,可以预期这种向左和向右电流的状态将随时间交替重复出现。这种周期振荡的现象称为布洛赫振荡。

然而在实际晶体中,布洛赫振荡一般来说很难出现,这是因为实际体系中总是存在大量能量损耗的过程(例如缺陷、杂质、晶格热运动等对电子散射)。一旦系统偏离了如图 5.15 所示的平衡状态,这些过程就会倾向于使系统恢复到平衡状态(这个过程称为弛豫,它的存在导致了焦耳热)。作为一个粗略的近似,我们可以把如图 5.15 所示能带的电子在电场下的运动,想象成(5.56)式所代表的电场加速效应与弛豫效应交替作用的结果,即电子每被电场加速一段时间就会弛豫到平衡状态,然后继续加速、弛豫,周而复始。这样的过程使得在外场作用下,电子并不会发生布洛赫振荡,而是平均来说会相对于平衡位置稍稍右移,就像图 5.16 所示的那样。从而恒定的电场将在部分填充的能带中产生一个稳定的电流,且电流的方向与电场相同。这正是导体导电的原因(6.5 节中将定量讨论这一点)。

上面我们讨论的是能带部分填充的情况。如果与之相反,能带是完全填充的,如图 5.17 所示,那么在平衡状态下,对于 $k=0$ 轴右侧的每个电子来说,总在左侧有一个与之对应的电子,它们的群速度大小相等、方向相反,从而抵消。总的来说,能带中不会出现净电流。如果对这个体系加电场,每个电子的波矢 k 都一致发生改变,但是由于第一布里渊区对于布洛赫电子的运动是周期的,每当有电子从一侧离开第一布里渊区时,它又会从另一侧进入,从而任何时刻能带的填充状态都与初始时刻一致。这意味着,完全填充的能带(满带)即使在电场作用下也没有净电流,即不导电。

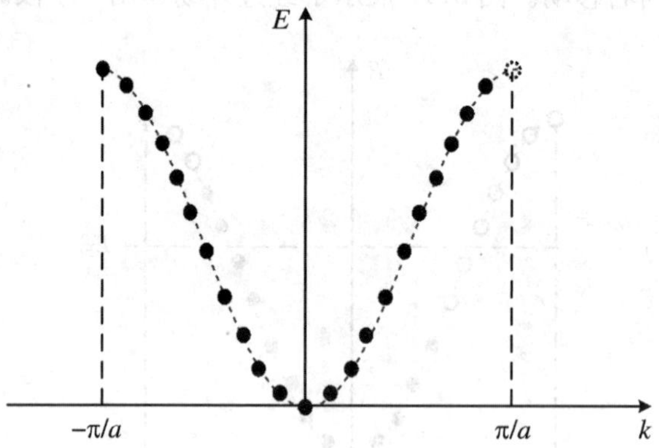

图 5.17 完全填充的能带

作为另外一个极端情况,完全未填充的能带(空带)由于没有电子,也是不导电的。

5.5.3 导体、绝缘体和半导体

通过以上讨论,我们知道满带和空带是不导电的,只有部分填充的能带才可以导电。一般来说,晶体中可以有不止一个能带。而晶体中所有的电子都有可能贡献电流,从而我们需要把所有能带对电流的贡献叠加起来:如果一个晶体中所有的能带要么是满带,要么是空带,那么这个晶体是绝缘体;如果一个晶体中存在被部分占据的能带,那么这个晶体是导体。

如图 5.18 所示,在绝对零度下,电子应该按照能量由低到高填充各能带,所以对于绝缘体来说,电子刚好填满能量最低的一系列能带,而能量更高的能带全部未填充。电子填满的能量最高的那个能带称为价带,电子完全未填充的能量最低的那个能带称为导带。对于导体来说,电子在填满能量最低的一系列能带后,还部分填充了比它们能量高一些的那个能带(如果几个能带有交叉,我们把它们看作一个能带),而能量更高的能带又是完全未填充的。

根据(5.62)式,每个能带中总的状态个数为原胞数目乘以 2,而每个原胞中电子的个数取决于晶体的具体类型和元素。对于每个原胞仅有一个原子的材料来说,由于原子的内层轨道都是填满的,而根据紧束缚模型,这些内层轨道扩展成能带的过程是它们重新线性组合的过程,所以线性无关的状态个数不会发生变化,从而相应的能带也一定是满带。对于每个原胞多于一个原子的材料来说,也可以得出类似的结论。所以一般只需要考虑外层轨道对应的能带填充情况。以单质为例,碱金属材料(fcc 晶格结构)的每个原子构成一个原胞,并且都只有一个价电子,从而这些电子轨道对应的能带是半满的,对应于碱金属具有良好的导电性。而碱土金属的每个原子有两个价电子,或者说最外层的 s 轨道是填满的,似乎应该是绝缘体;但是由于能带的交叉,导致合并后的能带依然是部分填充的,从而它们依然是金属。

以金属 Mg 为例，虽然 3s 轨道是完全填充的，但是 3s 轨道扩展成的能带与 3p 轨道扩展成的能带宽度都较大，它们互相交叉成为大的能带，从而使得 Mg 具有导电性。对于金刚石、硅和锗，它们的原胞具有两个原子(见 5.2 节)，而每个原子具有 4 个价电子，从而每个原胞有 8 个价电子；而这些价电子轨道扩展的能带并没有和更高能量轨道对应的能带发生交叠，从而这些物质在绝对零度下是绝缘体。

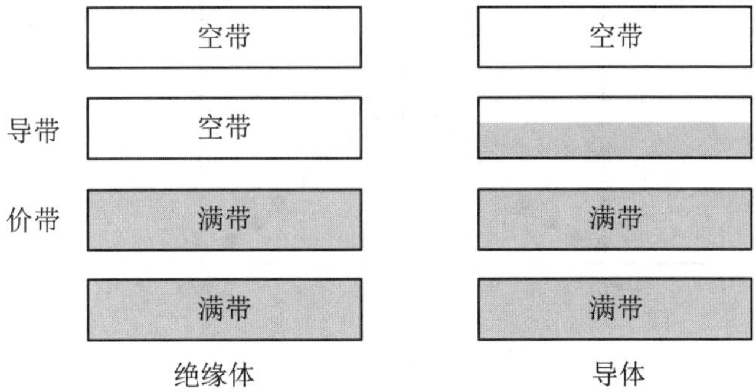

图 5.18　绝缘体与导体的能带填充状态

对于绝缘体来说，也可以与导体类似地定义费米能 E_F，使得绝对零度下所有能量小于 E_F 的状态都是被占据的，所有能量大于 E_F 的状态都是未占据的。由图 5.18 可以看出，绝缘体的费米能位于价带与导带之间。在 6.1 节中，我们将进一步看到费米能不仅决定了绝对零度下的电子占据情况，也决定了非零温度下的电子占据情况。

需要注意，图 5.18 中的绝缘体在绝对零度下是完全绝缘的，但是一旦温度高于绝对零度从而产生热激发，或者晶体受到光激发，导致价带中的电子跃迁到导带中，那么它就不再是完全绝缘的了。绝缘体中的一类材料，以硅(Si)、锗(Ge)、砷化镓(GaAs)和氮化镓(GaN)为例，它们价带与导带之间的禁带宽度不太大，常温下导电性能介于导体和常见绝缘体之间，并且可以通过掺杂等方式调控其导电能力，这类材料称为半导体，是晶体管等固态电子器件的载体。

5.5.4　空穴

当半导体受到热激发或光激发，从而有少量电子从价带跃迁到导带时，如图 5.19 所示，根据能量最低的原则，跃迁至导带的电子倾向于出现在导带的底部，而价带中未填充的状态倾向于出现在价带的顶部。这导致了价带与导带同时变成部分填充的，从而整个体系不再完全绝缘。

此时，导带可以认为是在空带的基础上加入了少量电子，我们可以用布洛赫电子的运动规律理解它的导电行为；而价带可以看作在满带的基础上减去了少量电子，或者说在满带的基础上加入了少量空缺，为了处理问题的方便，把这种空缺也看作一种粒子，称为空穴。能带中某个状态上缺少了一个电子，我们看作这个状态上有一个空穴。

我们希望用少量空穴的观点去描述价带与用大量填充的电子去描述得到相同的结果。为此，需要适当定义空穴的电荷、波矢、速度和质量等。考虑在能带的某个未占据状态上首先加入一个电子，再加入一个空穴。显然这相当于什么都没做，从而体系的电荷、准动量和能

量应该保持不变。这表明，对应于同一个状态的电子和空穴，电荷之和、准动量之和和能量之和均为零。或者说，布洛赫态$|\psi_{nk}\rangle$上的空穴具有电荷$+e$、准动量$-\hbar\boldsymbol{k}$和能量$-E_n(\boldsymbol{k})$。

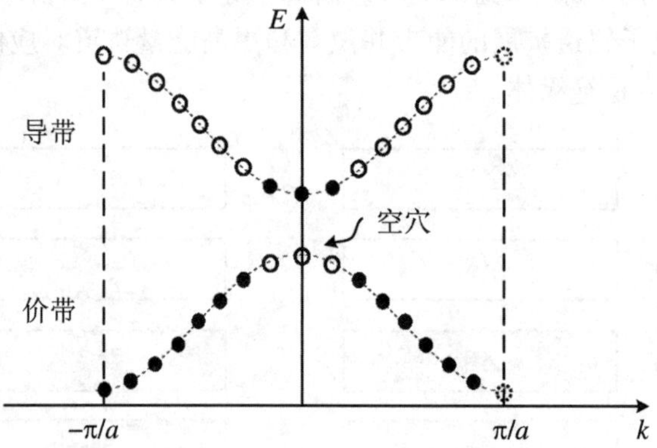

图 5.19　受到激发的半导体

为了与电子遵循相同的运动定律，我们定义此空穴的波矢为$-\boldsymbol{k}$，从而不论电子还是空穴，其准动量都等于约化普朗克常量乘以波矢。这样，(5.56)式对空穴依然成立，只不过等式右侧的$\boldsymbol{k}$应该理解为空穴的波矢，而不是空缺的布洛赫态对应的波矢：在外场作用下，一方面，所有电子的波矢发生变化，从而空缺的布洛赫态对应的波矢也应该随着电子一起同向变化；另一方面，把这个空缺态看作空穴，它具有正的电荷，受力与电子反向，从而波矢变化方向应该与电子相反，而这一点通过刚才对空穴波矢的定义得到满足。

我们要求(5.55)式也对空穴成立，只不过式中的能量为空穴的能量，波矢为空穴的波矢。这意味着，布洛赫态$|\psi_{nk}\rangle$上的空穴具有与电子相同的群速度。这是因为此空穴的波矢为$-\boldsymbol{k}$，能量为$-E_n(\boldsymbol{k})$，从而代入(5.55)式后两个负号恰好抵消。这使得我们不光可以像图 5.19 中所示的那样，把空穴在k空间中看作电子的空缺，也可以在实空间中，把空穴看作电子的空缺：一个由空穴组成的波包可以看作填满电子的实空间中缺少了一块电子。从而当实空间中的电子一致运动时，空穴作为电子的空缺也随着一起以相同的速度运动。

同理，为使(5.57)式依然成立，我们用空穴能量$-E_n(\boldsymbol{k})$和空穴波矢$-\boldsymbol{k}$替换等式右侧的能量和波矢，可知布洛赫态$|\psi_{nk}\rangle$上的空穴具有与电子相反的有效质量。由于空穴往往位于导带顶部，而能带顶部的能量取极大值，从而二阶导数为负，这意味着此处的空穴一般具有正的有效质量。

综上所述，如果布洛赫态$|\psi_{nk}\rangle$上的电子具有电荷$-e$、波矢$\boldsymbol{k}$、准动量$\hbar\boldsymbol{k}$、能量$E_n(\boldsymbol{k})$、有效质量m^*和群速度$\boldsymbol{v}_g$，那么此状态上的空穴具有电荷$+e$、波矢$-\boldsymbol{k}$、准动量$-\hbar\boldsymbol{k}$、能量$-E_n(\boldsymbol{k})$、有效质量$-m^*$和群速度$\boldsymbol{v}_g$。在这样的定义下，(5.55)式～(5.57)式对于电子和空穴都成立，即可以用一套统一的公式描述它们在能带中的运动。因此，把电子和空穴统称为载流子，电流是由它们的运动产生的。

不论是能带中的电子还是空穴，准动量、有效质量以及它们不同于自由粒子的色散关系都体现了周期势场对它们的作用。当我们把周期势场的作用“吸收”进这些粒子属性以后，我们就可以通过(5.55)式～(5.57)式，在考虑它们的运动时，把它们看作均匀空间中满足牛顿力学的经典粒子，而不再需要显式处理周期势场的影响。基于这个原因，也把能带中的电子和空穴统称为准粒子。

5.6　声　　子

从 5.3 节开始，我们采用绝热近似，忽略了离子实的运动，只考虑电子的运动。根据绝热近似，在解出电子体系的状态之后，需要将电子体系的能量作为离子势能的一项，代入离子体系的薛定谔方程中。不管这个势能最终是什么形式，离子体系的哈密顿量一定可以写成

$$\begin{aligned}\hat{H}_{\mathrm{I}} &= \sum_n -\frac{\hbar^2}{2M_n}\nabla_n^2 + V(\boldsymbol{R}_1,\boldsymbol{R}_2,\cdots)\\ &= \sum_j -\frac{\hbar^2}{2M_j}\frac{\partial^2}{\partial x_j^2} + V(x_1,x_2,\cdots)\end{aligned} \tag{5.63}$$

的形式。其中$\{x_1,x_2,\cdots\}$是$\{\boldsymbol{R}_1,\boldsymbol{R}_2,\cdots\}$各笛卡儿分量的逐一罗列。

在绝对零度下，这些离子处于势能最低的状态，即平衡状态。平衡态一定满足

$$\left.\frac{\partial}{\partial x_j}V\right|_{\{x_1^{(0)},x_2^{(0)},\cdots\}} = 0 \tag{5.64}$$

其中$\{x_1^{(0)},x_2^{(0)},\cdots\}$表示离子的平衡位置。当温度大于零时，离子开始在平衡位置附近做热运动。首先，作如下变量代换：

$$\delta x_j = x_j - x_j^{(0)} \tag{5.65}$$

然后，将势能项在平衡位置附近进行泰勒展开并且精确到二阶小量：

$$V(x_1,x_2,\cdots) = V(x_1^{(0)},x_2^{(0)},\cdots) + \sum_{jl}\frac{\partial^2 V}{\partial(\delta x_j)\partial(\delta x_l)}\delta x_j\delta x_l$$

注意由于(5.64)式，泰勒展开一阶项为零；另外 $V(x_1^{(0)},x_2^{(0)},\cdots)$是一个常数，可以吸收到能量零点的定义中去，所以最终势能可以写成二次型

$$V(\delta x_1,\delta x_2,\cdots) = [\delta x_1,\delta x_2,\cdots]\left[\frac{\partial^2 V}{\partial(\delta x_j)\partial(\delta x_{jl})}\right]\begin{bmatrix}\delta x_1\\ \delta x_2\\ \vdots\end{bmatrix} \tag{5.66}$$

其中矩阵$\left[\frac{\partial^2 V}{\partial(\delta x_j)\partial(\delta x_{jl})}\right]$显然是实对称矩阵。

现在把(5.66)式代入(5.63)式，有

$$\begin{aligned}\hat{H}_{\mathrm{I}} &= \sum_j -\frac{\hbar^2}{2M_j}\frac{\partial^2}{\partial(\delta x_j)^2} + V(\delta x_1,\delta x_2,\cdots)\\ &= \left[\frac{\partial}{\partial(\delta x_1)},\frac{\partial}{\partial(\delta x_2)},\cdots\right]\begin{bmatrix}-\frac{\hbar^2}{2M_1} & 0 & 0\\ 0 & -\frac{\hbar^2}{2M_2} & 0\\ 0 & 0 & \ddots\end{bmatrix}\begin{bmatrix}\frac{\partial}{\partial(\delta x_1)}\\ \frac{\partial}{\partial(\delta x_2)}\\ \vdots\end{bmatrix}\\ &\quad + [\delta x_1,\delta x_2,\cdots]\left[\frac{\partial^2 V}{\partial(\delta x_j)\partial(\delta x_{jl})}\right]\begin{bmatrix}\delta x_1\\ \delta x_2\\ \vdots\end{bmatrix}\end{aligned}$$

通过变量代换 $\eta_j=\sqrt{M_j}\delta x_j$，上式转化为

$$\hat{H}_{\mathrm{I}}=-\frac{1}{2}\hbar^2\left[\frac{\partial}{\partial\eta_1},\frac{\partial}{\partial\eta_2},\cdots\right]\begin{bmatrix}\frac{\partial}{\partial\eta_1}\\ \frac{\partial}{\partial\eta_2}\\ \vdots\end{bmatrix}+\left[\eta_1,\eta_2,\cdots\right]\left[\frac{\partial^2 V}{\partial\eta_j\partial\eta_l}\right]\begin{bmatrix}\eta_1\\ \eta_2\\ \vdots\end{bmatrix}\tag{5.67}$$

$\left[\frac{\partial^2 V}{\partial\eta_j\partial\eta_l}\right]$是实对称矩阵，因此总可以通过重新线性组合$\{\eta_1,\eta_2,\cdots\}$，使得$\left[\frac{\partial^2 V}{\partial\eta_j\partial\eta_l}\right]$成为一个对角矩阵。用线性代数的语言，这个重新线性组合的过程可以写成一个正交变换

$$\begin{bmatrix}\xi_1\\ \xi_2\\ \vdots\end{bmatrix}=[O]\begin{bmatrix}\eta_1\\ \eta_2\\ \vdots\end{bmatrix}$$

其中$[O]$是正交矩阵，满足$[O][O]^{\tau}=[O]^{\tau}[O]=I$，且$[O]\left[\frac{\partial^2 V}{\partial\eta_j\partial\eta_l}\right][O]^{\tau}=[D]$是一个对角矩阵。很容易看出，经过这样一个变换，(5.67)式变为

$$\hat{H}_{\mathrm{I}}=-\frac{1}{2}\hbar^2\left[\frac{\partial}{\partial\xi_1},\frac{\partial}{\partial\xi_2},\cdots\right][O][O]^{\tau}\begin{bmatrix}\frac{\partial}{\partial\xi_1}\\ \frac{\partial}{\partial\xi_2}\\ \vdots\end{bmatrix}+\left[\xi_1,\xi_2,\cdots\right][O]\left[\frac{\partial^2 V}{\partial\eta_j\partial\eta_l}\right][O]^{\tau}\begin{bmatrix}\xi_1\\ \xi_2\\ \vdots\end{bmatrix}$$

$$=-\frac{1}{2}\hbar^2\left[\frac{\partial}{\partial\xi_1},\frac{\partial}{\partial\xi_2},\cdots\right]\begin{bmatrix}\frac{\partial}{\partial\xi_1}\\ \frac{\partial}{\partial\xi_2}\\ \vdots\end{bmatrix}+\left[\xi_1,\xi_2,\cdots\right][D]\begin{bmatrix}\xi_1\\ \xi_2\\ \vdots\end{bmatrix}$$

其中$[D]$是某个对角矩阵。把上式按照矩阵乘法写成求和的形式，得到

$$\hat{H}_{\mathrm{I}}=\sum_j\left(-\frac{1}{2}\hbar^2\frac{\partial^2}{\partial\xi_j^2}+D_{jj}\xi_j^2\right)=\sum_j\hat{H}_j\tag{5.68}$$

即在二阶近似下，离子体系的哈密顿量类似于电子体系，也可以写成一个个单独的哈密顿量$\hat{H}$求和的形式。求和符号中的每项$\hat{H}$都是3.3节中介绍的谐振子哈密顿量(谐振子的质量为1，圆频率为$\omega_j=\sqrt{2D_{jj}}$)。这表明，晶格的振动可以看作一个个独立的谐振子，并且每个谐振子的本征状态都由相应的整数n_j标记(参见3.3节)。但需要注意的是，由于我们是通过正交变换得到(5.68)式的，这些谐振子的"位置"ξ_j不再与某个特定的离子实相对应；一般来说，它是所有离子实笛卡儿坐标的某个线性组合。换句话说，这些谐振子中的每一个都反映了全部离子实的一种集体运动模式。

我们可以用态矢$|n_1,n_2,\cdots\rangle$表示第一个谐振子处于状态n_1，第二个谐振子处于状态n_2，以此类推。根据3.3节最后的讨论，把各谐振子看作粒子，这种与晶格振动对应的粒子叫作声子。用声子的语言可以把态矢$|n_1,n_2,\cdots\rangle$看作一种声子的占据态，类似于能带中电子的填充状态；$|n_1,n_2,\cdots\rangle$表示第一种晶格振动模式被n_1个声子占据，第二种晶格振动模式被n_2个声子占据，以此类推。根据(5.68)式，态矢$|n_1,n_2,\cdots\rangle$所对应的本征能量为

$$E_{n_1,n_2,\cdots}=\sum_j\left(\frac{1}{2}+n_j\right)\hbar\omega_j\tag{5.69}$$

作为一个最简单的例子，我们考虑一维单原子链，假设平衡状态下每个原子的间距是 a，每个原子具有相同的质量 M，并且相邻原子之间的弹性势能为

$$V(\delta x_j, \delta x_{j+1}) = \frac{K}{2}(\delta x_j - \delta x_{j+1})^2 \tag{5.70}$$

其中第 j 个原子的平衡位置为 $x_j = ja$，而 δx_j 表示它对平衡位置的偏离。那么，我们通过变量代换 $\eta_j = \sqrt{M}\delta x_j$ 得到该单原子链的势能矩阵为三对角矩阵

$$\left[\frac{\partial^2 V}{\partial \eta_j \partial \eta_l}\right] = \frac{K}{2M}\begin{bmatrix} \ddots & & & & \\ \ddots & \ddots & \ddots & & \\ & -1 & 2 & -1 & \\ & & \ddots & \ddots & \ddots \\ & & & & \ddots \end{bmatrix} \tag{5.71}$$

由 5.4 节已知这种矩阵的本征态为 $\frac{1}{\sqrt{N}}\begin{bmatrix} \vdots \\ \vdots \\ e^{ika_{j-1}} \\ e^{ika_j} \\ e^{ika_{j+1}} \\ \vdots \\ \vdots \end{bmatrix}$，相应的本征值直接代入计算为

$\frac{2K}{M}\sin^2\left(\frac{1}{2}ka\right)$。注意到本征态为 $\frac{1}{\sqrt{N}}\begin{bmatrix} \vdots \\ \vdots \\ e^{ika_{j-1}} \\ e^{ika_j} \\ e^{ika_{j+1}} \\ \vdots \\ \vdots \end{bmatrix}$ 就对应于正交矩阵 $[O]$ 的某一列，这意味着(5.68)式中的每个 ξ_j 都可以写成

$$\xi = \frac{1}{\sqrt{N}}\sum_l e^{ik_j a_l}\eta_l \tag{5.72}$$

的形式，并且与之相应的 $D_{jj} = \frac{2K}{M}\sin^2\left(\frac{1}{2}k_j a\right)$，即相应的谐振子圆频率为

$$\omega(k_j) = \sqrt{2D_{jj}} = \sqrt{\frac{4K}{M}}\left|\sin\left(\frac{1}{2}k_j a\right)\right| \tag{5.73}$$

由于 ξ 所代表的晶格振动模式意味着每个原子的振动比下一个原子延迟 $k_j a$ 的相位，k_j 可以看作该振动模式的波矢，于是(5.73)式可以看作该模式的色散关系(见图 5.20)。与布洛赫电子的情况非常类似，我们发现如果把(5.72)式中的 k_j 换成 $k_j + G_m$，所得到的 ξ_j 没有任何区别，所以为了避免重复计数，k_j 的取值范围也应该限定在第一布里渊区(参见(5.40)式)内。对于宏观有限的体系，可以引入周期性边界条件，即要求原子链的第一个原子和最后一个原子的复振幅相同，从而 k_j 的取值也需要按照(5.60)式离散化，即每个振动模式要

在 k 轴上占据$\frac{2\pi}{L}$的长度。

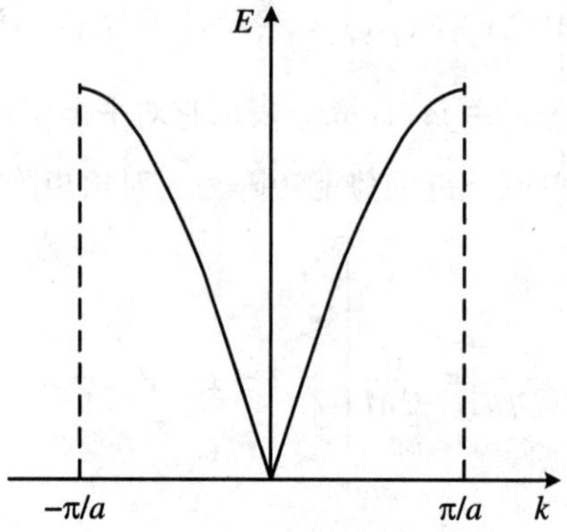

图 5.20　单原子链的声子色散曲线

注意到单原子链的声子色散曲线与自由电子(参见(3.6)式)及一维紧束缚模型下的布洛赫电子(参见(5.52)式)均非常不同(见图 5.20)。当 $k>0$ 时,它的群速度为 $v_g=\frac{d\omega}{dk}=\sqrt{\frac{K}{M}}a\cos\left(\frac{1}{2}ka\right)$;当 $k<0$ 时,它的群速度为 $v_g=-\sqrt{\frac{K}{M}}a\cos\left(\frac{1}{2}ka\right)$。当波矢位于第一布里渊区边缘,即 $k=-\frac{\pi}{a}$时,群速度为零。当波矢非常小时,色散曲线接近于一条直线,此时群速度趋于一个与波矢无关的常数,这与连续介质中弹性波传播的特性一致。

声子是离子实集体运动的激发态,我们把这种激发态称为元激发。固体中还可以存在其他类型的元激发,例如磁性材料中,磁矩集体进动的激发态,称为"磁振子";载流子之间由库仑相互作用导致的集体运动也有对应的元激发,称为"等离激元";等等。

综合本章的内容,在晶体稍稍偏离平衡状态的前提下,可以把它理解为一个粒子的容器,电子、空穴等"准粒子"以及声子等"元激发"存在于其中,并且可以相互作用。例如电子和空穴可以通过与声子相互作用降低自身的能量,弛豫到平衡状态(参见 5.5 节关于能带导电特性的讨论);声子与声子之间也可以发生相互作用(如果在离子实势能的泰勒展开中考虑更高阶项,就会看到声子之间的相互作用);等等。同时,这个容器中的各种粒子还可以与外界环境发生能量和粒子的交换,例如在 7.3 节中将看到,电子可以从高能量状态跃迁到低能量状态并发射出光子到外界环境中,外界环境中的光子也可以反过来激发电子从低能量状态跃迁到高能量状态。当我们将半导体器件连接到电源的两端时,器件与外界环境可以发生准粒子的交换;等等。

习　题

1. 一维谐振子的哈密顿量为$\hat{H}^{(0)}=\hat{T}+\hat{V}=\frac{1}{2m}\hat{p}^2+\frac{1}{2}m\omega^2\hat{x}^2$。现在在它的基础上加入一个小的高阶势能项:$\hat{H}^{(1)}=\hat{V}'=\lambda\hat{x}^4$,即新的哈密顿量为 $\hat{H}=\frac{1}{2m}\hat{p}^2+\frac{1}{2}m\omega^2\hat{x}^2+\lambda\hat{x}^4$,其中 λ 很小。请给出加入$\hat{H}^{(1)}$以后,谐振子基态能量的一阶微扰修正。

2. 证明:倒易点阵的倒易点阵等价于原来的点阵。

3. 面心立方点阵和体心立方点阵的倒易点阵分别是什么类型的布拉维格子,为什么?

4. 已知铜是 fcc 结构,并且其晶格常数为 $a=3.597$ Å,假设每个铜原子贡献一个"自由电子",请计算铜的"自由电子"浓度。

5. 画出二维六角格子的第一布里渊区。

6. 在准平面波近似下,一维晶体的能带总是不会交叠。这个结论对于二维晶体是否成立?为什么?

7. 假设某单质材料为简立方结构,可否利用紧束缚模型给出其能带的色散关系 $E(\boldsymbol{k})$?

8. 证明:(5.62)式对三维晶体也成立(假设其形状为长方体)。

9. 假设由于某种原因,图 5.15 中的能带不具有时间反演对称性,即 $E(k)\neq E(-k)$,而其他条件不变(绝对零度、能带部分填充、无外场),证明:此时整个体系依然不体现出净电流。

10. 如图 5.15 所示,假设体系没有能量的损耗,请给出部分填充的能带在电场 E 的作用下发生布洛赫振荡的频率。假如电子的平均自由运动时间为 $\tau=10^{-13}$ s,要想观察到布洛赫振荡,希望至少振荡的周期要小于 τ,那么请计算这至少需要多大的电场。

第6章　全同粒子

第5章通过单电子近似，把固体中的电子运动问题转化为单电子在周期势场中的运动问题。在这一章中我们会看到，即使在单电子近似下，或者说在忽略电子与电子库仑相互作用的情况下，由于每个电子是“完全相同”的粒子，这种“完全相同”带来的不可区分性也会给多电子体系的波函数以特定的限制。

6.1　全同粒子的波函数

在经典物理中，假设一个体系由若干相同的小球或质点组成，我们时时刻刻都可以追踪每个质点的轨迹，因此总可以对不同的质点进行确定的编号。以两个质点组成的体系为例，假设初始 $t=0$ 时刻，发现一个质点位于 x_1 处，另一个质点位于 x_2 处；此后的某一时刻 t，发现一个质点位于 x_1' 处，另一个质点位于 x_2' 处。原则上，一定可以区分 t 时刻位于 x_1' 处的质点对应于一开始位于 x_1 处的质点，还是一开始位于 x_2 处的质点；同理，也可以区分 t 时刻位于 x_2' 处的质点对应于一开始位于 x_1 处的质点，还是一开始位于 x_2 处的质点，因为只需要追踪每个粒子的轨迹就可以了。

但是这种全同粒子可区分的特性在量子物理中是不成立的。考虑两个相同的粒子，假设在初始 $t=0$ 时刻，通过位置测量使得一个粒子塌缩于 x_1 处，另一个粒子塌缩于 x_2 处；此后两个粒子体系的量子状态各自按照薛定谔方程演化，并且在时刻 t 再做一次位置测量，发现一个粒子位于 x_1' 处，另一个粒子位于 x_2' 处。这时，与经典物理有着本质不同的是，即使从原则上，我们也无法区分 t 时刻位于 x_1' 处的粒子对应于一开始位于 x_1 处的粒子，还是一开始位于 x_2 处的粒子；我们也无法区分 t 时刻位于 x_2' 处的粒子对应于一开始位于 x_1 处的粒子，还是一开始位于 x_2 处的粒子。因为在量子物理中，粒子的运动是波的传播，t 时刻 x_1 处的复振幅既有可能来源于 $t=0$ 时刻 x_1' 处的波源，也完全有可能来源于 $t=0$ 时刻 x_2' 处的波源，所以无法把它单独归结于两者之中的任何一个。这就是全同粒子的不可区分性。

然而，回忆2.1节，我们曾经提到，多粒子体系的波函数应写成 $\psi(\boldsymbol{r}_1,\boldsymbol{r}_2,\cdots,\boldsymbol{r}_N)$ 的形式，其中 $\boldsymbol{r}_n$ 是第 n 个粒子的位置矢量，N 是体系的粒子个数。这对于非全同的粒子是没有问题的，但是一旦我们考虑的多粒子体系是全同粒子，由于我们用下标 n 对粒子进行了编号，这就与刚才介绍的全同粒子的不可区分性发生矛盾了！实际上，考虑全同粒子的不可区分性以后，应该把全同粒子体系的波函数 $\psi(\boldsymbol{r}_1,\boldsymbol{r}_2,\cdots,\boldsymbol{r}_N)$ 理解为“$\boldsymbol{r}_1,\boldsymbol{r}_2,\cdots,\boldsymbol{r}_N$ 处各有一个粒子的概率幅”，而不再关注“$\boldsymbol{r}_1$ 处的粒子到底是哪一个”这样的问题。

为了协调这两种不同的诠释，我们注意到，如果全同粒子的波函数满足“当交换任意两个粒子的下标时，波函数所代表的量子状态不发生变化”这个要求，那么就可以安全地用波

函数 $\psi(\boldsymbol{r}_1,\boldsymbol{r}_2,\cdots,\boldsymbol{r}_N)$同时表达上述两种含义，这是因为编号的具体方式不再影响其所描述的量子状态。

具体来说，在 $\psi(\cdots,\boldsymbol{r}_i,\cdots,\boldsymbol{r}_j,\cdots)$中，如果我们交换 i 和 j 两个下标，那么波函数变为 $\hat{P}_{ij}\psi(\cdots,\boldsymbol{r}_i,\cdots,\boldsymbol{r}_j,\cdots)=\psi(\cdots,\boldsymbol{r}_j,\cdots,\boldsymbol{r}_i,\cdots)$，其中$\hat{P}_{ij}$表示“交换 i 和 j 两个下标”这个操作。由于要求波函数代表的量子状态不变，这意味着交换前、后的波函数只能相差一个复常数 c，即

$$\hat{P}_{ij}\psi(\cdots,\boldsymbol{r}_i,\cdots,\boldsymbol{r}_j,\cdots)=\psi(\cdots,\boldsymbol{r}_j,\cdots,\boldsymbol{r}_i,\cdots)=c\psi(\cdots,\boldsymbol{r}_i,\cdots,\boldsymbol{r}_j,\cdots)\tag{6.1}$$

如果用$\hat{P}_{ij}$作用两次，根据$\hat{P}_{ij}$的定义，有

$$\hat{P}_{ij}\hat{P}_{ij}\psi(\cdots,\boldsymbol{r}_i,\cdots,\boldsymbol{r}_j,\cdots)=\hat{P}_{ij}\psi(\cdots,\boldsymbol{r}_j,\cdots,\boldsymbol{r}_i,\cdots)=\psi(\cdots,\boldsymbol{r}_i,\cdots,\boldsymbol{r}_j,\cdots)\tag{6.2}$$

根据(6.1)式，又有

$$\hat{P}_{ij}\hat{P}_{ij}\psi(\cdots,\boldsymbol{r}_i,\cdots,\boldsymbol{r}_j,\cdots)=\hat{P}_{ij}c\psi(\cdots,\boldsymbol{r}_i,\cdots,\boldsymbol{r}_j,\cdots)=c^2\psi(\cdots,\boldsymbol{r}_i,\cdots,\boldsymbol{r}_j,\cdots)\tag{6.3}$$

结合(6.2)式和(6.3)式，有 $c^2=1$，即 $c=\pm1$。

事实上，c 取 $+1$ 还是 -1 取决于我们考虑的是何种粒子。c 取 $+1$ 的粒子称为玻色子，c 取 -1 的粒子称为费米子。根据相对论量子力学，自旋为整数的粒子为玻色子，自旋为半整数的粒子为费米子。如果若干个粒子组成一个复合粒子，那么这个复合粒子的总自旋决定了它是玻色子还是费米子。声子、光子、磁振子、等离激元等都是玻色子，电子、空穴、质子、中子等都是费米子。

有了上述基础，再回过头来看看全同玻色子体系。由于它的波函数 $\psi(\boldsymbol{r}_1,\boldsymbol{r}_2,\cdots,\boldsymbol{r}_N)$对于任意两个粒子下标的交换保持不变，波函数对于下标的任意重新排列也一定保持不变，因为下标的任意重新排列一定可以分解成若干次两两交换的级联。把这一性质记作

$$\hat{P}\psi(\boldsymbol{r}_1,\boldsymbol{r}_2,\cdots,\boldsymbol{r}_N)=\psi(\boldsymbol{r}_1,\boldsymbol{r}_2,\cdots,\boldsymbol{r}_N)\tag{6.4}$$

其中 $\hat{P}$ 表示对下标进行任意一种重新排列。满足这个条件的波函数称为完全对称波函数。

对于全同费米子体系，它的波函数 $\psi(\boldsymbol{r}_1,\boldsymbol{r}_2,\cdots,\boldsymbol{r}_N)$对于任意两个粒子的下标的交换总是会变号，因此波函数对于下标的任意重新排列或者保持不变，或者发生变号。记作

$$\hat{P}\psi(\boldsymbol{r}_1,\boldsymbol{r}_2,\cdots,\boldsymbol{r}_N)=(-1)^P\psi(\boldsymbol{r}_1,\boldsymbol{r}_2,\cdots,\boldsymbol{r}_N)\tag{6.5}$$

其中数字 P 表示$\hat{P}$这样一种下标的重新排列所包含的两两下标交换的次数。当它包含偶数次下标两两交换时，波函数不发生变号；当它包含奇数次下标两两交换时，波函数变号。满足这个条件的波函数称为完全反对称波函数。

从任意的波函数 $\psi(\boldsymbol{r}_1,\boldsymbol{r}_2,\cdots,\boldsymbol{r}_N)$出发，可以构造完全对称波函数

$$\psi_{\mathrm{S}}(\boldsymbol{r}_1,\boldsymbol{r}_2,\cdots,\boldsymbol{r}_N)=\sum_P\hat{P}\{\psi(\boldsymbol{r}_1,\boldsymbol{r}_2,\cdots)\}\tag{6.6}$$

其中求和$\sum\limits_P$ 表示对所有可能的下标重新排列进行求和，并且忽略了归一化因子(它取决于 $\psi(\boldsymbol{r}_1,\boldsymbol{r}_2,\cdots,\boldsymbol{r}_N)$ 本身的对称性)。很容易验证，这样构造的 $\psi_{\mathrm{S}}(\boldsymbol{r}_1,\boldsymbol{r}_2,\cdots,\boldsymbol{r}_N)$一定满足(6.4)式。

同理，从任意的波函数 $\psi(\boldsymbol{r}_1,\boldsymbol{r}_2,\cdots,\boldsymbol{r}_N)$出发，可以构造完全反对称的波函数

$$\psi_{\mathrm{A}}(\boldsymbol{r}_1,\boldsymbol{r}_2,\cdots,\boldsymbol{r}_N)=\sum_P(-1)^P\hat{P}\{\psi(\boldsymbol{r}_1,\boldsymbol{r}_2,\cdots)\}\tag{6.7}$$

很容易验证，这样构造的 $\psi_{\mathrm{A}}(\boldsymbol{r}_1,\boldsymbol{r}_2,\cdots,\boldsymbol{r}_N)$一定满足(6.5)式：因为偶数次两两交换作用在

$\psi_A(\boldsymbol{r}_1,\boldsymbol{r}_2,\cdots,\boldsymbol{r}_N)$上面之后，求和符号中原来作了偶数次两两交换的那些项，总体来说依然是作了偶数次两两交换；求和符号中原来作了奇数次两两交换的那些项，总体来说依然是作了奇数次两两交换，所以波函数没有变化。而奇数次两两交换作用在$\psi_A(\boldsymbol{r}_1,\boldsymbol{r}_2,\cdots,\boldsymbol{r}_N)$上面之后，求和符号中原来作了偶数次两两交换的那些项，总体来说作了奇数次两两交换；求和符号中原来作了奇数次两两交换的那些项，总体来说作了偶数次两两交换。波函数相当于整体乘以-1。

例如对于三个粒子的情况，从任意波函数$\psi(\boldsymbol{r}_1,\boldsymbol{r}_2,\boldsymbol{r}_3)$出发，按照(6.6)式，可以构造完全对称波函数，用于描述三个全同玻色子体系：

$$\varphi_S(\boldsymbol{r}_1,\boldsymbol{r}_2,\boldsymbol{r}_3)\sim\psi(\boldsymbol{r}_1,\boldsymbol{r}_2,\boldsymbol{r}_3)+\psi(\boldsymbol{r}_2,\boldsymbol{r}_3,\boldsymbol{r}_1)+\psi(\boldsymbol{r}_3,\boldsymbol{r}_1,\boldsymbol{r}_2)+\psi(\boldsymbol{r}_2,\boldsymbol{r}_1,\boldsymbol{r}_3)+\psi(\boldsymbol{r}_3,\boldsymbol{r}_2,\boldsymbol{r}_1)+\psi(\boldsymbol{r}_1,\boldsymbol{r}_3,\boldsymbol{r}_2)$$

也可以按照(6.7)式，构造完全反对称波函数，用于描述三个全同费米子体系：

$$\varphi_A(\boldsymbol{r}_1,\boldsymbol{r}_2,\boldsymbol{r}_3)\sim\psi(\boldsymbol{r}_1,\boldsymbol{r}_2,\boldsymbol{r}_3)+\psi(\boldsymbol{r}_2,\boldsymbol{r}_3,\boldsymbol{r}_1)+\psi(\boldsymbol{r}_3,\boldsymbol{r}_1,\boldsymbol{r}_2)-\psi(\boldsymbol{r}_2,\boldsymbol{r}_1,\boldsymbol{r}_3)-\psi(\boldsymbol{r}_3,\boldsymbol{r}_2,\boldsymbol{r}_1)-\psi(\boldsymbol{r}_1,\boldsymbol{r}_3,\boldsymbol{r}_2)$$

6.2 独立全同粒子

回顾5.3节的(5.31)式，我们通过各种近似，把晶体中的多电子体系哈密顿量写成了单电子哈密顿量求和的形式，这种形式对应着没有相互作用的全同粒子体系。一般地，如果一个体系由N个全同粒子组成，并且它们之间没有相互作用或相互作用很小从而可以近似忽略，那么我们称其为独立全同粒子体系。独立全同粒子体系的哈密顿量一定可以写成每个粒子的哈密顿量之和；因为这些粒子是全同的，它们与外场的作用也是相同的，所以每个单粒子的哈密顿量是相同的，即体系的哈密顿量为

$$\hat{H}=\sum_i\hat{h}(\nabla_i,\boldsymbol{r}_i)\tag{6.8}$$

其中$\hat{h}$为单粒子哈密顿量，$\boldsymbol{r}_i$是第i个粒子的位置。在这种情况下，对角化$\hat{H}$等价于对角化$\hat{h}$。具体来说，步骤如下：

(1) 首先，对角化单粒子哈密顿量$\hat{h}$，即解本征方程

$$\hat{h}\varphi_m(r)=\varepsilon_m\varphi_m(r)\tag{6.9}$$

其中ε_m代表单粒子本征值，$\varphi_m(\boldsymbol{r})$代表单粒子本征波函数；$m=1,2,\cdots,M$，$M$是独立单粒子本征波函数的个数，$\{\varphi_m(\boldsymbol{r})\}$构成正交归一完备的单粒子波函数基组。

(2) 然后，利用单粒子波函数$\varphi_m(\boldsymbol{r})$组合出多粒子体系的波函数，即任意选定一组$N$个下标$m_1,m_2,\cdots,m_N$，并将$N$粒子体系的波函数写为

$$\psi_{m_1,m_2,\cdots,m_N}(\boldsymbol{r}_1,\boldsymbol{r}_2,\cdots,\boldsymbol{r}_N)=\varphi_{m_1}(\boldsymbol{r}_1)\varphi_{m_2}(\boldsymbol{r}_2)\cdots=\prod_n\varphi_{m_n}(\boldsymbol{r}_n)\tag{6.10}$$

很容易验证，这个多粒子波函数一定是(6.8)式中$\hat{H}$的本征函数，并且其对应的本征能量为

$$E_{m_1,m_2,\cdots,m_N}=\varepsilon_{m_1}+\varepsilon_{m_2}+\cdots+\varepsilon_{m_N}\tag{6.11}$$

(3) 最后，我们根据这些粒子是玻色子还是费米子，把波函数(6.10)式按照(6.6)式的方式对称化(玻色子)为$\psi^S_{m_1,m_2,\cdots,m_N}(\boldsymbol{r}_1,\boldsymbol{r}_2,\cdots,\boldsymbol{r}_N)$，或者按照(6.7)式的方式反对称化(费

米子）为 $\psi^{A}_{m_1,m_2,\cdots,m_N}(\boldsymbol{r}_1,\boldsymbol{r}_2,\cdots,\boldsymbol{r}_N)$。很容易验证，$\psi^{S}_{m_1,m_2,\cdots,m_N}(\boldsymbol{r}_1,\boldsymbol{r}_2,\cdots,\boldsymbol{r}_N)$ 或 $\psi^{A}_{m_1,m_2,\cdots,m_N}(\boldsymbol{r}_1,\boldsymbol{r}_2,\cdots,\boldsymbol{r}_N)$ 依然是 $\hat{H}$ 的本征函数，并且对应的其本征能量依然由(6.11)式给出。显然当穷尽 $\{m_1,m_2,\cdots,m_N\}$ 的所有可能取值时，$\psi^{S}_{m_1,m_2,\cdots,m_N}(\boldsymbol{r}_1,\boldsymbol{r}_2,\cdots,\boldsymbol{r}_N)$ 构成了所有可能的 N 粒子完全对称波函数的完备基矢，而 $\psi^{A}_{m_1,m_2,\cdots,m_N}(\boldsymbol{r}_1,\boldsymbol{r}_2,\cdots,\boldsymbol{r}_N)$ 构成了所有可能的 N 粒子完全反对称波函数的完备基矢；换句话说，我们完成了 $\hat{H}$ 的对角化。

以两玻色子体系为例，假设单粒子的归一化本征波函数只有两个，即 $\varphi_1(\boldsymbol{r})$ 和 $\varphi_2(\boldsymbol{r})$，那么多粒子体系的归一化波函数有以下可能：

$$\psi^{S}_{11}(\boldsymbol{r}_1,\boldsymbol{r}_2)=\varphi_1(\boldsymbol{r}_1)\varphi_1(\boldsymbol{r}_2)$$

$$\psi^{S}_{12}(\boldsymbol{r}_1,\boldsymbol{r}_2)=\frac{1}{\sqrt{2}}[\varphi_1(\boldsymbol{r}_1)\varphi_2(\boldsymbol{r}_2)+\varphi_1(\boldsymbol{r}_2)\varphi_2(\boldsymbol{r}_1)]$$

$$\psi^{S}_{22}(\boldsymbol{r}_1,\boldsymbol{r}_2)=\varphi_2(\boldsymbol{r}_1)\varphi_2(\boldsymbol{r}_2)$$

如果这是两个费米子，根据(6.7)式，我们发现 $\psi^{A}_{11}(\boldsymbol{r}_1,\boldsymbol{r}_2)$ 和 $\psi^{A}_{22}(\boldsymbol{r}_1,\boldsymbol{r}_2)$ 为零，而

$$\psi^{A}_{12}(\boldsymbol{r}_1,\boldsymbol{r}_2)=\frac{1}{\sqrt{2}}[\varphi_1(\boldsymbol{r}_1)\varphi_2(\boldsymbol{r}_2)-\varphi_1(\boldsymbol{r}_2)\varphi_2(\boldsymbol{r}_1)]=\frac{1}{\sqrt{2}}\begin{vmatrix}\varphi_1(\boldsymbol{r}_1) & \varphi_1(\boldsymbol{r}_2)\\ \varphi_2(\boldsymbol{r}_1) & \varphi_2(\boldsymbol{r}_2)\end{vmatrix}$$

一般地，对于独立费米子体系来说，$m_1,m_2,\cdots,m_N$ 中一旦有任意两个相同，多粒子波函数就会由于反对称化而自动为零，而恒为零的波函数意味着粒子不存在，所以我们得到了泡利不相容原理：每个独立的单粒子定态最多只能被一个电子占据。

当 $m_1,m_2,\cdots,m_N$ 两两互不相同时，费米子体系的反对称化波函数总可以写为行列式的形式，即

$$\psi^{A}_{m_1,m_2,\cdots,m_N}(\boldsymbol{r}_1,\boldsymbol{r}_2,\cdots,\boldsymbol{r}_N)=\frac{1}{\sqrt{N!}}\begin{vmatrix}\varphi_{m_1}(\boldsymbol{r}_1) & \varphi_{m_1}(\boldsymbol{r}_2) & \cdots & \varphi_{m_1}(\boldsymbol{r}_N)\\ \varphi_{m_2}(\boldsymbol{r}_1) & \varphi_{m_2}(\boldsymbol{r}_2) & \cdots & \varphi_{m_2}(\boldsymbol{r}_N)\\ \vdots & \vdots & \ddots & \vdots\\ \varphi_{m_N}(\boldsymbol{r}_1) & \varphi_{m_N}(\boldsymbol{r}_2) & \cdots & \varphi_{m_N}(\boldsymbol{r}_N)\end{vmatrix} \tag{6.12}$$

这个行列式称为 Slater 行列式。

注意不管是玻色子还是费米子，只要选定了单粒子波函数的下标集合 $m_1,m_2,\cdots,m_N$，多粒子波函数也就确定了；每个不同的 $m_1,m_2,\cdots,m_N$ 组合都给出一个不同的多粒子波函数；所以不妨直接把 $\psi_{m_1,m_2,\cdots,m_N}(\boldsymbol{r}_1,\boldsymbol{r}_2,\cdots,\boldsymbol{r}_N)$ 记作态矢 $|m_1,m_2,\cdots,m_N\rangle$。不过需要注意，在这种记号下，不同顺序的 $m_1,m_2,\cdots,m_N$ 对应同一个态矢。

可以采用另外一种记号标记独立全同粒子的态矢，以避免这种重复性。具体来说，把多粒子态矢 $|m_1,m_2,\cdots,m_N\rangle$ 看作单粒子状态 $|m_1\rangle,|m_2\rangle,\cdots,|m_N\rangle$ 分别被一个粒子占据或填充的状态。那些下标不属于集合 $\{m_1,m_2,\cdots,m_N\}$ 的单粒子状态并没有被粒子占据，或者说它们的占据数是 0；那些下标在 $\{m_1,m_2,\cdots,m_N\}$ 中出现一次的单粒子状态被一个粒子占据，或者说它们的占据数是 1；那些下标在 $\{m_1,m_2,\cdots,m_N\}$ 中出现两次的单粒子状态被两个粒子占据，或者说它们的占据数是 2；以此类推。由于 m 的取值范围是 $1,2,\cdots,M$，总可以用 M 个整数 $\{n_1,n_2,\cdots,n_M\}$ 表示每个单粒子状态的占据数。这样的集合 $\{n_1,n_2,\cdots,n_M\}$ 与集合 $\{m_1,m_2,\cdots,m_N\}$ 显然是等价的。所以可以用 $|n_1,n_2,\cdots,n_M\rangle$ 代表多粒子体系的状态。注意对于费米子，$\{n_1,n_2,\cdots,n_M\}$ 的取值范围是 0 和 1；对于玻色子，$\{n_1,n_2,\cdots,n_M\}$ 的取值范围是任意非负整数。例如某四粒子体系，状态 $|m_1=3,m_2=1,m_3=3,m_4=5\rangle$ 与 $|n_1=1,n_2=0,n_3=2,n_4=0,n_5=1,\cdots\rangle$ 是等价的。

需要指出的是,本节关于独立全同粒子的讨论对处理非独立体系也有重要的意义。具体来说,当全同粒子之间存在不可忽略的相互作用,从而体系的哈密顿量不可以写成(6.8)式的形式时,由于 $\psi^{S}_{m_1,m_2,\cdots,m_N}(\boldsymbol{r}_1,\boldsymbol{r}_2,\cdots,\boldsymbol{r}_N)$构成了所有可能的 N 粒子完全对称波函数的完备基矢,$\psi^{A}_{m_1,m_2,\cdots,m_N}(\boldsymbol{r}_1,\boldsymbol{r}_2,\cdots,\boldsymbol{r}_N)$构成了所有可能的 N 粒子完全反对称波函数的完备基矢,我们依然可以利用它们展开体系的波函数。

6.3 统计物理简介

6.3.1 统计物理的基本思想

实际物质中包含了大量的电子,并且电子与电子之间、电子与离子(声子)之间,以及电子、声子与外界环境(例如光子)之间存在频繁的相互作用。当把这些效应考虑进去以后,电子体系的哈密顿量严格来说不再可以表达成(6.8)式。但是在很多情况下,依然可以近似认为电子是近似独立的全同粒子(称为近独立全同粒子),而采用统计物理的方法处理电子与电子之间以及电子与声子及外界环境的相互作用。

具体来说,由于实际物质中粒子的数目如此之多,并且粒子之间的相互作用所导致的运动是如此复杂而迅速,使得体系的状态不断随时间发生变化,我们放弃时时刻刻严格追踪体系量子状态的思路,转而研究在一段对于宏观观测来说很短、但对于微观运动来说很长的时间内各状态出现的概率。注意,这种概率性与1.4节提到的量子物理的内禀概率性是不同的。对于一个孤立的量子体系来说,粒子出现在空间不同位置是概率事件,由波函数描述;但是波函数(或者说量子状态)本身是有确定的演化方式的,通过薛定谔方程可以严格求解;特别地,一旦孤立粒子体系处于定态,那么在演化过程中它将始终处于定态。与此不同,在统计物理中,由于相互作用的复杂性,我们放弃了这种确定性的企图,进一步给各量子状态的出现本身赋予了概率。具体来说,假设平衡状态下,体系在我们所考察的这一段时间内遍历了所有可能的独立全同粒子定态(这称为"各态遍历假设",是统计物理的基本假设之一),只不过在不同定态停留的总时间不同,从而反映出各定态具有不同的出现概率。我们把这些定态称为系统的微观状态。从各态遍历假设的内涵中可以看出,这里我们给各量子状态本身赋予的概率实际上是一段时间内的统计频率,所以它对应于经典概率,满足经典概率论。

对于宏观物质的测量来说,我们更关心的往往是体系的宏观状态,例如体系的总能量、总粒子数和体积等。同一个宏观状态一般可以包含很多个微观状态。例如,给定了全同多粒子体系的总能量 E 和总粒子数 N,相当于要求多粒子定态 $|n_1,n_2,\cdots,n_M\rangle$ 满足条件

$$E=\sum_m n_m\varepsilon_m \tag{6.13}$$

和

$$N=\sum_m n_m \tag{6.14}$$

显然满足这两个条件的定态(微观状态)有很多个。数学上,用 Ω 表示宏观状态包含的微观

状态个数，并且把它的对数

$$S = k_{\mathrm{B}}\ln\Omega \tag{6.15}$$

称为此宏观状态的熵，其中 $k_{\mathrm{B}} = 1.38\times10^{-23}$ J/K 为玻尔兹曼常数。假设满足(6.13)式和(6.14)式的各微观状态出现的概率相同(这称为“等概率假设”，是统计物理的另一个基本假设)，记为 w，那么包含 Ω 个微观状态的宏观状态出现的概率为

$$\rho = w\Omega = w\mathrm{e}^{S/(k_{\mathrm{B}}T)} \tag{6.16}$$

热力学第二定律断言，孤立体系总是朝着熵增加的方向演化，直到达到平衡状态，熵取得最大值并且不再增加。从统计物理的角度来看，这是很自然的事情，因为体系总是自发地向概率最大的状态演化。

6.3.2 开放系统

我们关注的全同多粒子体系一般来说总是处于一定的环境中，与环境进行能量和粒子的交换，这种体系可以称为开放系统。如果把多粒子体系与环境加在一起看作一个总系统，那么当把所有可能对多粒子体系造成影响的环境都包含进去以后，这个总系统一定是一个孤立系统。假设总系统具有能量 E^{T}，那么当多粒子体系与环境的相互作用能量比它们各自的能量小很多时，一定有

$$E^{\mathrm{T}} \simeq E^{\mathrm{S}} + E^{\mathrm{E}} \tag{6.17}$$

其中 E^{S} 表示多粒子体系的能量，E^{E} 表示环境的能量。同理，总系统的粒子数 N^{T} 应满足

$$N^{\mathrm{T}} = N^{\mathrm{S}} + N^{\mathrm{E}} \tag{6.18}$$

其中 N^{S} 表示多粒子体系的粒子数，N^{E} 表示环境的粒子数。总系统的熵 S^{T} 也应满足

$$S^{\mathrm{T}} = S^{\mathrm{S}} + S^{\mathrm{E}} \tag{6.19}$$

其中 S^{S} 表示多粒子体系的熵，S^{E} 表示环境的熵。这是因为总系统的状态数是多粒子体系的状态数乘以环境的状态数，而熵是状态数的对数，所以把乘积关系转化为求和关系。

根据热力学第二定律，一个系统的熵是其能量和粒子数的函数，且孤立系统的熵在平衡状态下总是取最大值；所以多粒子体系与环境进行能量和粒子的交换的结果是使得总系统的熵取最大值。而取最大值意味着对所有变量的导数为零，换句话说，在平衡状态下，总系统的熵对多粒子体系能量 E^{S} 的小变化应保持稳定，即

$$\frac{\partial S^{\mathrm{T}}}{\partial E^{\mathrm{S}}} = \frac{\partial S^{\mathrm{S}}}{\partial E^{\mathrm{S}}} + \frac{\partial S^{\mathrm{E}}}{\partial E^{\mathrm{S}}} = \frac{\partial S^{\mathrm{S}}}{\partial E^{\mathrm{S}}} - \frac{\partial S^{\mathrm{E}}}{\partial E^{\mathrm{E}}} = 0$$

注意上式用到了(6.17)式、(6.19)式以及能量守恒。它等价于

$$\frac{\partial S^{\mathrm{S}}}{\partial E^{\mathrm{S}}} = \frac{\partial S^{\mathrm{E}}}{\partial E^{\mathrm{E}}} \tag{6.20}$$

即在平衡状态下，体系和环境各自的熵对能量的导数相等。定义温度为

$$T = 1/\frac{\partial S}{\partial E} \tag{6.21}$$

它的倒数量度了体系能量增加导致的熵增。于是，(6.20)式就是热力学第零定律：两个体系达到热平衡意味着它们的温度相等，即 $T^{\mathrm{S}} = T^{\mathrm{E}}$。

同理，在平衡状态下，总系统的熵对多粒子体系粒子数 N^{S} 的小变化应保持稳定，即

$$\frac{\partial S^{\mathrm{T}}}{\partial N^{\mathrm{S}}} = \frac{\partial S^{\mathrm{S}}}{\partial N^{\mathrm{S}}} + \frac{\partial S^{\mathrm{E}}}{\partial N^{\mathrm{S}}} = \frac{\partial S^{\mathrm{S}}}{\partial N^{\mathrm{S}}} - \frac{\partial S^{\mathrm{E}}}{\partial N^{\mathrm{E}}} = 0$$

注意上式用到了(6.18)式、(6.19)式及总粒子数守恒。它等价于

$$\frac{\partial S^{\mathrm{S}}}{\partial N^{\mathrm{S}}} = \frac{\partial S^{\mathrm{E}}}{\partial N^{\mathrm{E}}} \tag{6.22}$$

即在平衡状态下,体系和环境各自的熵对粒子数的导数相等。定义化学势

$$\mu = -T\frac{\partial S}{\partial N} \tag{6.23}$$

它量度了往体系中增加粒子导致的熵减。于是(6.22)式意味着当两个体系达到热平衡时,它们的化学势相等,即 $\mu^{\mathrm{S}} = \mu^{\mathrm{E}}$。

6.3.3 巨配分函数

现在考虑在多粒子体系的微观状态$|n_1,n_2,\cdots,n_M\rangle$确定的前提下,总系统的熵是多少。根据(6.19)式,总系统的熵是多粒子体系与环境的熵的和,而多粒子体系的微观状态已经确定,即其微观状态的个数是1,或者说熵是0,所以总系统的熵 S^{T} 就是环境的熵 S^{E}。相比于巨大的环境,多粒子体系一般来说小得几乎可以忽略。所以我们可以把 S^{E} 看作多粒子体系能量和粒子数的函数,并进行一阶泰勒展开:

$$\begin{aligned} S^{\mathrm{T}} = S^{\mathrm{E}} &= S_0^{\mathrm{E}} + \frac{\partial S^{\mathrm{E}}}{\partial E^{\mathrm{S}}}E^{\mathrm{S}} + \frac{\partial S^{\mathrm{E}}}{\partial N^{\mathrm{S}}}N^{\mathrm{S}} \\ &= S_0^{\mathrm{E}} - \frac{\partial S^{\mathrm{E}}}{\partial E^{\mathrm{E}}}E^{\mathrm{S}} - \frac{\partial S^{\mathrm{E}}}{\partial N^{\mathrm{E}}}N^{\mathrm{S}} = S_0^{\mathrm{E}} - \frac{1}{T}E^{\mathrm{S}} + \frac{\mu}{T}N^{\mathrm{S}} \end{aligned} \tag{6.24}$$

其中 $S_0^{\mathrm{E}} = S^{\mathrm{E}}(E^{\mathrm{S}}=0, N^{\mathrm{S}}=0)$。根据(6.15)式,我们得到在多粒子体系的微观状态确定为$|n_1,n_2,\cdots,n_M\rangle$的前提下,总系统所包含的微观状态数目为

$$\Omega^{\mathrm{T}} = \mathrm{e}^{\frac{S_0^{\mathrm{E}}}{k_{\mathrm{B}}}}\mathrm{e}^{-\frac{E^{\mathrm{S}}-\mu N^{\mathrm{S}}}{k_{\mathrm{B}}T}} \tag{6.25}$$

由于一个状态出现的概率正比于其包含的微观状态的个数,所以等价地,可以说,当一个开放近独立多粒子体系处于一个温度为 T、化学势为 μ 的环境中并且达到平衡时,它的每个微观状态$|n_1,n_2,\cdots,n_M\rangle$出现的概率为

$$p(|n_1,n_2,\cdots,n_M\rangle) = A\mathrm{e}^{-\frac{E-\mu N}{k_{\mathrm{B}}T}} \tag{6.26}$$

其中 A 是归一化常数,并且 E 和 N 分别由(6.13)式和(6.14)式给出。

我们定义巨配分函数 Z 为(6.26)式中的指数因子对多粒子体系所有可能的微观状态的求和,即

$$Z = \sum_{n_1,n_2,\cdots,n_M}\mathrm{e}^{-\frac{E-\mu N}{k_{\mathrm{B}}T}} = \sum_{n_1,n_2,\cdots,n_M}\mathrm{e}^{-\sum_m\frac{n_m(\varepsilon_m-\mu)}{k_{\mathrm{B}}T}} \tag{6.27}$$

其中求和号 $\sum\limits_{n_1,n_2,\cdots,n_M}$ 表示对所有可能的$n_1,n_2,\cdots,n_M$组合进行求和。注意 Z 可以看作单粒子状态能量集合$\{\varepsilon_m\}$、温度 T 以及化学势μ 的函数。有了 Z,我们可以得到平衡状态下微观状态 $|n_1,n_2,\cdots,n_M\rangle$ 出现的绝对概率为

$$p(|n_1,n_2,\cdots,n_M\rangle) = \frac{1}{Z}\mathrm{e}^{-\sum_m\frac{n_m(\varepsilon_m-\mu)}{k_{\mathrm{B}}T}} \tag{6.28}$$

以及平衡状态下,任意一个单粒子状态 $\varphi_m(\boldsymbol{r})$的平均占据数为

$$\langle n_m\rangle = \frac{1}{Z}\sum_{n_1,n_2,\cdots,n_M}n_m\mathrm{e}^{-\sum_m\frac{n_m(\varepsilon_m-\mu)}{k_{\mathrm{B}}T}} = -\frac{k_{\mathrm{B}}T}{Z}\frac{\partial Z}{\partial\varepsilon_m} \tag{6.29}$$

6.4 近独立全同粒子的统计分布

现在对近独立玻色子和费米子体系，分别利用(6.29)式计算各单粒子状态的平均占据数。

6.4.1 玻色-爱因斯坦分布

对于玻色子，$n_1, n_2, \cdots, n_M$ 的取值范围是任意非负整数，因此有

$$Z = \sum_{n_1, n_2, \cdots, n_M} \prod_m e^{-\frac{n_m(\varepsilon_m-\mu)}{k_B T}} = \prod_m \sum_{n=0}^{\infty} e^{-\frac{n(\varepsilon_m-\mu)}{k_B T}} = \prod_m \frac{1}{1 - e^{-\frac{\varepsilon_m-\mu}{k_B T}}} \tag{6.30}$$

代入(6.29)式，有

$$\langle n_m \rangle = \frac{1}{e^{\frac{\varepsilon_m-\mu}{k_B T}} - 1} \tag{6.31}$$

这个分布称为玻色-爱因斯坦分布。

在热力学极限下(即在保持体系粒子密度不变的前提下让粒子数趋于无穷)，体系物理量的热力学涨落趋于零，即我们可以说，每个单粒子能级的占据数就是$\langle n_m \rangle$。

根据统计物理学中不同系综在热力学极限下的等价性[31]，(6.31)式对于总粒子数 N 确定的多粒子体系也是成立的。不过在总粒子数确定的体系中，化学势不再由环境决定，而是由粒子数 N 决定，即 μ 的取值要使得以下等式得到满足：

$$N = \sum_m \langle n_m \rangle \tag{6.32}$$

其中$\langle n_m \rangle$由(6.31)式给出。

所有的$\langle n_m \rangle$一定是非负的，因此玻色体系的化学势 μ 一定不大于单粒子的基态能量。

当所关注的单粒子能量 ε_m 趋于无穷大时(即高能极限)，$e^{-\frac{\varepsilon_m-\mu}{k_B T}} \to 0$，从而有

$$\langle n_m \rangle = \frac{1}{e^{\frac{\varepsilon_m-\mu}{k_B T}} - 1} = \frac{e^{-\frac{\varepsilon_m-\mu}{k_B T}}}{1 - e^{-\frac{\varepsilon_m-\mu}{k_B T}}} \to e^{-\frac{\varepsilon_m-\mu}{k_B T}} \sim e^{-\frac{\varepsilon_m}{k_B T}} \tag{6.33}$$

这种分布称为麦克斯韦-玻尔兹曼分布。后面会看到，如果体系是由相同的经典粒子或质点组成的，从而可以区分不同的粒子或质点，那么这个体系符合麦克斯韦-玻尔兹曼分布。而这里我们看到，在高能极限下，全同的玻色子体系也符合麦克斯韦-玻尔兹曼分布。

另外，当温度趋于绝对零度时(即低温极限)，只要 $\varepsilon_m > \mu$，$e^{\frac{\varepsilon_m-\mu}{k_B T}}$ 就会成为无穷大，从而导致占据数为零，所以这时化学势 μ 无限逼近单粒子的基态能量，从而导致所有的玻色子都占据单粒子的基态。这是符合“绝对零度下，体系总是处于总能量最低的状态”这个原则的。仔细分析玻色-爱因斯坦分布可以发现[31]，对于宏观有限的实际体系来说，存在一个临界的温度 T_C，当 $T > T_C$ 时，单粒子基态的占据数相比于全部激发态的占据数之和可以忽略；而当 $T < T_C$ 时，有宏观数量的粒子从单粒子激发态聚集到单粒子基态上，并且随着温度下降，基态的占据数逐渐增加，直到温度降到绝对零度，全部粒子都聚集到基态上。把 $T < T_C$ 时

大量玻色子占据同一个单粒子状态所形成的这种宏观状态，称为玻色-爱因斯坦凝聚。这是一种特殊的物态，虽然它是一种宏观状态，但是由于每个粒子占据的单粒子状态相同，这种宏观物态可以体现出显著的量子特性。

玻色-爱因斯坦凝聚的存在预示着玻色子体系在低温下往往具有新颖的性质。例如氦原子(^{4}He)是一种玻色子，液氦在 2.17 K 以下进入超流状态，不同于一般的液态物质，超流体的黏滞系数为零；在环形的容器中，超流体可以几乎永远流动下去。类似地，存在一类称为超导体的特殊物质，在这些物质中，电子与电子之间由声子作为媒介而配对成为一个复合玻色子(称为库珀电子对)。在低温下，库珀电子对可以形成类似液氦的超流状态，导致超导体的电阻为零。虽然超流和超导这些特殊的物态往往不是理想的近独立全同粒子体系，但是它们的这些特殊性质都与玻色子在低温下的占据方式有着密不可分的关系。

6.4.2 费米-狄拉克分布

对于费米子，$n_1, n_2, \cdots, n_M$ 的取值范围只能是 0 或 1，因此有

$$Z = \sum_{n_1, n_2, \cdots, n_M} \prod_m \mathrm{e}^{-\frac{n_m(\varepsilon_m - \mu)}{k_B T}}$$

$$= \prod_m \sum_{n=0}^{1} \mathrm{e}^{-\frac{n(\varepsilon_m - \mu)}{k_B T}} = \prod_m \left(1 + \mathrm{e}^{-\frac{\varepsilon_m - \mu}{k_B T}}\right) \tag{6.34}$$

代入(6.29)式，有

$$\langle n_m \rangle = \frac{1}{\mathrm{e}^{\frac{\varepsilon_m - \mu}{k_B T}} + 1} \tag{6.35}$$

这个分布称为费米-狄拉克分布。

与玻色-爱因斯坦分布类似，在热力学极限下，可以说每个单粒子能级的占据数就是 $\langle n_m \rangle$。另外，(6.35)式对于总粒子数 N 确定的多粒子体系也是成立的，只不过化学势由(6.32)式确定。费米子的化学势 μ 实际上就是前面介绍的费米能 E_F，所以很多时候费米-狄拉克分布也写为

$$\langle n_m \rangle = f(\varepsilon_m) = \frac{1}{\mathrm{e}^{\frac{\varepsilon_m - E_F}{k_B T}} + 1} \tag{6.36}$$

当所关注的单粒子能量 ε_m 趋于无穷大时(即高能极限)，$\mathrm{e}^{\frac{\varepsilon_m - E_F}{k_B T}} \to \infty$，从而有

$$\langle n_m \rangle = \frac{1}{\mathrm{e}^{\frac{\varepsilon_m - E_F}{k_B T}} + 1} \to \mathrm{e}^{-\frac{\varepsilon_m - E_F}{k_B T}} \sim \mathrm{e}^{-\frac{\varepsilon_m}{k_B T}} \tag{6.37}$$

这说明与全同玻色子体系类似，在高能极限下，全同费米子体系也符合麦克斯韦-玻尔兹曼分布。

另外，当温度趋于绝对零度时(即低温极限)，只要 $\varepsilon_m > E_F$，$\mathrm{e}^{\frac{\varepsilon_m - E_F}{k_B T}}$ 就会成为无穷大，从而 $\langle n_m \rangle = 0$；只要 $\varepsilon_m < E_F$，$\mathrm{e}^{\frac{\varepsilon_m - E_F}{k_B T}}$ 就会成为 0，从而 $\langle n_m \rangle = 1$。所以在绝对零度时，所有本征能量低于费米能的单粒子定态都被一个费米子占据，而所有本征能量高于费米能的单粒子定态都不被占据。这与 3.1 节及 5.5 节中描述的情形是完全一致的。根据泡利不相容原理，独立定态最多只能被一个电子占据，从而在绝对零度时，导体中的电子总是按照能量从低到高的顺序逐渐填充各能级，并且自然形成一个填充与未填充状态的分界线，即费米能。

对于有限的非零温度，当 $\varepsilon_m>E_F$ 时，$e^{\frac{\varepsilon_m-E_F}{k_BT}}$ 不再是无穷大，而是一个大于1的有限值，并且随着 ε_m 增加到无穷大而逐渐增加到无穷大，从而 $\langle\varepsilon_m\rangle<1/2$，且随着 ε_m 的增加而逐渐减小到0；当 $\varepsilon_m<E_F$ 时，$e^{\frac{\varepsilon_m-E_F}{k_BT}}$ 不再是0，而是一个小于1的有限值，并且随着 ε_m 的减小而逐渐减小到0，从而 $\langle\varepsilon_m\rangle>1/2$，且随着 ε_m 的减小而逐渐增加到1。如图6.1所示，原本在低温极限下，费米-狄拉克分布在 E_F 有一个突变；当温度大于0时，这个突变成为缓变，并且随着温度的提升而越来越缓。

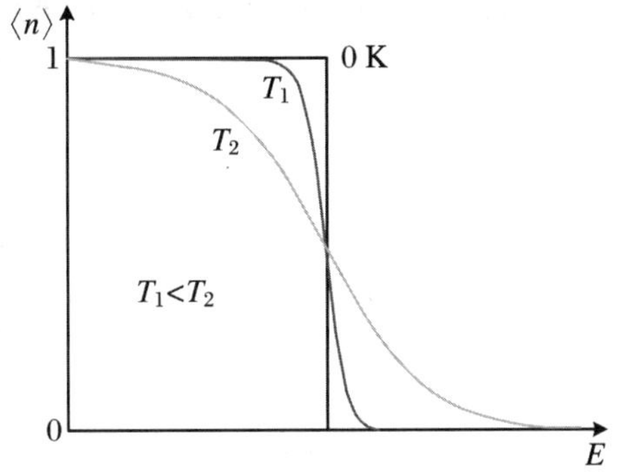

图6.1　不同温度下的费米-狄拉克分布

6.4.3　麦克斯韦-玻尔兹曼分布

玻色-爱因斯坦分布和费米-狄拉克分布统称为量子统计分布。我们已经看到，在高能极限下，量子统计分布都趋于麦克斯韦-玻尔兹曼分布。这里，我们来说明麦克斯韦-玻尔兹曼分布是经典粒子所遵循的统计分布。

假设考虑的是经典的"同种粒子"体系，那么由于经典粒子不存在泡利不相容原理，因此类似于玻色子的情况，每个单粒子状态都可以占据任意多的粒子；但是与玻色子不同的是，占据数 $n_1,n_2,\cdots,n_M$ 不再唯一代表体系的微观状态。具体来说，假设某个多粒子状态具有占据数 $n_1,n_2,\cdots,n_M$，那么交换其中任意两个占据不同单粒子状态的粒子，占据数依然不发生改变；但是由于经典粒子的可区分性，交换之后的状态与原状态应该看作不同的微观状态。利用排列组合的知识容易得知，每组占据数 $n_1,n_2,\cdots,n_M$ 实际上对应于 $\frac{(n_1+n_2+\cdots)!}{n_1!n_2!\cdots}$ 个微观状态。从而体系的巨配分函数为

$$Z=\sum_{n_1,n_2,\cdots,n_M}\frac{\left(\sum_m n_m\right)!}{\prod_m n_m!}\prod_m e^{-\frac{n_m(\varepsilon_m-\mu)}{k_BT}}$$

$$=\sum_{n_1,n_2,\cdots,n_M}\frac{\left(\sum_m n_m\right)!}{\prod_m n_m!}\prod_m\left(e^{-\frac{\varepsilon_m-\mu}{k_BT}}\right)^{n_m}=\left(\sum_m e^{-\frac{\varepsilon_m-\mu}{k_BT}}\right)^N \tag{6.38}$$

其中 $N=\sum_m n_m$。代入(6.29)式，有

$$\langle n_m \rangle = \frac{N}{\sum_m e^{-\frac{\varepsilon_m}{k_B T}}} e^{-\frac{\varepsilon_m}{k_B T}} \tag{6.39}$$

其中$\frac{N}{\sum_m e^{-\frac{\varepsilon_m}{k_B T}}}$可以看作归一化因子，使得(6.32)式自动满足。这就是麦克斯韦-玻尔兹曼分布。

6.5 费米-狄拉克分布的应用

本节将综合前面所学习的知识，针对几个典型的例子来展示费米-狄拉克分布在实际体系中的应用。

6.5.1 金属的费米能、功函数与接触电势差

我们知道导体的费米能在零温下就是电子所占据的最高能级，那么非零温度下，它的费米能又会怎么变化呢？假设宏观有限的导体能级是几乎连续的，从而把(6.32)式的求和写成积分：

$$N = \int_{-\infty}^{+\infty} g(\varepsilon) f(\varepsilon) \mathrm{d}\varepsilon \tag{6.40}$$

其中 $g(\varepsilon)$ 为态密度，$f(\varepsilon)$ 为费米-狄拉克分布函数。记 $Q(E) = \int_{-\infty}^{E} g(\varepsilon)\mathrm{d}\varepsilon$ 代表能量E以下的电子状态总数，(6.40) 式可以通过分部积分改写为

$$N = Q(E) f(\varepsilon) \Big|_{-\infty}^{+\infty} + \int_{-\infty}^{+\infty} Q(\varepsilon)(-f'(\varepsilon))\mathrm{d}\varepsilon = \int_{-\infty}^{+\infty} Q(\varepsilon)(-f'(\varepsilon))\mathrm{d}\varepsilon$$

其中$-f'(\varepsilon) = \frac{1}{k_B T} \frac{1}{e^{\frac{\varepsilon_m - E_F}{k_B T}} + 1} \frac{1}{e^{-\frac{\varepsilon_m - E_F}{k_B T}} + 1}$为几乎只在 E_F 附近不为零的函数。于是可以将 $Q(\varepsilon)$ 在 E_F 附近作泰勒展开并精确到二阶，并且利用积分公式$\int_{-\infty}^{+\infty} \frac{\xi^2 \mathrm{d}\xi}{(e^{\xi}+1)(e^{-\xi}+1)} = \frac{\pi^2}{3}$，可得

$$N \simeq Q(E_F) + \frac{\pi^2}{6} Q''(E_F)(k_B T)^2 \tag{6.41}$$

记零温下的费米能为 E_F^0，由于导体中的总电子数 N 不随温度变化，从而有

$$\frac{\pi^2}{6} Q''(E_F)(k_B T)^2 = Q(E_F^0) - Q(E_F) \simeq -Q'(E_F^0)(E_F - E_F^0)$$

即

$$E_F \simeq E_F^0 - \frac{\pi^2}{6} \frac{Q''(E_F^0)}{Q'(E_F^0)} (k_B T)^2 = E_F^0 - \frac{\pi^2}{6} \frac{g'(E_F^0)}{g(E_F^0)} (k_B T)^2 \tag{6.42}$$

这说明导体的费米能是依赖于温度的。

假设导体可以由三维自由电子模型描述，那么根据(3.39)式，有

$$E_F = E_F^0 - \frac{\pi^2}{12 E_F^0} (k_B T)^2 = E_F^0 \left(1 - \frac{\pi^2}{12} \left(\frac{k_B T}{E_F^0}\right)^2\right) \tag{6.43}$$

注意上式中能量的零点为自由电子模型的基态。对于常见金属材料来说，自由电子模型下对应的费米能一般是 eV 量级（如第 3 章的习题 1），而常温（300 K）下，$k_B T$ 大约为 25 meV，所以 E_F 与 E_F^0 的区别并不大。

自然状态下金属中的电子总是位于材料的内部，因此金属对电子一定是有束缚作用的。为了描述这一束缚作用，我们定义功函数 W，它表示把金属中的一个电子刚刚被拉离金属表面所需做的最小的功。把金属看作一个势阱，并且取势阱的底部为能量的零点，那么势阱高度就对应着电子刚刚被拉离金属表面时所具有的能量，我们称这个能量为真空能级，记为 χ。如图 6.2 所示，金属中电子的最高能级近似为 E_F，因此功函数应满足

$$W = \chi - E_F \tag{6.44}$$

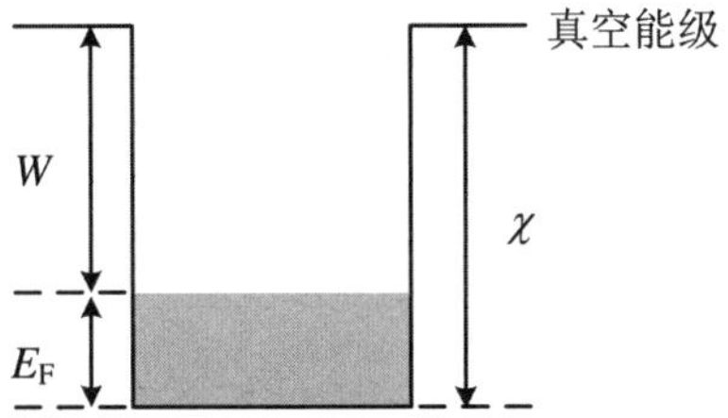

图 6.2　功函数、费米能与真空能级之间的关系

功函数取决于材料的表面状态、晶向等。表 6.1 列出了一些常见金属的功函数的典型值。

表 6.1

金属	Cu	Al	Au	W	Ni	In
功函数(eV)	4.53～5.10	4.06～4.26	5.10～5.47	4.32～4.55	5.04～5.35	4.09

功函数有限意味着当我们通过加热、加电压或光照等方式给金属提供能量时，电子有可能被拉到自由空间中。人们利用这一点制造了电子显微镜、光电倍增管等仪器。

现在考虑两个功函数不同的金属接触到一起会发生什么。如图 6.3(a)所示，当这两个金属接触到一起时，假设空间中没有电场，它们的真空能级理应是相同的（电子在无电场的真空中从一处运动到另一处能量不发生改变），从而它们的费米能并不相等。而费米-狄拉克分布告诉我们，平衡状态下体系应该有一个统一的费米能，这就意味着如图 6.3(a)所示的状态不是平衡状态，系统要自发地向平衡状态（即两个金属的费米能相同的状态）弛豫。具体来说，电子要从金属 2 向金属 1 流动，从而减少金属 2 的电子而降低其费米能，同时增加金属 1 的电子而提升其费米能。实际上，由于金属在费米能处的态密度一般比较大，这种电子流动本身并不会造成费米能的明显变化，而是与之伴随的电场效应使得系统很快达到平衡。具体来说，电子从金属 2 向金属 1 的流动，使得金属 1 的表面带负电而金属 2 的表面带正电，从而两个金属之间产生了静电场，使得它们的真空能级不再相等。由于电场由金属 2 指向金属 1，金属 1 的真空能级将会比金属 2 高，或者等价地为金属 1 的电势 V_1 要比金属 2 的电势 V_2 低。如图 6.3(b)所示，当达到平衡时，两者真空能级的差值恰好补偿了一开始费米能的差，从而实现统一的费米能。于是有

$$\Delta V = V_2 - V_1 = \frac{1}{e}(W_1 - W_2) \tag{6.45}$$

其中 ΔV 称为金属 1 和金属 2 的接触电势差。

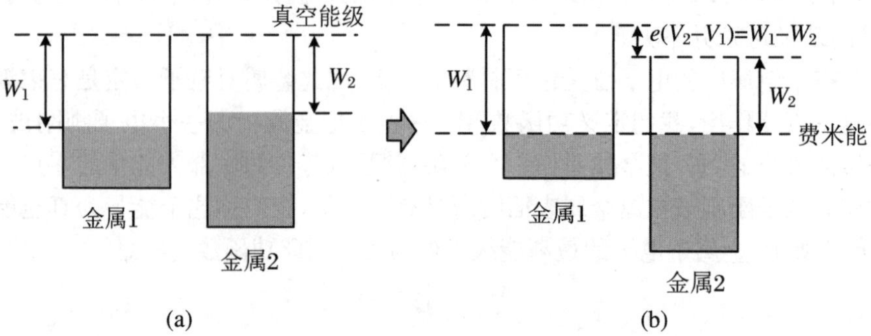

图 6.3　接触电势差的产生

6.5.2　隧穿电流

4.2 节讨论了隧穿现象，即电子可以有一定的概率穿过比其能量高的势垒。其中提到如果在势垒的两侧加上电压，就可以有一个隧穿电流流过势垒。这里，我们来看看隧穿电流具体是怎么产生的。

假设绝对零度下，两块相同的金属靠得很近而不接触，从而由真空能级的存在而形成了一个势垒，如图 6.4(a)所示。根据 4.2 节，金属 1 中的每个占据向右传播平面波状态的电子都有一定的概率隧穿到金属 2 中；同理，金属 2 中每个占据向左传播平面波状态的电子都有一定的概率隧穿到金属 1 中。然而，在自然状态下，金属 1 和金属 2 的费米能级是相同的，这导致每个希望从金属 1 隧穿到金属 2 中的电子，在金属 2 中所对应的状态都是已经有电子占据的，反之依然，从而隧穿无法发生。

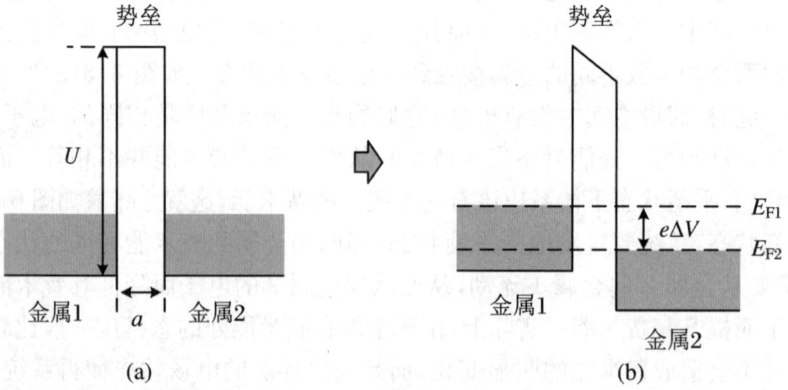

图 6.4　隧穿电流的产生

但是如果把这两块金属分别连到电池的两端，使得金属 2 和金属 1 有一个小的电压差 ΔV，此时金属 1 的费米能 E_{F1} 将比金属 2 的费米能 E_{F2} 高出 $e\Delta V$。假设金属的态密度很高，这个电压差完全体现在金属 1 和金属 2 真空能级的区别上，那么如图 6.4(b)所示，金属 1 中能量介于 E_{F1} 和 E_{F2} 之间的那些电子将可以隧穿到金属 2 中，因为金属 2 中与它们能量相同的状态不再有电子占据。此时将会出现隧穿电流。隧穿电流的大小显然正比于这些电子的

数目与隧穿概率的乘积,即

$$I \sim e\Delta V g(E_F) T \sim \Delta V g(E_F) \frac{eE_F}{U} e^{-2\frac{\sqrt{2mU}}{\hbar}a} \tag{6.46}$$

其中我们使用了(4.26)式,并且 $g(E)$ 代表态密度函数;由于假设 ΔV 很小,因此把所有的能量用费米能 E_F 代替,并且忽略了电压差导致的势垒倾斜。

6.5.3 欧姆定律

现在考虑在一段导体的两端加上电压,所产生的电流与电压之间的关系。电场 E 是单位长度的电压,电流密度 j 是单位面积的电流,因此可以等价地分析 j 与 E 之间的关系。

根据5.5节,我们可以把平衡状态下晶格对电子的作用吸收到它的有效质量中去,从而在能带填充程度较小时依然采用自由电子近似。根据3.1节,平衡状态下电子体系在 k 空间的全部占据态构成了费米球。根据(5.56)式,在电场 E 的作用下,所有电子的波矢都会沿着电场的反方向以速率$\frac{eE}{\hbar}$运动,但是由于散射等耗散过程的存在,电子体系又会自动向平衡状态弛豫。电场和弛豫两种效应的共同作用使得我们可以认为平均下来,在电场的作用下,费米球沿电场方向平移了一个有限的距离$\frac{eE\tau}{\hbar}$(见图6.5),其中 τ 可以理解为电子向平衡态弛豫的特征时间,或者简称为弛豫时间。弛豫时间越短,代表电子体系受到的散射越频繁,从而向平衡态弛豫越快,费米球平均移动的距离也越短。

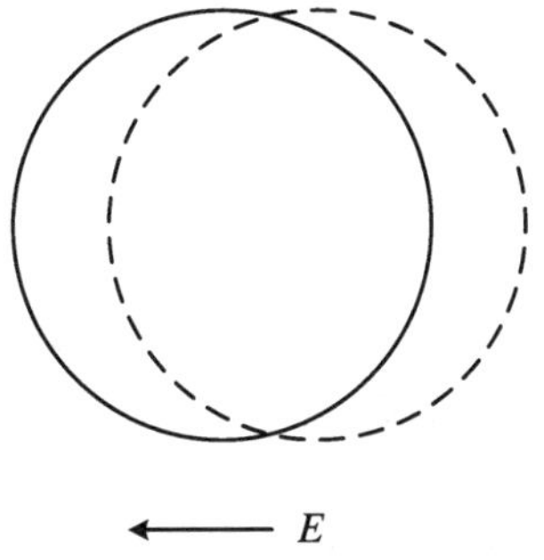

图6.5 电场作用下费米球的平移

自由电子的群速度为 $v_g = \hbar \boldsymbol{k}/m$,而平衡状态下费米球内所有电子对电流的贡献互相抵消,那么当费米球平移一段$\frac{eE\tau}{\hbar}$的距离后,相当于球内的每个电子在原来的基础上,都额外贡献了大小为 $\boldsymbol{v} = \frac{eE\tau}{m}$、方向与电场相反的群速度。于是整个导体的电流密度为

$$j = nev = \frac{ne^2\tau}{m}E \tag{6.47}$$

这就是欧姆定律,它说明了导体中的电流密度正比于电场,即 $j = \sigma E$,其中

$$\sigma = \frac{ne^2\tau}{m} \tag{6.48}$$

为电导率。在大多数情况下,欧姆定律与实验符合得很好。

欧姆定律的解释并非必须用到量子理论。如果把导体中的电子看作一个个经典的质点，那么它们在电场 E 的作用下将加速运动，加速度为$\frac{eE}{m}$。假设由于导体中存在晶格振动和缺陷等，电子只能自由加速运动一段有限的时间，就会受到散射而损失动能。类似于 k 空间的情况，实空间中，在这样一种"加速—散射—加速—散射"周而复始的过程中，同样可以等效地认为电子以一个平均的速度$\frac{eE\tau}{m}$进行匀速运动，从而得到(6.47)式和(6.48)式。

6.5.4 电子热容

这种把电子看作经典质点的模型叫作 Drude 模型，它虽然可以解释欧姆定律，但是极大地高估了电子的热容。热容可以定义为其他条件不变时，体系每增加单位温度所导致的能量提升，即

$$C = \frac{\partial E}{\partial T} \tag{6.49}$$

根据经典统计分布，每个电子在动能为 $\varepsilon = \frac{1}{2}mv^2$ 的状态上的平均占据数遵循(6.39)式，即 $\langle n\rangle \sim e^{-\frac{\varepsilon}{k_B T}}$；假设电子具有各种不同速度的概率是相同的("等概率假设")，那么每个电子的平均动能为

$$\langle \varepsilon \rangle = \frac{\int \varepsilon e^{-\frac{\varepsilon}{k_B T}} d^3 v}{\int e^{-\frac{\varepsilon}{k_B T}} d^3 v} = \frac{1}{2}m \frac{\int v^4 e^{-\frac{mv^2}{2k_B T}} dv}{\int v^2 e^{-\frac{mv^2}{2k_B T}} dv} = \frac{3}{2}k_B T \tag{6.50}$$

从而电子体系的热容应为

$$C = \frac{\partial \langle E\rangle}{\partial T} = \frac{\partial}{\partial T}(N\langle \varepsilon\rangle) = \frac{3}{2}Nk_B \tag{6.51}$$

然而，实验测得的电子热容远小于这个数值。

Drude 模型对电子热容的错误估计是因为没有考虑到电子的量子属性，即它们需要遵循费米-狄拉克分布。当考虑到费米-狄拉克分布时，导体中电子系统总能量的期望值为

$$\langle E\rangle = \int \varepsilon g(\varepsilon) f(\varepsilon) d\varepsilon \tag{6.52}$$

类似于(6.41)式的推导，记 $R(E) = \int_{-\infty}^{E} \varepsilon g(\varepsilon) d\varepsilon$ 代表能量E 以下的电子总能量，有

$$\langle E\rangle \simeq R(E_F) + \frac{\pi^2}{6}R''(E_F)(k_B T)^2 \tag{6.53}$$

从而有

$$C = \frac{\partial \langle E\rangle}{\partial T} \simeq R'(E_F)\frac{\partial E_F}{\partial T} + \frac{\pi^2}{3}R''(E_F)k_B^2 T$$

其中我们忽略了 T 的高次项。把(6.42)式代入上式，有

$$C \simeq \frac{\pi^2}{3}g(E_F^0)k_B^2 T \tag{6.54}$$

在自由电子模型下，由(3.33)式和(3.39)式有

$$g(E_F^0) = \frac{mV}{\pi^2 \hbar^3}\sqrt{2mE_F^0} = \frac{mV}{\pi^2 \hbar^3}k_F^0 = \frac{mV}{\pi^2 \hbar^3}\frac{3\pi^2 N}{V(k_F^0)^2} = \frac{3}{2}\frac{N}{E_F^0} \tag{6.55}$$

从而(6.54)式和(6.51)式给出的电子热容比值为

$$\frac{\pi^2 g(E_F^0) k_B^2 T/3}{3Nk_B/2} = \frac{\pi^2}{3} \frac{k_B T}{E_F^0}$$

前面已经提到，常见金属的费米能远大于 300 K 下的 $k_B T$，从而根据量子统计分布给出的电子热容远小于经典统计分布给出的结果。不仅如此，经典统计分布给出的电子热容与温度无关，而量子统计分布给出的电子热容与温度成正比。量子统计分布给出的电子热容在这两个方面都与实验更加符合。

根据 5.6 节的讨论，当把晶体看作准粒子和元激发的容器时，体系的总能量不光有电子的贡献，也有声子的贡献。从而完整的固体热容计算需要把声子也考虑进去，这里不再详述[30]。

习 题

1. 考虑 3 个近独立全同粒子组成的体系，假设单粒子的独立本征波函数只有 3 个，即 $\varphi_1(\boldsymbol{r})$，$\varphi_2(\boldsymbol{r})$和 $\varphi_3(\boldsymbol{r})$，分别针对这 3 个粒子是玻色子和费米子两种情况，写出多粒子体系可能的波函数。

2. 半导体的费米能随温度应该怎么变化，为什么？

第 7 章 跃　迁

7.1 含时微扰方法

在很多实际问题中，我们所考虑的量子体系并不能完全看作孤立系统。第 6 章利用统计物理的方法得到了近独立全同粒子系统在与环境达到热平衡时的统计分布。本章将考虑另外一个问题，即受到外界驱动的量子体系，具体来说，假设系统与某外场具有耦合，并且这个外场可以随时间变化。为了解决这类问题，我们需要引入含时微扰方法。

具体来说，我们把系统与外场的耦合看作微扰项，即

$$\hat{H} = \hat{H}_0 + \hat{H}'(t) \tag{7.1}$$

其中$\hat{H}_0$为不含时的零级哈密顿量，$\hat{H}'(t)$为含时的微扰项（注意这里给出的方法也适用于微扰项不含时的情况，因为不含时总可以看作含时的特例）。假设零级哈密顿量的本征能量和本征态已解出，即

$$\hat{H}_0 \mid \psi_n\rangle = E_n \mid \psi_n\rangle \tag{7.2}$$

并且$\{|\psi_n\rangle\}$构成一组正交归一完备的基矢。注意相比于(5.1)式，我们忽略了本征能量和定态的上标“(0)”，这不影响接下来的讨论。这个系统将按照含时薛定谔方程

$$\mathrm{i}\hbar \frac{\partial}{\partial t} \mid \psi(t)\rangle = [\hat{H}_0 + \hat{H}'(t)] \mid \psi(t)\rangle \tag{7.3}$$

演化。

把系统任意时刻的态矢$|\psi(t)\rangle$用$\{|\psi_n\rangle\}$展开：

$$\mid \psi(t)\rangle = \sum_m \tilde{c}_m(t) \mid \psi_m\rangle = \sum_m c_m(t)\mathrm{e}^{-\frac{\mathrm{i}}{\hbar}E_m t} \mid \psi_m\rangle \tag{7.4}$$

注意上式中与$|\psi_m\rangle$对应的展开系数为$\tilde{c}_m(t)$，但是我们定义了约化展开系数 $c_m(t) = \tilde{c}_m(t)\mathrm{e}^{\frac{\mathrm{i}}{\hbar}E_m t}$，这会使得后面的公式更加简洁。把(7.4)式代入(7.3)式，有

$$\begin{aligned} &\mathrm{i}\hbar\sum_m \dot{c}_m(t)\mathrm{e}^{-\frac{\mathrm{i}}{\hbar}E_m t} \mid \psi_m\rangle + \sum_m c_m(t)\mathrm{e}^{-\frac{\mathrm{i}}{\hbar}E_m t}E_m \mid \psi_m\rangle \\ &= \sum_m c_m(t)\mathrm{e}^{-\frac{\mathrm{i}}{\hbar}E_m t}E_m \mid \psi_m\rangle + \sum_m c_m(t)\mathrm{e}^{-\frac{\mathrm{i}}{\hbar}E_m t}\hat{H}'(t) \mid \psi_m\rangle \end{aligned}$$

即

$$\mathrm{i}\hbar\sum_m \dot{c}_m(t)\mathrm{e}^{-\frac{\mathrm{i}}{\hbar}E_m t} \mid \psi_m\rangle = \sum_m c_m(t)\mathrm{e}^{-\frac{\mathrm{i}}{\hbar}E_m t}\hat{H}'(t) \mid \psi_m\rangle$$

将等式两边同时与左矢$\langle\psi_n|$作内积，并且利用$\{|\psi_n\rangle\}$的正交归一性质，得到

$$\mathrm{i}\hbar\dot{c}_n(t) = \sum_m c_m(t)\langle\psi_n \mid \hat{H}'(t) \mid \psi_m\rangle \mathrm{e}^{-\frac{\mathrm{i}}{\hbar}(E_m - E_n)t}$$

其中$\langle\psi_n|\hat{H}'(t)|\psi_m\rangle$就是$\hat{H}'(t)$在基矢$\{|\psi_n\rangle\}$下的矩阵元 $H'_{nm}(t)$，并且定义 $\omega_{mn} =$

$\frac{E_m - E_n}{\hbar}$，有

$$i\hbar\dot{c}_n(t) = \sum_m c_m(t)H'_{nm}(t)e^{-i\omega_{mn}t} \tag{7.5}$$

需要强调的是，目前为止并没有假设$\hat{H}'(t)$是小量，所以无论系统受到外界驱动场的强度是多大，(7.5)式始终是成立的。

现在关注外界驱动场很弱的情况。采用微扰的思想，对这些约化展开系数按照各阶小量展开，即令

$$c_n(t) = c_n^{(0)}(t) + c_n^{(1)}(t) + \cdots \tag{7.6}$$

并且代入(7.5)式，有

$$i\hbar(\dot{c}_n^{(0)}(t) + \dot{c}_n^{(1)}(t) + \cdots) = \sum_m (c_m^{(0)}(t) + c_m^{(1)}(t) + \cdots)H'_{nm}(t)e^{-i\omega_{mn}t} \tag{7.7}$$

注意到 $H'_{nm}(t)$是一阶小量，整理上式，让每阶小量分别相等，有

$$\dot{c}_n^{(0)}(t) = 0 \tag{7.8}$$

即 $c_n^{(0)}(t)$与时间无关，于是后面直接把它写作 $c_n^{(0)}$；以及

$$i\hbar\dot{c}_n^{(1)}(t) = \sum_m c_m^{(0)}H'_{nm}e^{-i\omega_{mn}t} \tag{7.9}$$

假如初始时刻($t=0$)系统处于$\hat{H}_0$ 的本征态$|\psi_k\rangle$，那么 $c_m^{(0)} = \delta_{mk}$，代入上式，有

$$i\hbar\dot{c}_n^{(1)}(t) = H'_{nk}e^{-i\omega_{kn}t} \quad (n \neq k) \tag{7.10}$$

直接对上式积分，有

$$c_n(t) \simeq c_n^{(1)}(t) = -\frac{i}{\hbar}\int_0^t H'_{nk}(\tau)e^{-i\omega_{kn}\tau}d\tau \quad (n \neq k) \tag{7.11}$$

更高阶的修正可以通过继续整理(7.7)式的更高阶项得到。

7.2 不含时微扰引起的跃迁

含时微扰方法显然对于不含时的情况也是同样成立的。在5.1节介绍的定态微扰方法中，我们关注的是受不含时微扰后系统新的定态和本征能量。有了新的定态和本征能量，微扰后的体系波函数随时间的演化问题就迎刃而解了。在含时微扰方法中，我们对零级哈密顿量的本征态更感兴趣，而对新的定态是什么形式并不那么关心。于是，我们希望将受微扰之后体系的状态始终用零级哈密顿量的本征态展开，通过研究展开系数随时间的变化，得到受微扰后体系的演化方式。这两种方法殊途同归。

具体来看一下，当$\hat{H}'(t)$与时间无关时，含时微扰给出什么样的结论。为简单起见，假设系统不存在简并，由于$\hat{H}'(t)$不含时，可直接把它写作$\hat{H}'$并代入(7.11)式，有

$$c_n(t) \simeq -\frac{i}{\hbar}H'_{nk}\int_0^t e^{-i\omega_{kn}t}d\tau = -\frac{i}{\hbar}H'_{nk}\frac{\sin(\omega_{kn}t/2)}{\omega_{kn}/2}e^{-i\omega_{kn}t/2} \tag{7.12}$$

$c_n(t)$反映了一开始系统处于$\hat{H}_0$ 的本征态$|\psi_k\rangle$，经过一段时间 t 之后，跃迁到另外一个能量不同的本征态$|\psi_n\rangle$的概率幅。于是，从本征态$|\psi_k\rangle$到本征态$|\psi_n\rangle$的跃迁概率应为$c_n(t)$的模平方，即

$$W_{k\to n}(t) = |c_n(t)|^2 = \frac{1}{\hbar^2}|H'_{nk}|^2 \frac{\sin^2(\omega_{kn}t/2)}{(\omega_{kn}/2)^2} \tag{7.13}$$

由上式可以得知，跃迁概率是一个随时间周期振荡的函数，振荡的圆频率为 $\omega_{kn} = \frac{E_k - E_n}{\hbar}$，它正比于跃迁初、末态的能量差。当我们观察的速度远慢于这一振荡频率时，将得到一个恒定的平均跃迁概率

$$\langle W_{k\to n}\rangle = \frac{2}{\hbar^2 \omega_{kn}^2}|H'_{nk}|^2 \tag{7.14}$$

可以看出，跃迁初态 $|\psi_k\rangle$ 和末态 $|\psi_n\rangle$ 的能量差越大，跃迁概率越低；跃迁初、末态对应的微扰矩阵元 H'_{nk} 越大，跃迁概率越高。

现在假设我们的体系是宏观有限的，那么它的本征能量将形成一种几乎连续的分布。此时为了计算总的跃迁概率，可以把所有可能的末态对应的跃迁概率加起来，即

$$W(t) = \int W_{k\to n}(t)\rho(E_n)\mathrm{d}E_n = \frac{1}{\hbar^2}\int |H'_{nk}|^2 \frac{\sin^2(\omega_{kn}t/2)}{(\omega_{kn}/2)^2}\rho(E_n)\mathrm{d}E_n \tag{7.15}$$

其中 $\rho(E)$ 表示态密度函数。注意到当 t 比较大时，$\frac{\sin^2(\omega_{kn}t/2)}{(\omega_{kn}/2)^2}$ 是一个仅在 $\omega_{kn}=0$ 附近取值的函数。具体来说，令 $x = \frac{\omega_{nk}}{2}$，并且注意到积分公式

$$\int_{-\infty}^{\infty} \frac{\sin^2 x}{x^2}\mathrm{d}x = \int_{-\infty}^{\infty} \frac{\sin^2(xt)}{x^2 t}\mathrm{d}x = \pi$$

于是，$\frac{\sin^2(xt)}{x^2 t}$ 相当于函数 $\frac{\sin^2 x}{x^2}$ 在横向被压缩 t 倍，在纵向被拉伸 t 倍，而保持积分不变。这意味着

$$\lim_{t\to\infty} \frac{\sin^2(\omega_{kn}t/2)}{(\omega_{kn}/2)^2} = \pi t\delta\left(\frac{\omega_{kn}}{2}\right) = 2\pi\hbar t\delta(E_n - E_k) \tag{7.16}$$

把它代回到(7.15)式中，得到

$$W(t) = \int W_{k\to n}(t)\rho(E_n)\mathrm{d}E_n = \frac{2\pi t}{\hbar}\int |H'_{nk}|^2 \rho(E_n)\delta(E_n - E_k)\mathrm{d}E_n \tag{7.17}$$

首先，上式中的 $\delta(E_n - E_k)$ 项告诉我们，当能量几乎连续分布时，体系只会向与初态能量(几乎)相同的那些末态跃迁；其次，在这种情况下，跃迁概率是随时间线性增加的，这说明在微扰成立的前提下，跃迁是持续稳定进行的。

为了突出这两点，定义跃迁速率密度(往往也简称跃迁速率)为

$$w_{k\to n} = \frac{2\pi}{\hbar}|H'_{nk}|^2\rho(E_n)\delta(E_n - E_k) \tag{7.18}$$

它代表单位时间内，体系从初态 $|\psi_k\rangle$ 向末态 $|\psi_n\rangle$ 附近单位能量间隔内的状态跃迁的概率。(7.18)式称为费米黄金规则。

7.3 光 电 跃 迁

现在考虑电子体系在光照下的跃迁，这种跃迁称为光电跃迁。假设入射光是一束单色

线偏振光，并且电子体系的尺寸远小于光的波长，那么电子体系相当于感受到了一个形如 $E(t)=E_0\cos(\omega t)$ 的交变电场，或者说体系的势能需要附加上交变项

$$V(t) = e\boldsymbol{r}\cdot\boldsymbol{E}_0\cos(\omega t) = V'(\mathrm{e}^{\mathrm{i}\omega t}+\mathrm{e}^{-\mathrm{i}\omega t}) \tag{7.19}$$

其中定义 $V'=\frac{1}{2}e\boldsymbol{r}\cdot\boldsymbol{E}_0$，它是一个与时间无关的算符（由于光的磁场矢量对电子的影响远小于电场矢量，这里把它忽略）。

根据(7.11)式，有

$$\begin{aligned} c_n(t) &\simeq -\frac{\mathrm{i}}{\hbar}V'_{nk}\int_0^t(\mathrm{e}^{-\mathrm{i}(\omega_{kn}+\omega)\tau}+\mathrm{e}^{-\mathrm{i}(\omega_{kn}-\omega)\tau})\mathrm{d}\tau \\ &= -\frac{\mathrm{i}}{\hbar}V'_{nk}\left(\frac{\sin((\omega_{kn}+\omega)t/2)}{(\omega_{kn}+\omega)/2}\mathrm{e}^{-\mathrm{i}(\omega_{kn}+\omega)\tau/2}+\frac{\sin((\omega_{kn}-\omega)t/2)}{(\omega_{kn}-\omega)/2}\mathrm{e}^{-\mathrm{i}(\omega_{kn}-\omega)\tau/2}\right) \end{aligned}$$

从而有

$$\begin{aligned} W_{k\to n}(t) = |c_n(t)|^2 = \frac{1}{\hbar^2}|V'_{nk}|^2\Bigg(&\frac{\sin^2((\omega_{kn}+\omega)t/2)}{((\omega_{kn}+\omega)/2)^2}+\frac{\sin^2((\omega_{kn}-\omega)t/2)}{((\omega_{kn}-\omega)/2)^2} \\ &+2\frac{\sin((\omega_{kn}+\omega)t/2)}{(\omega_{kn}+\omega)/2}\frac{\sin((\omega_{kn}-\omega)t/2)}{(\omega_{kn}-\omega)/2}\cos(\omega t)\Bigg) \end{aligned}$$

与上节类似，我们关注宏观有限体系在 t 较大时的行为，总跃迁概率为

$$W(t) = \int W_{k\to n}(t)\rho(E_n)\mathrm{d}E_n$$

利用极限公式(7.16)和

$$\lim_{t\to\infty}\frac{\sin(\omega_{kn}t/2)}{\omega_{kn}/2} = \pi\delta\left(\frac{\omega_{kn}}{2}\right) = 2\pi\hbar\delta(E_n-E_k) \tag{7.20}$$

有

$$\begin{aligned} W(t) &= \frac{2\pi t}{\hbar}\int|V'_{nk}|^2\rho(E_n)(\delta(E_n-E_k-\hbar\omega)+\delta(E_n-E_k+\hbar\omega))\mathrm{d}E_n \\ &\quad +8\pi^2\cos(\omega t)\int|V'_{nk}|^2\rho(E_n)\delta(E_n-E_k-\hbar\omega)\delta(E_n-E_k+\hbar\omega)\mathrm{d}E_n \end{aligned}$$

注意等号右边的第二项当 $\omega\neq0$ 时为零，从而我们可以只保留第一项，即

$$W(t) = \frac{2\pi t}{\hbar}\int|V'_{nk}|^2\rho(E_n)(\delta(E_n-E_k-\hbar\omega)+\delta(E_n-E_k+\hbar\omega))\mathrm{d}E_n \tag{7.21}$$

与之相应的跃迁速率密度为

$$w_{k\to n} = \frac{2\pi}{\hbar}|V'_{nk}|^2\rho(E_n)\delta(E_n-E_k-\hbar\omega)+\frac{2\pi}{\hbar}|V'_{nk}|^2\rho(E_n)\delta(E_n-E_k+\hbar\omega) \tag{7.22}$$

上式第一项表示在光的照射下，电子体系从初态 $|\psi_k\rangle$ 向能量更高的末态 $|\psi_n\rangle$ 跃迁，并且初、末态能量满足 $E_n=E_k+\hbar\omega$。在此过程中，电子体系的能量增加了 $\hbar\omega$，为了保持能量守恒，入射光需要减少 $\hbar\omega$ 的能量。根据3.3节，这相当于入射光中减少了一个光子。我们把这一过程称为受激吸收，即电子体系吸收一个能量为 $\hbar\omega$ 的光子，并且跃迁到比当前能量高 $\hbar\omega$ 的状态上（见图7.1）。在自然界中，物质对光的吸收主要是由于电子的受激吸收。不同的物质具有不同的电子态密度分布，从而根据(7.22)式，它们对不同频率光的吸收程度也不一样。这导致了不同的物质具有不同的颜色。

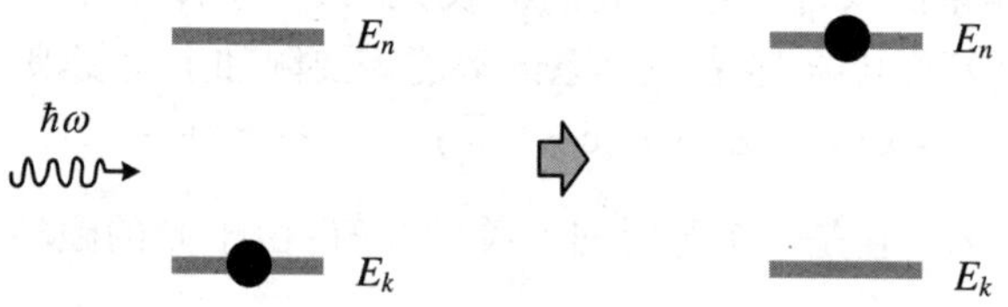

图 7.1　受激吸收示意图

类似地，第二项表示在光的照射下，电子体系从初态 $|\psi_k\rangle$ 向能量更低的末态 $|\psi_n\rangle$ 跃迁，并且初、末态能量满足 $E_n = E_k - \hbar\omega$。在此过程中，电子体系的能量减少了 $\hbar\omega$，为了保持能量守恒，入射光需要增加 $\hbar\omega$ 的能量，或者说增加一个光子。我们把这一过程称为受激辐射，即电子体系跃迁到比当前能量低 $\hbar\omega$ 的状态上，并且辐射一个能量为 $\hbar\omega$ 的光子（见图 7.2）。受激辐射的一个典型应用是激光。设想一个频率为 $\hbar\omega$ 的光子照射到近独立的电子体系上，电子体系的两组单粒子定态 $|\psi_k\rangle$ 和 $|\psi_n\rangle$ 满足能量守恒关系 $E_n = E_k - \hbar\omega$，并且各自具有很高的简并度。我们设法时刻维持 $|\psi_k\rangle$ 及其简并状态上的电子数目较大，而 $|\psi_n\rangle$ 及其简并状态上的电子数目较小（这种状态称为粒子数反转状态）。注意根据（6.36）式，平衡状态下 $|\psi_k\rangle$ 的平均占据数一定小于 $|\psi_n\rangle$ 的平均占据数，所以粒子数反转状态是一种非平衡状态，一般需要通过源源不断地给系统注入能量才能实现。这种注入能量的过程称为泵浦。在维持粒子数反转的前提下，电子体系在光子的作用下产生受激辐射，辐射出一个新的光子，而这个新的光子与原来的光子具有相同的频率。不仅如此，如果把这一过程看作电子体系在光子的作用下受迫运动并辐射的过程，那么这个辐射出的光子应该与入射光子具有相同的相位、偏振和传播方向。这样的话，每经过一次受激辐射，入射的光子将实现克隆式的倍增；而由于泵浦的存在，这一倍增的过程可以不断持续下去（人们往往还引入谐振腔，使得光子在电子体系中来回反射，从而进一步增加倍增过程持续的时间），从而把最开始的极弱的光（一个光子）放大成一束强度高（光子数多）且相干（同方向、同频率、同相位、同偏振）的光。

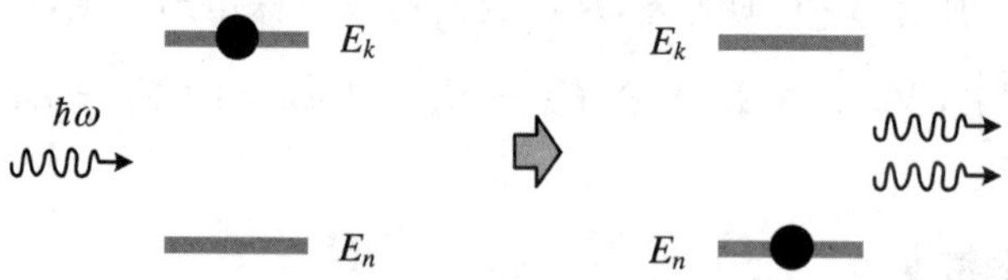

图 7.2　受激辐射示意图

事实上，除了这两种光电跃迁效应，还有另外一种光电跃迁效应——自发辐射。假如我们把一个电子体系放在原先没有光的环境里，并且让它从粒子数反转状态开始自发演化（即关闭外界泵浦），那么最终在平衡状态下它还是要回到（6.36）式给出的费米-狄拉克分布，也就是说，要发生电子从高能态向低能态的跃迁。而根据能量守恒，这一跃迁可以伴随着光子的辐射，并且辐射光子的能量满足 $\hbar\omega = E_k - E_n$，其中 E_k 和 E_n 分别为跃迁的初态和末态能量。这个过程称为自发辐射：电子体系即使没有受到任何光子的激发，也会自发地从高能态跃迁到低能态并且辐射出光子。白炽灯、LED 等普通光源的发光过程都可以认为是自发辐射的过程。在典型的自发辐射中，每个电子的跃迁可以认为是几乎独立的，从而发射出的每个光子具有随机的相位和偏振，即出射光是非相干的。自发辐射的严格解释需要用到量子电动力学。大致来说,回顾3.3节,我们把光子看作电磁场的激发态;而类似于谐振子的零点能,即使在没有光子的状态下,电磁场本身并不为零;电子体系正是在这一非零的电磁场微扰作用下发生了自发辐射。

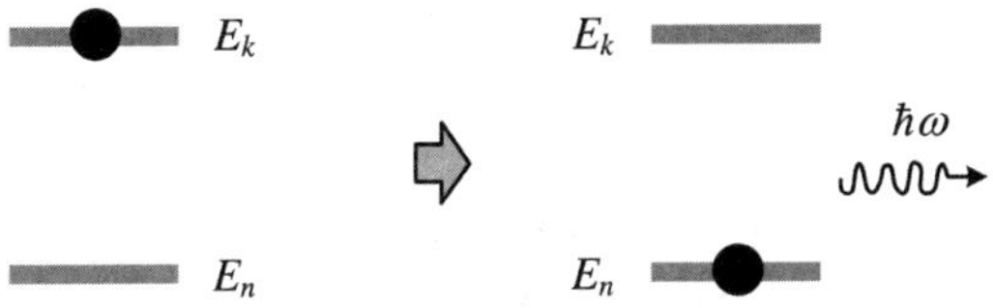

图7.3 自发辐射示意图

习 题

1. 假设体系不存在简并,证明:通过定态微扰,在一阶近似下可以同样得到公式(7.13)。

2. 一维无限深势阱

$$V(x) = \begin{cases} 0, & |x| < a \\ +\infty, & \text{其余情况} \end{cases}$$

中有一个质量为 m 的粒子,在 $t=0$ 时刻处于基态。假设在 $t=0$ 时刻使得势阱的左半边势能提升一个小量 V_0,并且维持一段时间 T 再恢复原状,用一阶含时微扰求解此后(即恢复原状以后)粒子位于第一激发态的概率。

参考文献

[1] Braun F. Ueber Die Stromleitung Durch Schwefelmetalle[J]. Annalen der Physik,1875,229:556.

[2] Mott N F. The Theory of CrystalRectifiers[J]. Proceedings of the Royal Society of London(Series A),1939,171:27.

[3] Spenke E. Electronic Semiconductors[M]. New York:McGraw-Hill,1958.

[4] Bethe H A. MIT Radiation Lab. Report[R]. 1942,43112.

[5] Edgar L J. U. S. Patent[P]. 1745175. 1930.

[6] Hoddeson L. The Discovery of the Point-Contact Transistor[J]. Historical Studies in the Physical Sciences,1981,12:41.

[7] 费恩曼,莱顿,桑兹. 费恩曼物理学讲义:第 2 卷[M]. 北京:世界图书出版公司,2004.

[8] De Fermat. Oeuvres de Fermat:Vol. 2[M]. Gauthier-Villars,1894.

[9] Huygens C. Traité de la lumière[M]. Gressner & Schramm,1885.

[10] Bender C M, Orszag S A. Advanced Mathematical Methods for Scientists and Engineers[M]. Springer Verlag,1999.

[11] 曾谨言. 量子力学:卷 I [M]. 北京:科学出版社出版,2000.

[12] 人民教育出版社,课程教材研究所,物理课程教材研究开发中心. 物理 · 必修 3[M]. 北京:人民教育出版社,2019.

[13] 费恩曼,莱顿,桑兹. 费恩曼物理学讲义:第 3 卷[M]. 上海:上海科学技术出版社,2006.

[14] Donati O, Missiroli G P, Pozzi G. An Experiment on Electron Interference[J]. American Journal of Physics,1973,41:639.

[15] Tonomura A, et al. Demonstration of Single-Electron Buildup of an Interference Pattern[J]. American Journal of Physics,1989,57:117.

[16] Buks E, et al. Dephasing in Electron Interference by a "Which-Path" Detector[J]. Nature,1998,391:871.

[17] 徐守时,谭勇,郭武. 信号与系统:理论、方法和应用[M]. 合肥:中国科学技术大学出版社,2010.

[18] 陈希孺. 概率论与数理统计[M]. 合肥:中国科学技术大学出版社,1992.

[19] 李尚志. 线性代数[M]. 北京:高等教育出版社,2011.

[20] 泡利. 泡利物理学讲义:相对论[M]. 北京:世界图书出版公司,2020.

[21] 人民教育出版社,课程教材研究所,中学数学课程教材研究开发中心. 数学 · 选修 2-2[M]. 北京:人民教育出版社,2014.

[22] 严镇军. 数学物理方程[M]. 2 版. 合肥:中国科学技术大学出版社,1996.

[23] Kawakami R K, et al. Quantum-Well States in Copper Thin Films[J]. Nature,1999,398:132.

[24] Klitzing K, Dorda G, Pepper M. New Method for High-Accuracy Determination of the Fine-Structure Constant based on Qua-ntized Hall Resistance[J]. Physical Review Letters,1980,45:494.

[25] Novoselov K S, et al. Electric Field Effect in Atomically Thin Carbon Films[J]. Science,2004,306:666.

[26] Iijima S. Helical Microtubules of Graphitic Carbon[J]. Nature,1991,354:56.

[27] Moore G E. Cramming More Components onto Integrated Circuits[J]. Proceedings of the IEEE, 1998,86:82.

[28] 周世勋.量子力学教程[M].北京:高等教育出版社,2009.

[29] 杨福家.原子物理学[M].北京:高等教育出版社,2008.

[30] 黄昆,韩汝琦.固体物理学[M].北京:高等教育出版社,998.

[31] 汪志诚.热力学・统计物理[M].5 版.北京:高等教育出版社,2013.